21 世纪全国本科院校电气信息类创新型应用人才培养规划教材
大学生电子设计创新实验实训教材
大学生电子设计竞赛培训教材

综合电子系统设计与实践

主　编　武　林　陈　希

副主编　潘日敏　余水宝
　　　　朱林生　张　胜

内容简介

本书以C8051F单片机为核心，介绍了其基本原理，并结合编者多年来相关课程实践教学经验和指导学生电子竞赛经验，通过收集改编近年来电子系统综合应用性设计项目和电子设计竞赛项目作为综合电子系统设计典型应用实例。本书以加强学生的综合应用能力和创新能力为目标，体现了系统性、先进性和实用性。

本书可作为高等学校电子信息工程、应用电子技术、自动化、仪器仪表、通信工程、光电信息工程等工科专业的单片机综合系统设计课程教材，也可作为大学生电子设计竞赛赛前培训教材，还可作为工程技术人员单片机应用技术方面的参考书。

图书在版编目(CIP)数据

综合电子系统设计与实践/武林，陈希主编. —北京：北京大学出版社，2015.5

（21世纪全国本科院校电气信息类创新型应用人才培养规划教材）

ISBN 978-7-301-25509-4

Ⅰ.①综… Ⅱ.①武…②陈… Ⅲ.①电子系统—系统设计—高等学校—教材 Ⅳ.①TN02

中国版本图书馆CIP数据核字（2015）第031968号

书　　名　综合电子系统设计与实践

著作责任者　武　林　陈　希　主编

责 任 编 辑　程志强

标 准 书 号　ISBN 978-7-301-25509-4

出 版 发 行　北京大学出版社

地　　址　北京市海淀区成府路205号　100871

网　　址　http://www.pup.cn　新浪微博：@北京大学出版社

电 子 信 箱　pup_6@163.com

电　　话　邮购部62752015　发行部62750672　编辑部62750667

印 刷 者　北京鑫海金澳胶印有限公司

经 销 者　新华书店

787毫米×1092毫米　16开本　15.75印张　363千字

2015年5月第1版　2015年5月第1次印刷

定　　价　32.00元

前　言

本书作为电子设计创新实验实训教材，注重基本理论和实际应用相结合。全书内容围绕电子系统的基本原理、设计和实现方法来安排，涉及综合电子系统设计典型实例和综合电子系统设计项目，主要由以下 5 章和附录组成。

第 1 章：主要介绍 C8051F 单片机概况与开发环境。

第 2 章：主要介绍 C8051F340 基本应用。

第 3 章：主要介绍 C8051F020 基础应用。

第 4 章：主要介绍 12 个综合电子系统设计典型实例。这些实例大多是基于 C8051F 单片机的应用，涵盖仪器仪表、测控技术、通信技术和电源技术等领域。通过对项目的分析，给出了系统方案选择与论证、工作原理或系统原理、硬件和软件设计、数据测试与结果分析等；并完成了每个项目的实际调试，给出参考电路和部分项目软件源程序供参考。

第 5 章：介绍 12 个综合电子系统设计项目。这部分主要是作为典型的项目供学生综合实践实训或电子竞赛训练而选做的，项目内容新颖，涵盖知识面广。

附录：介绍了可用于配套的电子设计创新实验实训系统及模块介绍。

本书具有以下几个特点：

(1) 全书取材先进、内容新颖、理论联系实际，融入了编者多年来的实践教学经验和体会。全书内容以 C8051F 单片机为核心，通过由浅入深的理论介绍到实际应用，从简单系统设计到复杂系统设计，为学习者尽快掌握高级单片机技术提供了捷径。

(2) 书中所有单片机源程序和硬件电路均通过实际调试优化，可以直接作为应用参考。

(3) 作为本书可配套的电子设计创新实验实训系统，总共涵盖 12 个模块，外加两个多功能面包板模块和一个整机电源模块。系统作为实验平台的形式由调试用的计算机、调试工具和软件组成，使教材和实际系统有机结合，方便读者学习。

本书由武林、陈希担任主编，潘日敏、余水宝、朱林生、张胜担任副主编。武林编写了前言，第 4 章 4.7～4.8、4.11 节，第 5 章 5.7～5.10 节，附录 1～2；陈希编写了第 1～3 章，第 4 章 4.1～4.2 节；潘日敏编写了第 4 章 4.9、4.12 节，第 5 章 5.11～5.12 节；余水宝编写了第 4 章 4.4、4.10 节，第 5 章 5.1、5.3～5.4 节；朱林生编写了第 4 章 4.5～4.6 节，第 5 章 5.6 节；张胜编写了第 4 章 4.3，第 5 章 5.2、5.5 节；全书由武林统稿。本书编写团队指导学生近年连续 4 届获全国大学生电子设计竞赛一等奖，连续 3 届获全国大学生智能汽车竞赛一等奖。

本书适合电子信息工程、通信工程、应用电子技术、自动化、仪器仪表、光电信息工程等工科专业使用，也适合大学生电子设计竞赛赛前培训使用。

编者在本书的编写过程中得到了浙江师范大学实验室管理处、教务处及数理与信息工程学院的大力支持和帮助，在此表示衷心的感谢！

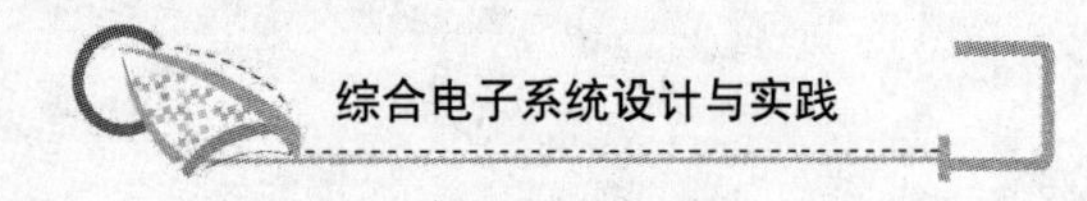

由于编者水平有限，书中难免存在不妥之处，请各位读者提出宝贵的修改建议，我们将表示由衷的感谢！

编者　于浙江师范大学

2014 年 11 月

目　录

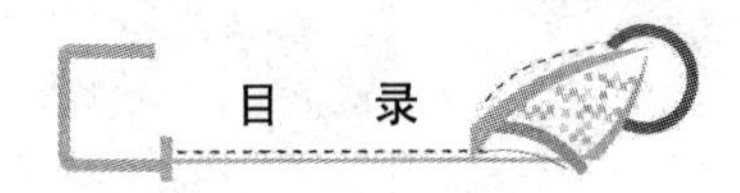
目 录

第 1 章 C8051F 单片机概况与开发环境

本章主要介绍 C8051F 单片机的基本特点及开发环境搭建。通过学习本章，要求学生了解 C8051F 单片机的有关特点及与传统 MCS-51 单片机的区别所在。本章分步骤引导学生学会开发环境过程，具体包括 Keil C51 软件的安装、调试器驱动程序安装、Keil C51 使用及与仿真器连调等。

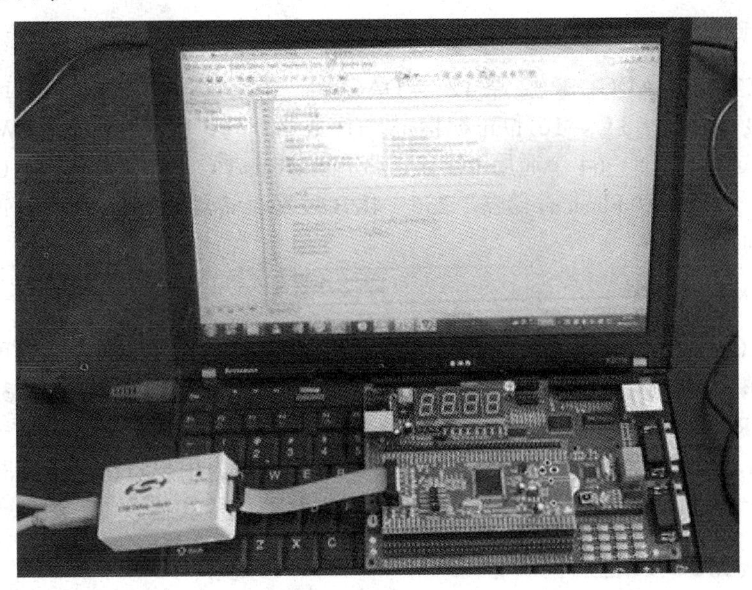

Silicon Labs 公司的 C8051F 系列单片机是集成的混合信号片上系统 SOC，具有与 MCS-51 内核及指令集完全兼容的微控制器，除了具有标准 8051 的数字外设部件之外，片内还集成了数据采集和控制系统中常用的模拟部件和其他数字外设及功能部件。

C8051F 系列单片机的功能部件包括模拟多路选择器、可编程增益放大器、模拟数字转换器(ADC)、数字模拟转换器(DAC)、电压比较器、电压基准、温度传感器、SMBus/I^2C、通用异步收发传输器(UART)、串行外设接口(SPI)、可编程计数器/定时器阵列(PCA)、定时器、数字输入/输出(I/O)端口、电源监视器、看门狗定时器(WDT)和时钟振荡器等。所有器件都有内置的 FLASH 存储器和 256 字节的内部 RAM，有些器件还可以访问外部数据存储器 RAM，即 XRAM。

C8051F 系列单片机是真正能独立工作的片上系统 SOC。CPU 有效地管理模拟和数字外设，可以关闭单个或全部外设以节省功耗。FLASH 存储器还具有在线重新编程的能力，既可用作程序存储器又可用作非易失性数据存储。

1.1 C8051F 系列单片机简介

1.1.1 C8051F 系列单片机特点

1. 片内资源

8～12 位多通道 ADC、1～2 路 12 位 DAC、1～2 路电压比较器、内部或外部电压基准、内置温度传感器±3℃、16 位可编程定时/计数器阵列、PCA 可用于 PWM 等、3～5 个通用 16 位定时器、8～64 个通用 I/O 口、带有 SMBus/I^2C、SPI、1～2 个 UART 等多类型串行总线、8～64KB Flash 存储器、256～4KB 数据存储器 RAM、片内时钟源，内置电源监测看门狗定时器。

2. 主要特点

高速的 20～100MIPS 与 8051 全兼容的 CIP51 内核；内部 Flash 存储器可实现在系统编程，既可作为程序存储器也可用于非易失性数据存储；工作电压为 2.7～3.6V，典型值为 3V。I/O、RST、JTAG 引脚均允许 5V 电压输入；全系列均为工业级芯片(−45～+85℃)；片内 JTAG 仿真电路允许非侵入式在系统调试，不占用片内用户资源。支持断点、单步、观察点、运行和停止等调试命令，支持存储器和寄存器校验和修改。

1.1.2 与传统 MCS-51 区别

1. 与标准 8051 完全兼容

C8051F 系列单片机采用 CIP51 内核，与 MCS-51 指令系统全兼容，可用标准的 ASM-51、Keil C 高级语言开发编译 C8051F 系列单片机的程序。

2. 高速指令处理能力

标准的 8051 一个机器周期要占用 12 个系统时钟周期，执行一条指令最少要一个机器周期。C8051F 系列单片机指令处理采用流水线结构，机器周期由标准的 12 个系统时钟周期降为 1 个系统时钟周期，指令处理能力比 MCS-51 大大提高。

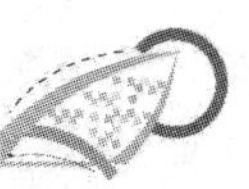

CIP-51 内核 70%的指令执行是在一个或两个系统时钟周期内完成，只有 4 条指令的执行需 4 个以上时钟周期。CIP-51 指令与 MCS51 指令系统全兼容共有 111 条指令。

3. 增加了中断源

标准的 8051 只有 7 个中断源，Silabs C8051F 系列单片机扩展了中断处理，这对于时实时多任务系统的处理是很重要的。扩展的中断系统向 CIP-51 提供 22 个中断源，允许大量的模拟和数字外设中断。一个中断处理需要较少的 CPU 干预，却有更高的执行效率。

4. 增加了复位源

标准的 8051 只有外部引脚复位。Silabs C8051F 系列单片机增加了 7 种复位源，使系统的可靠性大大提高。每个复位源都可以由用户用软件禁止。

5. 提供内部时钟源

标准的 8051 只有外部时钟。Silabs C8051F 系列单片机有内部独立的时钟源(C8051F300、F302 提供的内部时钟误差在 2%以内)，在系统复位时默认内部时钟。如果需要可接外部时钟，并可在程序运行时实现内、外部时钟的切换，外部时钟可以是晶体、RC、C 或外部时钟。以上的功能在低功耗应用系统中非常有用。

6. 可编程数字 I/O 和交叉开关

C8051F 系列单片机具有标准的 8051 I/O 口，除 P0、P1、P2、P3 之外还有更多的扩展的 8 位 I/O 口。每个端口 I/O 引脚都可以设置为推挽或漏极开路输出。这为低功耗应用提供了进一步节电的能力。最为独特的是增加了(C8051F2XX 除外)数字交叉开关(Digtal crossbar)。它可将内部数字系统资源定向到 P0、P1、P2 端口 I/O 引脚，并可将定时器、串行总线、外部中断源、AD 输入转换、比较器输出，都可通过设置数字交叉开关控制寄存器定向到 P0、P1、P2 的 I/O 口。这就允许用户根据自己的特定应用选择通用 I/O 端口和所需数字资源的组合。

7. 可编程计数器阵列

除了通用计数器/定时器之外，C8051FMCU 还有一个片内可编程计数器/定时器阵列(PCA)。PCA 包括一个专用的 16 位计数器/定时器，多个可编程的捕捉/比较模块。时间基准可以是下面的 6 个时钟源之一：系统时钟/12、系统时钟/4、定时器 0 溢出、外部时钟输入(ECI)、系统时钟和外部振荡源频率/8(C8051F00x/01x 没有后两个时钟源)。

每个捕捉/比较模块都有 4 或 6 种工作方式：边沿触发捕捉、软件定时器、高速输出、8 位脉冲宽度调制器、频率输出、16 位脉冲宽度调制器(C8051F00x/01x 没有后两种工作方式)PCA 捕捉/比较模块的 I/O 和外部时钟输入，可以通过数字交叉开关连到 I/O 端口引脚。

8. 多类型串行总线端口

C8051F 系列内部有一个全双工 UART、SPI 总线和 SMBus/I^2C 总线。每种串行总线都完全用硬件实现，都能向 CIP-51 产生中断。这些串行总线不“共享”定时器、中断或 I/O 端口，所以可以使用任何一个或全部同时使用。多数 C8051F MCU 内部还有第二个 UART，这是一个增强型全双工 UART，具有硬件地址识别和错误检测功能。

9. 模数/数模转换器

大部分 C8051F 型号内部都有一个 ADC 子系统，由逐次逼近型 ADC、多通道模拟输入选择器和可编程增益放大器组成。ADC 工作在 100ksps 的最大采样速率时可提供真正的 8 位、10 位或 12 位精度。ADC 完全由 CIP-51 通过特殊功能寄存器控制，系统控制器还可以关断 ADC 以节省功耗。ADC 内部有可编程增益放大器增益，可以用软件设置，从 0.5 到 16 以 2 的整数次幂递增。

部分型号还有一个 15ppm 的基准电压和内部温度传感器，并且 8 个外部输入通道都可被配置为两个单端输入或一个差分输入。

部分 C8051F 系列内有两路 12 位 DAC，两个电压比较器。CPU 通过 SFRS 控制数模转换和比较器。CPU 可以将任何一个 DAC 置于低功耗关断方式。DAC 有电压输出模式和电流输出模式，与 ADC 共用参考电平。

10. 在线调试

C8051F 系列单片机设计有片内调试电路与 JTAG/C2 接口，可以实现非侵入式“在线”调试。通过 IDE 集成开发环境，可设置断点、观察点、堆栈；程序可单步运行、全速运行、停止等。调试时所有的数字和模拟外设都能正常工作，实时反映真实情况。

1.2 C8051F 开发环境搭建

1.2.1 Keil C51 软件的安装

下面以 Keil C51 V7.0 版本为例，介绍如何安装 Keil μVision2 集成开发环境。

(1) 进入..\Keil CV7.0\Setup 目录下，这时可以看到 SETUP.EXE 的安装文件，双击该文件即可开始安装。

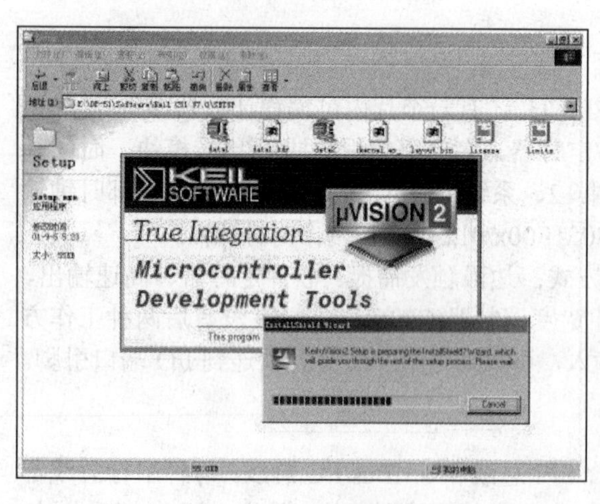

图 1.2.1 安装初始化

(2) 这时会出现如图 1.2.1 所示的安装初始化画面，稍后弹出一个安装向导对话框如图 1.2.2 所示，询问用户是安装、修复更新或是卸载 Keil C51 软件，用户可以根据需要进行选择，若是第一次安装该软件，应选择 Install Support for Additional …，安装该软件。

(3) 单击 Next 按钮，出现如图 1.2.3 所示的安装询问对话框，提示用户是安装完全版还是评估版。如果购买了正版的 Keil C 软件，则单击 Full Version 按钮，否则只能单击 Eval Version 按钮。

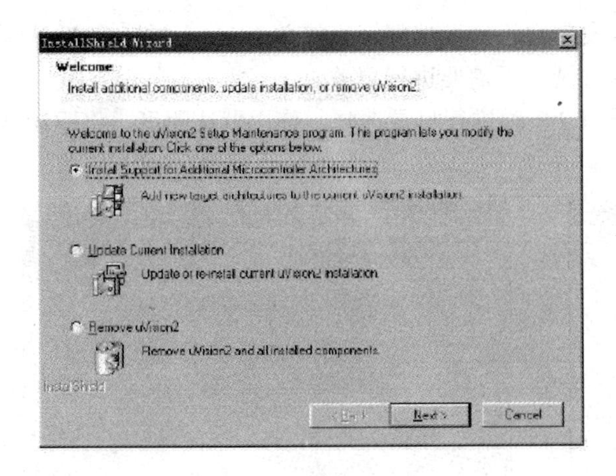

图 1.2.2　安装向导画面

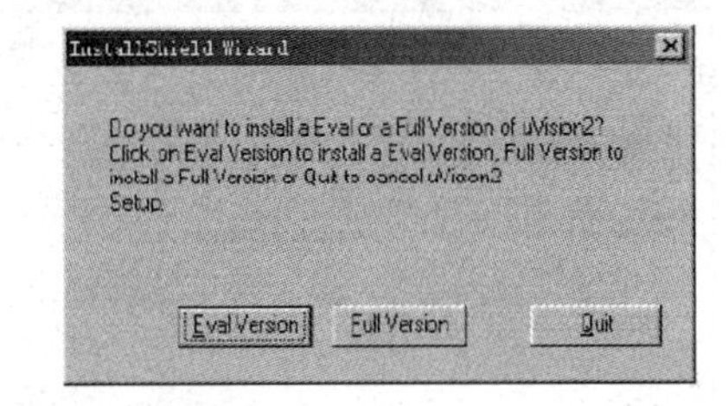

图 1.2.3　安装询问画面

(4) 在此后弹出几个确认对话框中单击 Next 按钮，这时会出现一个如图 1.2.4 所示的安装路径设置对话框，默认路径是 C:\KEIL，用户可以单击 Browse 按钮选择适合自己安装的目录，如 D:\Keil C51 V7.0。

(5) 在接下来的询问确认对话框中单击 Next 按钮加以确认，即可出现如图 1.2.5 所示的安装进度指示画面。

(6) 接下来就是等待安装，安装完毕后单击 Finish 按钮加以确认，此时可以在桌面上看到 Keil μVision2 软件的快捷图标，双击即可进入 Keil C51 集成开发环境。

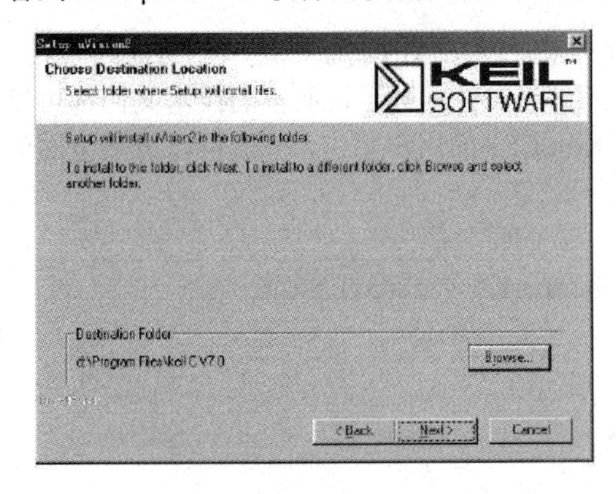

图 1.2.4　安装路径设置对话框

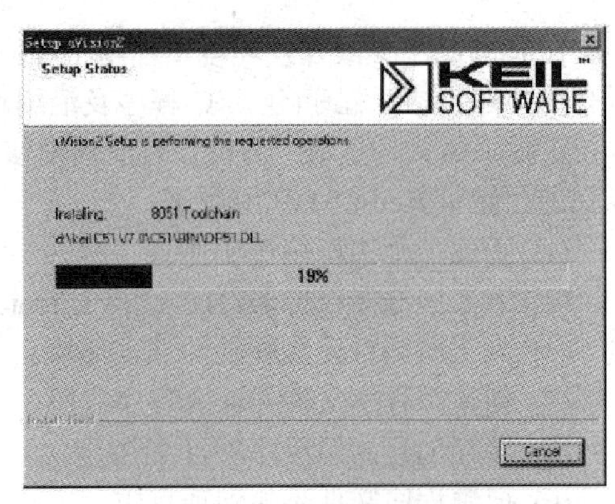

图 1.2.5　安装进度指示画面

1.2.2　调试器驱动程序安装

图 1.2.6　SiC8051F_uv2 驱动安装界面

(1) 单击 SiC8051F_uv2 安装程序(若使用 keil uv3 的版本，则使用 SiC8051F_uv3 驱动程序)，(若使用 Keil uV4 的版本，则使用 SiC8051F_uV4 驱动程序)，弹出如图 1.2.6 所示界面，之后弹出如图 1.2.7 所示界面。(若之前已经安装过相应的驱动，则出现此界面，选择是重新安装，还是更新；若第一次安装则不需要选择，直接单击 Next 按钮。)默认情况下，驱动程序会自动找到 keil 的安装目录，不需要进行更改。

(2) 一直单击 Next 按钮，在弹出图 1.2.8 时进行目录选择，使用默认即可，将驱动装在 keil 目录下。

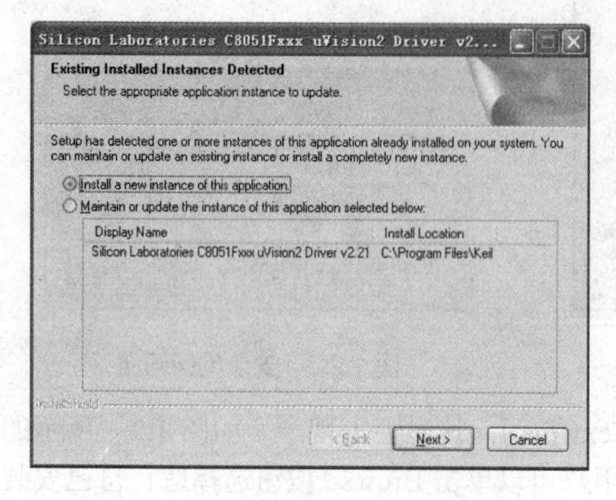

图 1.2.7 选择重新安装还是更新

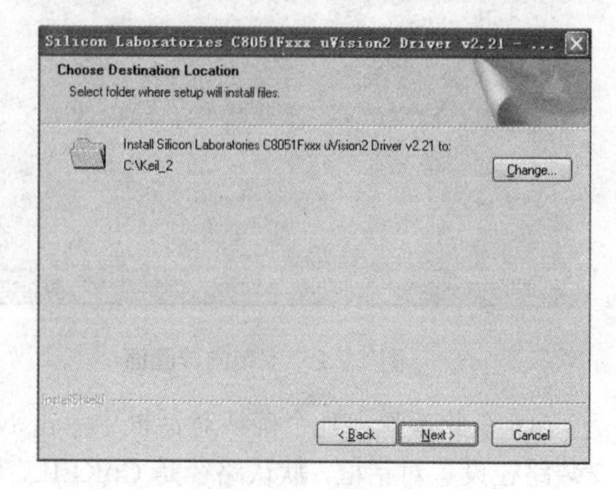

图 1.2.8 目录选择

(3) 此后，一直单击 Next 按钮，直到安装完成。

1.2.3 Keil C51 使用及与仿真器连调

1. 创建第一个 Keil C51 应用程序

在 Keil C51 集成开发环境下使用工程的方法来管理文件的，而不是单一文件的模式。所有的文件包括源程序(包括 C 程序及汇编程序)、头文件，甚至说明性的技术文档都可以放在工程项目文件里统一管理。对于刚刚使用 Keil C51 的用户来讲，一般可以按照下面的步骤进行创建 Keil C51 应用程序。

(1) 新建一个工程项目文件。

(2) 为工程选择目标器件(如选择 silicon Laborataries 的 c8051F340)。

(3) 为工程项目设置软硬件调试环境。

(4) 创建源程序文件并输入程序代码。

(5) 保存创建的源程序项目文件。

(6) 把源程序文件添加到项目中。

下面以创建一个新的工程文件 test.μV2 为例，详细介绍如何建立一个 Keil C51 的应用程序。

(1) 双击桌面上的 Keil C51 快捷图标，进入 Keil C51 集成开发界面，如图 1.2.9 所示。

(2) 单击菜单栏的 Project 选项，在弹出如图 1.2.10 所示的下拉菜单中选择 New Project 命令，弹出如图 1.2.11 所示的项目文件保存对话框，建立一个新的μVision2 工程。

在这里需要完成下列操作。

① 为工程取一个名称。

② 选择工程存放的路径，建议为每个工程单独建立一个目录，并且工程中需要的所有文件都放在这个目录下。

③ 选择工程目录 D:\示范程序\test 和输入项目名 test 后(可以自己改保存目录)，单击

“保存”按钮返回。

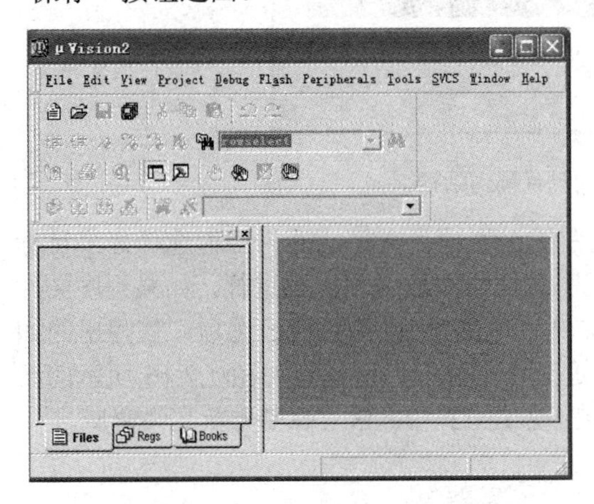

图 1.2.9　Keil C51 集成开发界面

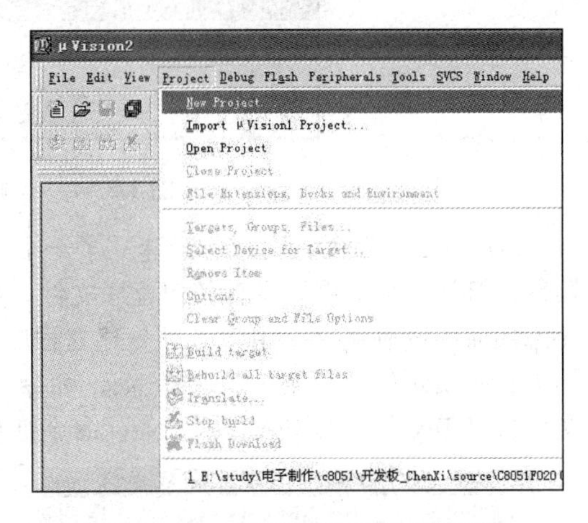

图 1.2.10　新建工程项目下拉菜单

图 1.2.11　新建工程项目对话框

(3) 在工程建立完毕以后，μVision2 会立即弹出如图 1.2.12 所示的器件选择对话框。用户可以根据需要选择相应的器件组并选择相应的器件型号，在此，选择 Silicon LabArataries 的 C8051F020。另外，如果用户在选择完目标器件后想重新改变目标器件，可选择 Project→Select Device for Target ‘Target 1’命令，如图 1.2.13 所示。在保存工程后，弹出如图 1.2.14 所示添加启动代码对话框，此处可单击“否”按钮。

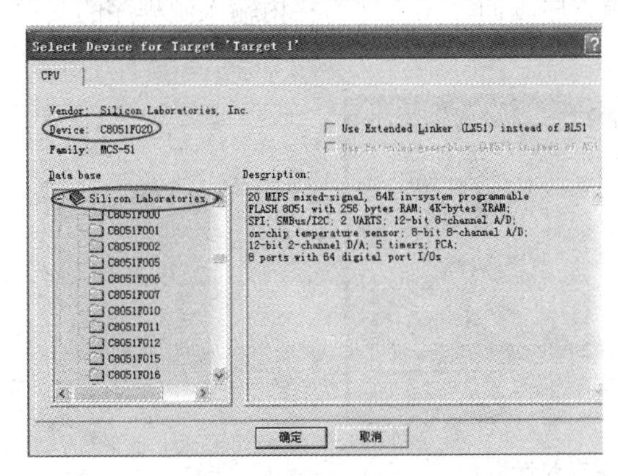

图 1.2.12　器件选择对话框

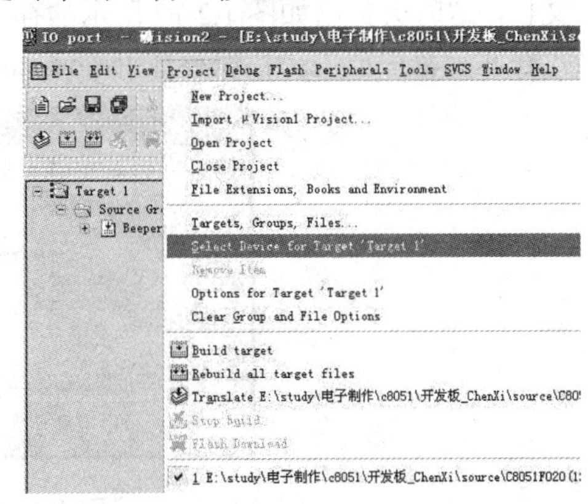

图 1.2.13　选择命令

图 1.2.14　添加启动代码对话框

(4) 到目前为止，用户已经建立了一个空白的工程项目文件，并为工程选择好了目标器件，但是这个工程里没有任何程序文件。程序文件的添加必须人工进行，如果程序文件在添加前还没有建立，用户必须先建立程序文件。单击菜单栏的 File 选项，在弹出的如图 1.2.15 所示的下拉菜单中选择 New 命令，这时在文件窗口会出现如图 1.2.16 所示的新文件窗口 Text1，如果多次执行 New 命令则会出现 Text2，Text3…等多个新文件窗口。

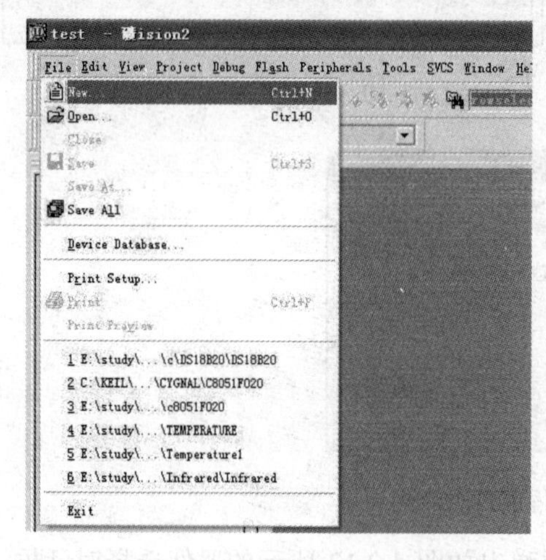

图 1.2.15　新建命令下拉菜单

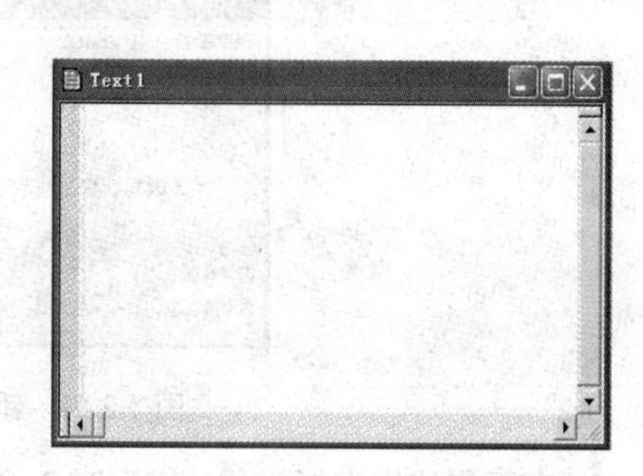

图 1.2.16　源程序编辑窗口

(5) 现在 test.µV2 项目中有了一个名为 Text1 的新文件框架，在这个源程序编辑框内输入自己的源程序，此处命名为“temperature.c”。

(6) 输入完毕后单击菜单栏的 File 选项，在弹出的下拉菜单中选择 Save 命令存盘源程序文件，这时会弹出如图 1.2.17 所示的存盘源程序画面，在文件名栏内输入源程序的文件名，在此示范中把 Text1 保存成 temperature.c。

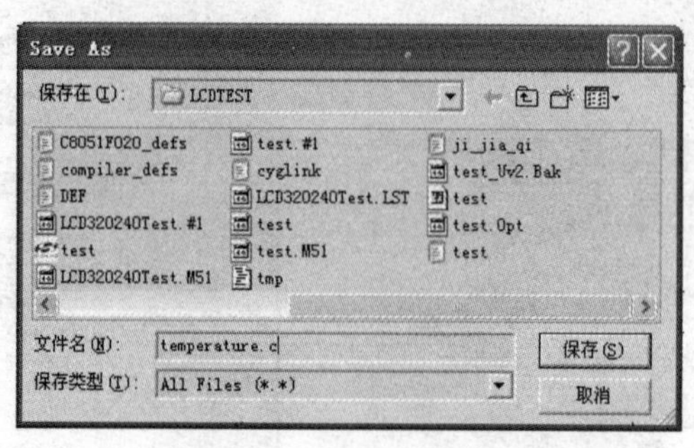

图 1.2.17　保存对话框

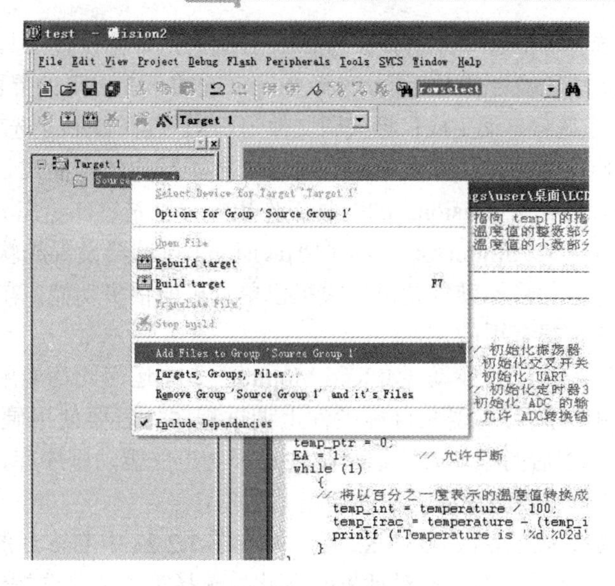

图 1.2.18　源程序编辑窗口

(7) 需要特别提出的是，这个程序文件仅仅是建立了而已，temperature.c 文件到现在为止与 test.µV2 工程还没有建立起任何关系。此时用户应该把 temperature.c 源程序添加到 test.µV2 工程中，构成一个完整的工程项目。在 Project Windows 栏内，选中 Source Group1 后单击鼠标右键，在弹出如图 1.2.18 所示的快捷菜单中选择 Add files to Group ‘Source Group1’(向工程中添加源程序文件)命令，此时会出现如图 1.2.19 所示的添加源程序文件对话框，选择刚才创建编辑的源程序文件 temperature.c，单击 Add 按钮即可把源程序文件添加到项目中。添加后，temperature.c 文件就放进 test.µV2 工程中，如图 1.2.20 所示。

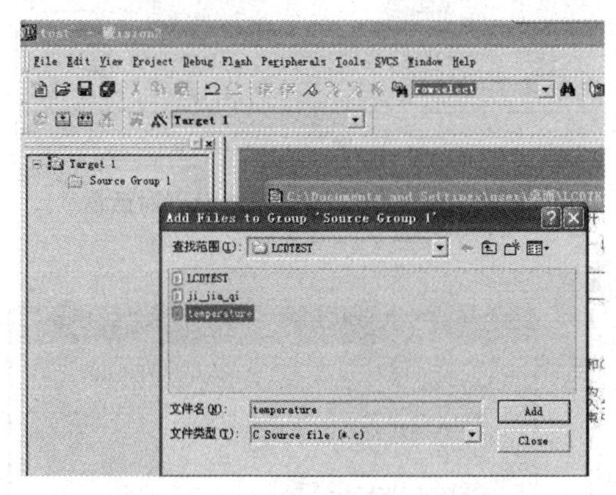

图 1.2.19　添加源程序文件对话框

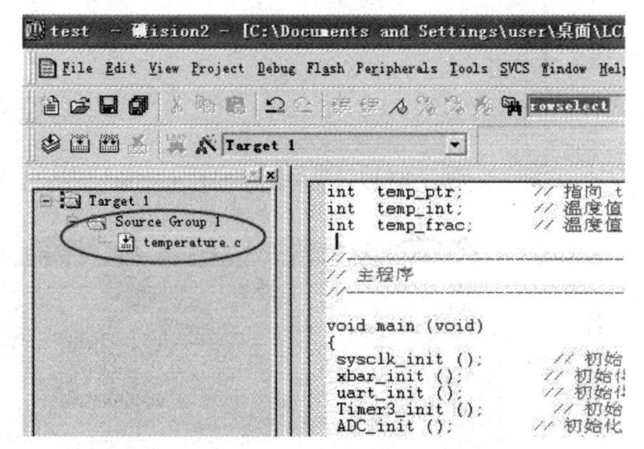

图 1.2.20　添加源程序文件后的窗口

2. 程序文件的编译、链接

1) 编译连接环境设置

µVision2 调试器可以调试用 C51 编译器和 A51 宏汇编器开发的应用程序，µVision2 调试器有两种工作模式，用户可以通过选中 Target1 后，单击鼠标右键，在弹出如图 1.2.21

所示的快捷菜单中选择 Option For Target ‘Target 1’命令为目标设置工具选项，这时会出现如图 1.2.22 所示的调试环境设置对话框，选择 Output 选项卡在出现的界面中选中 CreateHex File 选项，在编译时系统将自动生成目标代码文件*.HEX。选择 Debug 选项卡出现如图 1.2.23 所示的工作模式选择界面，在此界面中我们可以设置不同的仿真模式。

从图 1.2.23 可以看出，μVision2 的两种工作模式分别是：Use Simulator(软件模拟)和 Use(硬件仿真)。其中 Use Simulator 选项是将μVision2 调试器设置成软件模拟仿真模式，在此模式下不需要实际的目标硬件就可以模拟出单片机的很多功能，在准备硬件之前就可以测试应用程序，这是很有用的。

Use 工作模式有高级 GDI 驱动，如 Keil Monitor－51，运用此功能用户可以把 Keil C51 嵌入到自己的系统中，从而实现在目标硬件上调试程序。若要使用硬件仿真，则应选择 Use 工作模式，并在该栏后的驱动方式选择框内选择对应的驱动程序库，在此处选择 Silicon Laborataries C8051Fxx(需要装驱动程序才会出此选项)。

在选择 Silicon Laborataries C8051Fxx 后，单击图 1.2.23 中 Use 后的 Settings 按钮，弹出如图 1.2.24 所示的 Target Setup 对话框，在此处选择第二个单选按钮，即 USB Debug Adapter 1.2.0.0 单选按钮。

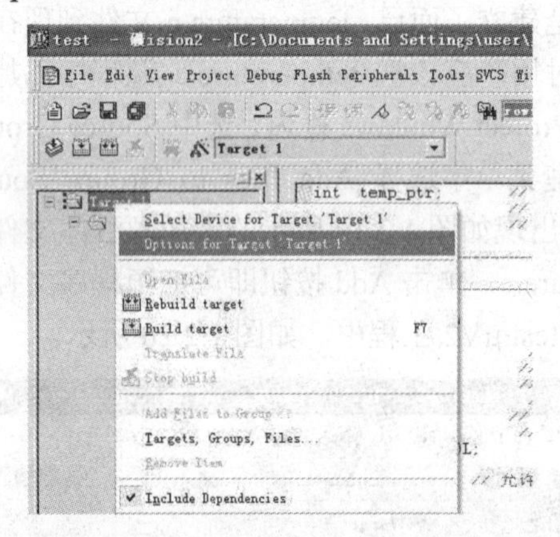

图 1.2.21　调试环境设置命令下拉菜单

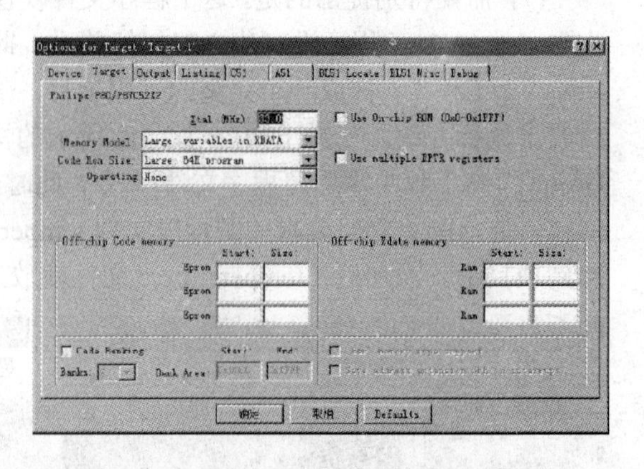

图 1.2.22　Keil C51 调试环境设置对话框

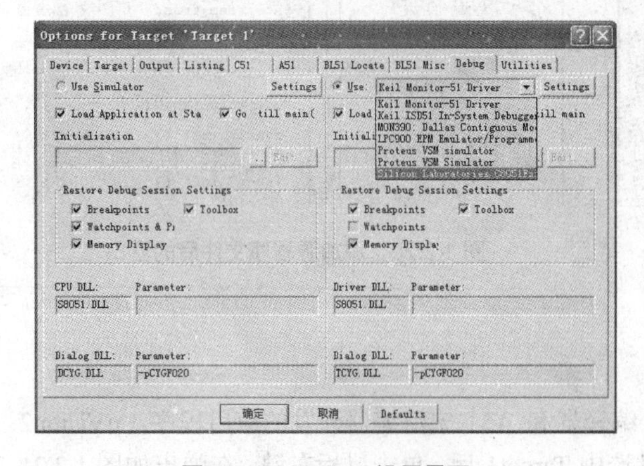

图 1.2.23　Debug 设置界面

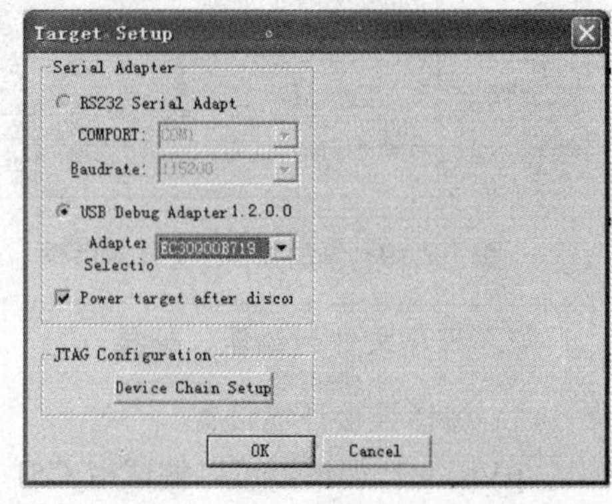

图 1.2.24　Target Setup 设置对话框

此选项只有将 C8051F 调试仿真器与计算机、目标板相连并上电后，才会出现，否则显示灰色，即不可用。在将 C8051F 调试仿真器与计算机、目标板相连并上电后，PC 端会出现“叮咚”声，表示 USB 已经识别。

第一个单选按钮，即 RS232 Serial Adapter 是早期的 EC2 调试器选项。

2) 程序的编译、链接

完成以上的工作就可以编译程序了。单击菜单栏 Project 选项，在弹出如图 1.2.25 所示的下拉菜单中选择 Build target 命令对源程序文件进行编译，当然也可以选择 Rebuild all target files 命令对所有的工程文件进行重新编译，也可使用圈中的快捷按钮进行编译，此时会在 Output Windows 信息输出窗口输出相关信息，如图 1.2.26 所示。最后一行说明 test.μV2 项目在编译过程中不存在错误和警告，编译链接成功。若在编译过程中出现错误，系统会给出错误所在的行和该错误提示信息，用户应根据这些提示信息，更正程序中出现的错误，重新编译直至完全正确为止。至此，一个完整的工程项目 test.μV2 已经完成。

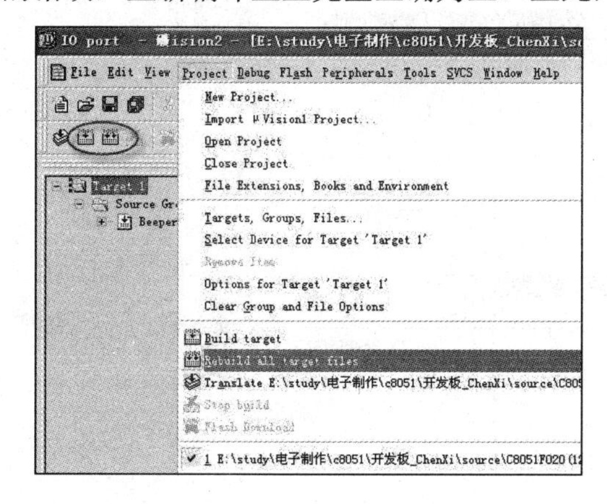

图 1.2.25　编译命令菜单

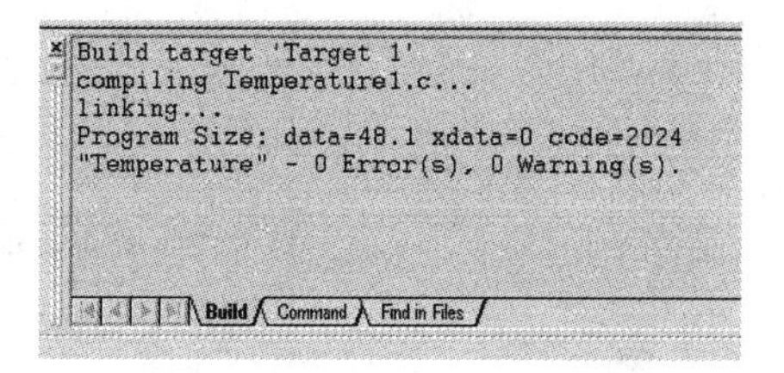

图 1.2.26　输出提示信息

3. 程序调试

(1) 修改完毕，执行 Project→Rebuild all target files 命令对工程项目文件进行重新编译、链接，此时会出现“编译正确、连接成功”的提示信息。接下来单击菜单栏内的 Debug 选项，在出现的下拉菜单中选择 Start/Stop Debug Session 调试命令，即可把用户程序就下载到单片机中。

(2) 程序下载后，此时出现如图 1.2.27 所示调试画面。若在您的调试界面中没有看到变量观察窗口，您可以单击菜单栏中的 View 选项，在弹出如图 1.2.28 所示的下拉菜单中选择 Watch & Call Stack Window 命令即可以打开变量观察窗口，可以使用同样的方法打开其他相关窗口。如图 1.2.29 所示，在菜单中的 peripherals 选项下，可以选择所调试单片机的相关硬件资源的信息，如定时器、IO 口、串口、SPI、I2C 等。

如选择 I/O Ports 中的 Port0，若程序中有对 Port 0 的操作，则可以观察对应端口的高低电平的变化。

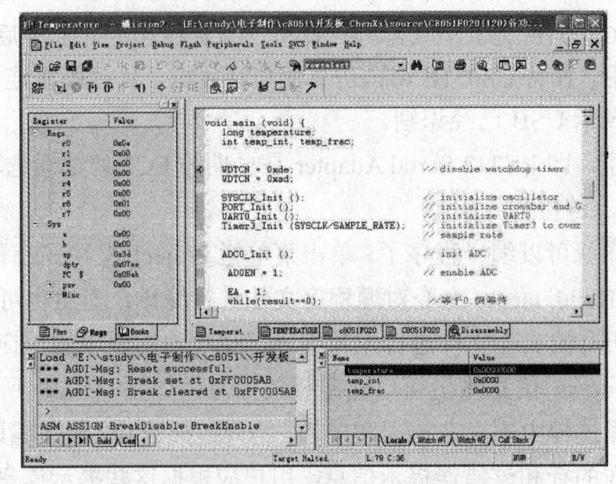

图 1.2.27 调试界面

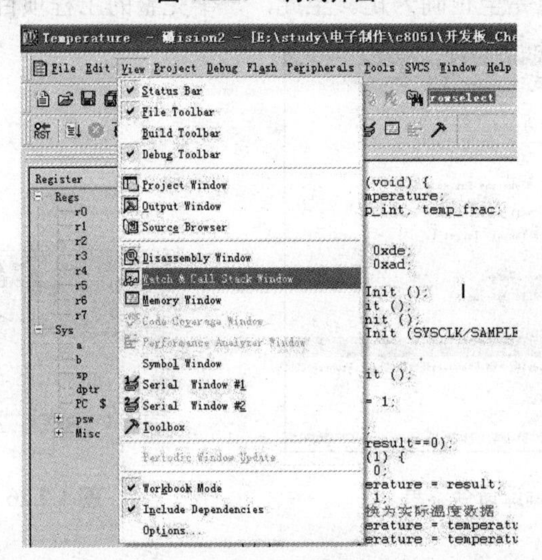

图 1.2.28 打开变量窗口命令菜单

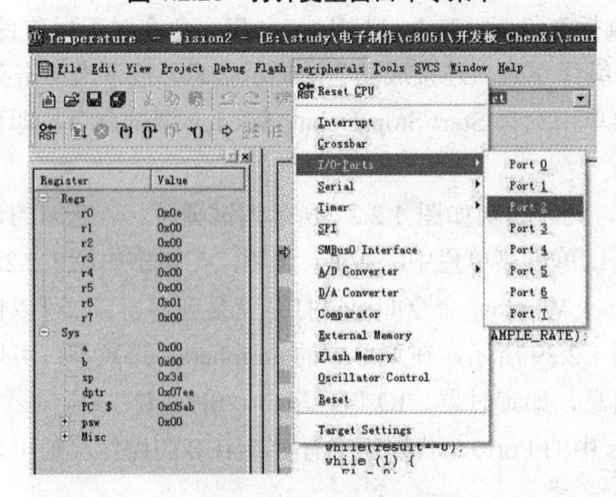

图 1.2.29 单片机相关硬件寄存器查看窗口选择栏

(3) Keil C51 给出了许多调试快捷图标和调试命令，为了使用户更好的使用这些命令，下面将介绍几种常用的调试命令及方法。

断点

巧妙的设置一些断点，能够更好帮助用户分析程序的运行机制、程序中变量的变化状况，提高工作效率。断点可以用以下的方法定义和修改：

(1) 用 File Toolbar 按钮。在 Editor 或 Disassembly 窗口中的代码行点击断点按钮即可在该处设置断点。

(2) 用快捷菜单的断点命令。在 Editor 或 Disassembly 窗口中的代码行右击鼠标，在打开的快捷菜单中选择 Insert/Remove Breakpoint 命令也同样可以在该行设置断点。

(3) 在 Output Window－Command 输入框，可以使用 Breakset、BreakKill、BreakEnable、Breaklist、Breakpoint 命令来设置断点。

当然，设置断点还有一个最简单的方法就是在该行语句前双击即可。如果已经在某行设置了断点，再次在此行设置断点将取消该断点，断点设置成功后，会在该行的行首出现红颜色的断点标志。

RST 复位 CPU

用 Debug 菜单或工具栏的 Reset CPU 命令。在不改变程序的情况下，若想使程序重新开始运行，这时执行此命令即可，执行此命令后程序指针返回到 0000H 地址单元，另外，一些内部特殊功能寄存器在复位期间也将重新赋值。

单步跟踪(F11)

用 Debug 工具栏的 Step 或快捷命令 Step Into 命令按钮可以单步跟踪程序，每执行一次此命令，程序将运行一条指令(以指令为基本执行单元)。单步跟踪在 C 语言环境调试下最小的运行单位是一条 C 语句。

单步运行(F10)

用 Debug 工具栏的 Step Over 或快捷命令 Step Over 按钮即可实现单步运行程序，此时单步运行命令将把函数和函数调用当作一个实体来看待，因此单步运行是以语句(这一条语句不管是单一命令行还是函数调用)为基本执行单元。

执行返回(Ctrl+F11)

在用单步跟踪命令跟踪到了子函数或子程序内部时，可以使用 Debug 菜单栏中的 Step Out of Current Function 或快捷命令按钮 Step Out 即可实现程序的 PC 指针返回到调用此子程序或函数的下一条语句。

执行到光标所在命令行(Ctrl+F10)

用工具栏或快捷菜单命令 Run tol Cursor Line 即可执行此命令，使程序执行到光标所在行，但不包括此行，其实质是把当前光标所在的行当作临时断点。

全速运行(F5)

用 Debug 工具栏的 Go 快捷命令 Run 即可实现全速运行程序，当然若程序中已经设置断点，程序将执行到断点处，并等待调试指令；若程序中没有设置任何断点，当μVision2 处于全速运行期间，μVision2 不允许任何资源的查看，也不接受其他的命令。

按钮可以启动/停止调试(Crtl+F5)

第2章 C8051F340基本应用

本章主要介绍了C8051F340单片机的主要特点及最小系统设计方法。通过学习本章，让学生了解C8051F340单片机的有关特点，学会C8051F340单片机最小系统设计，熟悉系统时钟、输入/输出端口、中断、定时器、可编程计数器阵列、ADC、串口UART、总线和比较器等多方面内容。

2.1　C8051F340 概述

C8051F340 具有如下特性。

(1) 全速、非侵入式的在系统调试 C2 接口。

(2) 高速、流水线结构的 8051 兼容的微控制器内核(可达 48MIPS)。

(3) 10 位 200Ksps 的单端/差分 ADC，带模拟多路器。

(4) 通用串行总线(USB)功能控制器，有 8 个灵活的端点管道，集成收发器和 1K FIFO RAM。

(5) 电源稳压器。

(6) 片内电压基准和温度传感器。

(7) 片内电压比较器(两个)。

(8) 精确校准的 12MHz 内部振荡器和 4 倍时钟乘法器。

(9) 多达 64KB 的片内 FLASH 存储器。

(10) 多达 4352 字节片内 RAM(256+4KB)。

(11) 硬件实现的 SMBus/ I2C、增强型 UART(最多两个)和增强型 SPI 串行接口。

(12) 4 个通用的 16 位定时器。

(13) 具有 5 个捕捉/比较模块和看门狗定时器功能的可编程计数器/定时器阵列(PCA)。

(14) 片内上电复位、VDD 监视器和时钟丢失检测器。

(15) 多达 40 个端口 I/O(容许 5V 输入)。

(16) 具有片内上电复位、VDD 监视器、电压调整器、看门狗定时器和时钟振荡器。

(17) FLASH 存储器还具有在系统重新编程能力，可用于非易失性数据存储，并允许现场更新 8051 固件。用户软件对所有外设具有完全的控制，可以关断任何一个或所有外设以节省功耗。

(18) 供电电压：2.7～3.6V。

2.2　C8051F340 最小系统设计

C8051F340 最小系统原理框图如图 2.2.1 所示。此最小系统将所有的单片机数字 I/O 口、模拟端口引出。系统电源采用 5V 电压供电，由芯片内部电压转换模块实现 5V 转 3.3V 功能。供电方式有 USB 供电、JTAG 调试器或者外接 5V 电压供电，通过 J4 跳线帽进行切换。P0.6、P0.7 引脚除了作为 I/O 口使用外，还可以作为外部晶振的输入引脚，因此最小系统通过 J2、J7 跳线帽进行切换。C8051F340 芯片内部自带 AD 功能，在选择参考电压时可选择片上系统电压或者外部参考电压。为此本系统额外设计了以 TL431 为主的电压参考基准。参考电压基准电压为：$V_o=(1+R_1/R_2)\times 2.5V$。

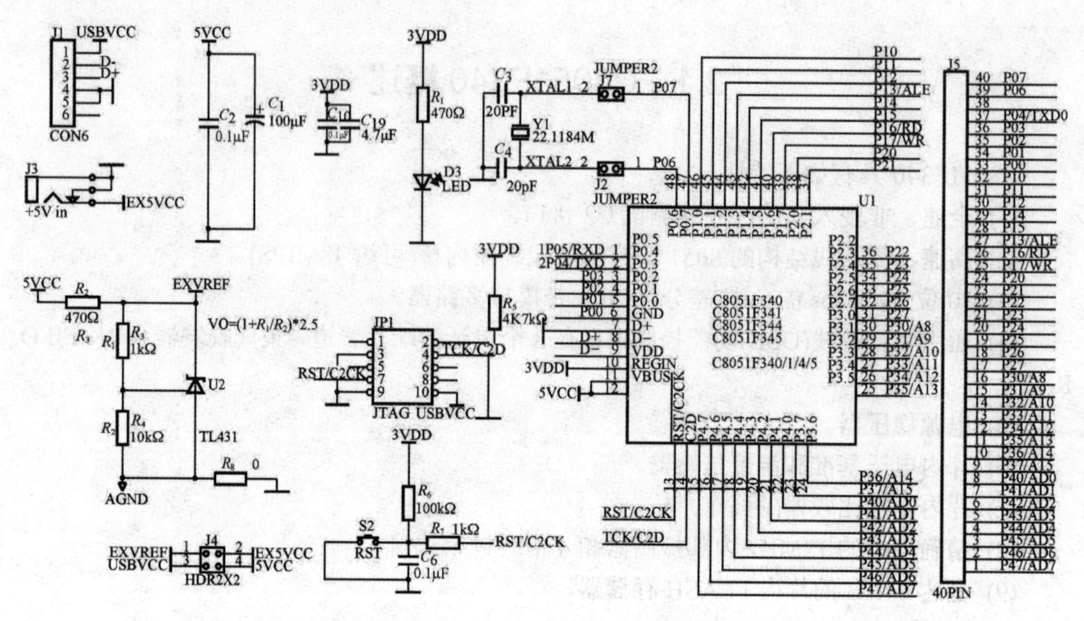

图 2.2.1　C8051F340 最小系统电路图

2.3　系 统 时 钟

C8051F340 时钟电路由可编程内部高频振荡器、可编程内部低频振荡器、外部振荡器驱动电路和 4 倍时钟乘法器组成。系统时钟(SYSCLK)可以来自任何一个内部振荡器、外部振荡器电路或 4 倍时钟乘法器二分频。USB 时钟(USBCLK)可以来自内部振荡器、外部振荡器电路或 4 倍时钟乘法器。

在系统复位后，可编程内部高频振荡器被默认为系统时钟。系统时钟可以从内部振荡器分频得到，分频系数由寄存器 OSCICN 中的 IFCN 位设定，可为 1、2、4 或 8。复位后的缺省分频系数为 8。

可编程低频内部振荡器的标称频率为 80kHz。该低频振荡器电路包含一个分频器，分频数由寄存器 OSCLCN 中的 OSCLD 位设定，可为 1、2、4 或 8。OSCLF 位(OSCLCN5:2)可用于调节该振荡器的输出频率。

对于一般应用，采用内部振荡电路足以满足要求，并且可以提高抗干扰和稳定性。但在特殊情况下，如进行串口通信时，为了获得精确的波特率，往往需要接外部晶振。若使用外部晶振，则需要对 OSCXCN 寄存器进行相应的设置。

时钟电路内部还有个 4 倍时钟乘法器，它允许使用 12MHz 振荡器产生全速 USB 通信所需要的 48MHz 时钟。时钟乘法器输出经分频后也可以被用作系统时钟。当使用外部振荡器作为 4 倍时钟乘法器的输入时，外部振荡源必须在乘法器初始化之前被使能并稳定运行。

系统时钟选择可通过寄存器 CLKSEL 中的 CLKSL[1:0]位进行设置。当选择外部振荡器作为系统时钟时，CLKSL[1:0]必须被设置为 01b。当选择内部振荡器作为系统时钟时，

外部振荡器仍然可以给外设(定时器、PCA、USB)提供时钟。系统时钟可以在内部振荡器、外部振荡器和 4 倍时钟乘法器之间自由切换，只要所选择的振荡器被使能并稳定运行。

【例 2-3-1】时钟初始化实例：采用内部高频振荡器，系统时钟，USB 时钟均为 48MHz。

```
void SYSCLK_Init (void)
{
   int i = 0;
   OSCICN    = 0x83;                       //使能内部高频振荡器
   CLKMUL    = 0x80;                       //时钟乘法器使能
   for (i = 0; i < 20; i++);               //等待 5μs 的初始化
   CLKMUL    |= 0xC0;                      //将初始化时钟乘法器
   while ((CLKMUL & 0x20) == 0);           //等待时钟乘法器已准备好
   CLKSEL = 0x03;                          //USB 时钟：48MHz，系统时钟：48MHz
}
```

2.4　输入/输出端口

数字和模拟资源可以通过 40 个 I/O 引脚使用，所有端口 I/O 都耐 5V 电压，端口 I/O 单元可以被配置为漏极开路或推挽方式(在端口输出方式寄存器 PnMDOUT 中设置，n=0,1,2,3,4)。每个端口引脚都可以被定义为通用 I/O(GPIO)或模拟输入。P0.0～P3.7 可以被分配给内部数字资源。用户可通过优先权交叉开关译码器将内部数字资源灵敏地分配到 I/O 引脚上。根据用到的不同内部数字资源，可能分配到 I/O 引脚上的顺序不同。

寄存器 XBR0、XBR1 和 XBR2 用于选择内部数字功能。

优先权交叉开关译码器可以为每个 I/O 功能分配优先权，从优先权最高的 UART0 开始。当一个数字资源被选择时，尚未分配的端口引脚中的最低位被分配给该资源(UART0 总是使用引脚 4 和 5)。如果一个端口引脚已经被分配，则交叉开关在为下一个被选择的资源分配引脚时将跳过该引脚。此外，交叉开关还将跳过在 PnSKIP(n=0,1,2,3)寄存器中被置‘1’的那些位所对应的引脚。PnSKIP 寄存器允许软件跳过那些被用作模拟输入、特定功能或 GPIO 的引脚。

未被交叉开关分配的端口引脚和未被模拟外设使用的端口引脚都可以作为通用 I/O。通过对应的端口数据寄存器访问端口 P3-P0，这些寄存器既可以按位寻址也可以按字节寻址。端口 P4 使用的 SFR 只能按字节寻址。向端口写入时，数据被锁存到端口数据寄存器中，以保持引脚上的输出数据值不变。读端口数据寄存器将总是返回端口输入引脚的逻辑状态，而与 XBRn 的设置值无关。

通用端口寄存器有：Pn、PnMDIN、PnMDOUT、PnSKIP 4 个寄存器，n=0,1,2,3,4。其中 P4 端口没有 P4SKIP 寄存器。

端口 I/O 初始化包括以下步骤。

(1) 用端口输入方式寄存器(PnMDIN)选择所有端口引脚的输入方式(模拟或数字)。

(2) 用端口输出方式寄存器(PnMDOUT)选择所有端口引脚的输出方式(漏极开路或推挽)。

(3) 用端口跳过寄存器(PnSKIP)选择应被交叉开关跳过的那些引脚。

(4) 将引脚分配给要使用的外设(XBR0、XBR1、XBR2)。

(5) 使能交叉开关(XBARE = 1)。

【例 2-4-1】下面以实例程序对 I/O 口初始化进行说明：将单片机数字资源 UART0、SPI0 分配到 IO 口，并将 P0.2、P0.3 作为 AD 输入端口，则程序 I/O 口初始化代码如下。

```
P0MDIN  = 0xF3; // P0.2、P0.3 引脚被配置为模拟输入
P0SKIP  = 0x0C; // P0.2、P0.3 引脚被交叉开关跳过
XBR0    = 0x03; //SPI I/O 连到端口引脚，UART TX0，RX0 连到端口引脚 P0.4 和 P0.5
XBR1    = 0x40; //弱上拉使能，交叉开关使能
```

经过上述配置后，其配置示意图如图 2.4.1 所示。

【例 2-4-2】I/O 口控制 LED 发光二极管，程序功能实现 LED 发光二极管的定时亮灭。电路原理图如图 2.4.2 所示，由单片机 P1.0 端口控制 LED 发光二极管。

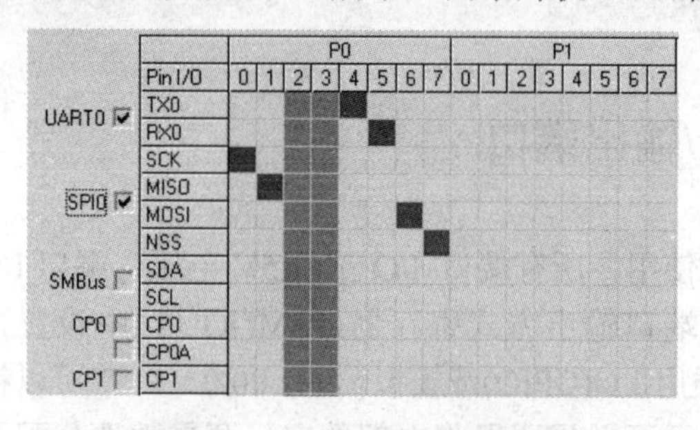

图 2.4.1　交叉开关配置示意图

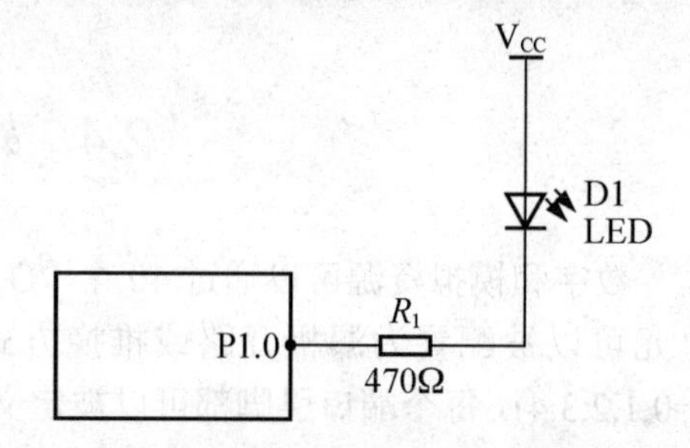

图 2.4.2　单片机 I/O 口控制 LED 电路

程序如下：

```
#include <c8051f340.h>
sbit CtlLed =P1^0;
//------------------------------------------------------------------
void SYSCLK_Init (void)
{
   int i = 0;
   OSCICN    = 0x83;                      //全能内部高速振荡器
   CLKMUL    = 0x80;
   for (i = 0; i < 20; i++);              //初始化等待 5μs
   CLKMUL    |= 0xC0;
   while ((CLKMUL & 0x20) == 0);
   CLKSEL = 0x03;                         //USB 时钟：48MHz，系统时钟：48MHz
}
//------------------------------------------------------------------
void Delay(unsigned int t)
{   unsigned int k,j;
    for(k=0;k<t;k++)
    for(j=0;j<10000;j++);
}
//------------------------------------------------------------------
void main()
{
```

```
    PCA0MD &= ~0x40;                    //关看门狗
     SYSCLK_Init ();
     P1MDOUT  = 0xff;
    XBR1      = 0x40;
    do
         {
          CtlLed=~CtlLed;
          Delay(50);
         }while(1);
}
```

2.5 中　　断

中断系统支持 16 个中断源，两级优先级。中断源在片内外设与外部输入引脚之间的分配随器件的不同而变化。每个中断源可以在一个 SFR 中有一个或多个中断标志。当一个外设或外部源满足有效的中断条件时，相应的中断标志被置为逻辑‘1’。

如果中断被允许，在中断标志被置位时将产生中断，CPU 将转向与该中断标志对应的 ISR 地址。一旦当前指令执行完，CPU 产生一个 LCALL 到一个预定地址，开始执行中断服务程序(ISR)。每个 ISR 必须以 RETI 指令结束，使程序回到中断前执行完的那条指令的下一条指令。如果中断未被允许，中断标志将被硬件忽略，程序继续正常执行。

每个中断源都可以用一个 SFR(IE-EIE2)中的相关中断允许位允许或禁止，但是必须首先置‘1’EA 位(IE.7)以保证每个单独的中断允许位有效。不管每个中断允许位的设置如何，清‘0’EA 位将禁止所有中断。

某些中断标志在 CPU 进入 ISR 时被自动清除。但大多数中断标志不是由硬件清除的，必须在 ISR 返回前用软件清除。如果一个中断标志在 CPU 执行完中断返回(RETI)指令后仍然保持置位状态，则会立即产生一个新的中断请求，CPU 将在执行完下一条指令后重新进入 ISR。

2.5.1　外部中断

两个外部中断源/INT0 和/INT1 可被配置为低电平有效或高电平有效，边沿触发或电平触发。IT01CF 寄存器中的 IN0PL(/INT0 极性)和 IN1PL(/INT1 极性)位用于选择高电平有效还是低电平有效；TCON 中的 IT0 和 IT1 用于选择电平或边沿触发。TCON 寄存器见定时器章节。

外部中断源/INT0 和/INT1 所使用的端口引脚在 IT01CF 寄存器中定义。注意，/INT0 和/INT1 端口引脚分配与交叉开关的设置无关。如果要将一个端口引脚只分配给/INT0 或/INT1，则应使交叉开关跳过这个引脚。

IE0(TCON.1)和 IE1(TCON.3)分别为外部中断/INT0 和/INT1 的中断标志。如果/INT0 或/INT1 外部中断被配置为边沿触发，CPU 在转向 ISR 时将自动清除相应的中断标志。当被配置为电平触发时，在输入有效期间(根据极性控制位 IN0PL 或 IN1PL 的定义)中断标志将保持在逻辑‘1’状态；在输入无效期间该标志保持逻辑‘0’状态。电平触发的外部中断源必须一直保持输入有效直到中断请求被响应，在ISR返回前必须使该中断请求无效，否则将产生另一个中断请求。

2.5.2 中断优先级

每个中断源都可以被独立地编程为两个优先级中的一个：低优先级或高优先级。一个低优先级的中断服务程序可以被高优先级的中断所中断，但高优先级的中断不能被中断。每个中断在SFR(IP、EIP1或EIP2)中都有一个配置其优先级的中断优先级设置位，默认值为低优先级。如果两个中断同时发生，具有高优先级的中断先得到服务。如果这两个中断的优先级相同，则由固定的优先级顺序决定哪一个中断先得到服务。

2.5.3 中断实例

【例2-5-1】本实例将/INT0、/INT1两个外部中断设置外边沿触发，配置到P0.1、P0.0引脚，并作为按键的输入接口，即将两个按键一端接至P0.1、P0.0，另一端接地。当按键按下时产生高电平到低电平的跳变，原理图如图2.5.1所示。

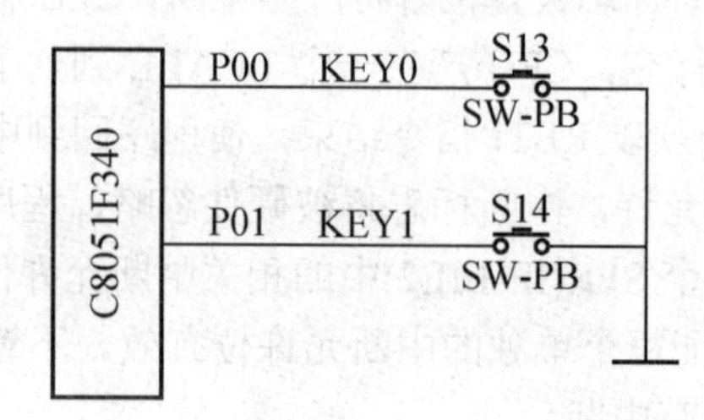

图2.5.1 中断式按键原理图

对应程序如下：

```
#include <c8051f340.h>
unsigned char keyvalue=0;
//-----------------------------------------------------------------------------
void main (void)                    //主函数
{
    PCA0MD &= ~0x40;                //关看门狗
    PORT_Init();                    //I/O配置
    Interrupts_Init();              //中断初始化
    while(1)
    {
      if (keyvalue)                 //有按键按下
        {
        Keyvalue=0;                 //按键值清零，在此处可以添加相应的应用程序
        }

    }
}
//-----------------------------------------------------------------------------
```

```
void Interrupts_Init()              //中断初始化
{
    IE = 0x85;                      //全局中断允许，INT0、INT1 使能
    IT01CF    = 0x01;
    TCON=0X05;                      //INT0、INT1 边沿触发
}
//-------------------------------------------------------------------------
void PORT_Init()                    //I/O 配置
{
    P0MDOUT   = 0xff;
    P0SKIP    = 0x03;
   XBR1      = 0x40;
}
//-------------------------------------------------------------------------
void INT0_ISR (void) interrupt 0    //INT0 中断服务程序
{
 keyvalue=1;
}
//-------------------------------------------------------------------------
void INT1_ISR (void) interrupt 2    //INT1 中断服务程序
{
 keyvalue=2;
}
```

2.6　定　时　器

C8051F340 内部有 4 个 16 位计数器/定时器：其中两个与标准 8051 中的计数器/定时器兼容，另外两个是 16 位自动重装载定时器，可用于 ADC、SMBus、USB(帧测量)、低频振荡器(周期测量)或作为通用定时器使用。这些定时器可以用于测量时间间隔，对外部事件计数或产生周期性的中断请求。定时器 0 和定时器 1 几乎完全相同，有 4 种工作方式。定时器 2 和定时器 3 均可作为一个 16 位或两个 8 位自动重装载定时器。本节只针对定时器 0、1 作介绍。

对定时器 0 和定时器 1 的访问和控制是通过 SFR 实现的。每个计数器/定时器都是一个 16 位的寄存器，在被访问时以两个字节的形式出现：一个低字节(TL0 或 TL1)和一个高字节(TH0 或 TH1)。计数器/定时器控制寄存器(TCON)用于允许定时器 0 和定时器 1 以及指示它们的状态。这两个计数器/定时器都有 4 种工作方式，通过设置计数器/定时器方式寄存器(TMOD)中的方式选择位 M1 和 M0 来选择工作方式。每个定时器都可以被独立编程。

2.6.1　定时器 0 和定时器 1

1. *方式 0：13 位计数器/定时器*

在方式 0 时，定时器 0 和定时器 1 被作为 13 位的计数器/定时器使用。T0 方式 0 原理框图如图 2.6.1 所示。下面介绍对定时器 0 的配置和操作。由于这两个定时器在工作上完全相同，定时器 1 的配置过程与定时器 0 一样。

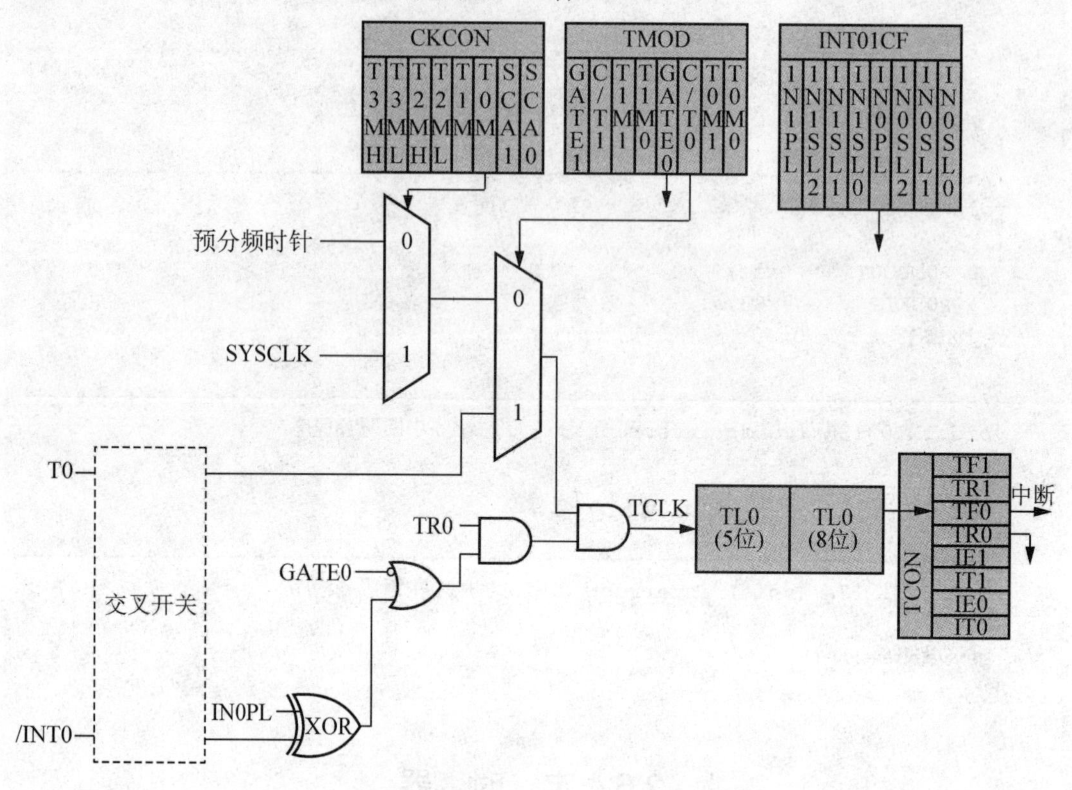

图 2.6.1 T0 方式 0 原理框图

TH0 寄存器保持 13 位计数器/定时器的 8 个 MSB。TL0 在 TL0.4～TL0.0 位置保持 5 个 LSB。TL0 的高 3 位(TL0.7～TL0.5)是不确定的，在读计数值时应屏蔽掉或忽略这 3 位。作为 13 位定时器寄存器，计到 0x1FFF(全 1)后再计一次将发生溢出，使计数值回到 0x0000，此时定时器溢出标志 TF0(TCON.5)被置位并产生一个中断(如果被允许)。

C/T0 位(TMOD.2)选择计数器/定时器的时钟源。清除 C/T 将选择系统时钟作为定时器的输入。当 C/T0 被设置为逻辑 1 时，出现在所选输入引脚(T0)上的负跳变使定时器寄存器加 1。

当 GATE0(TMOD.3)为 0 或输入信号/INT0 为逻辑 1 时，置‘1’TR0(TCON.4)位将允许定时器 0 工作。设置 GATE0 为逻辑 1 允许定时器 0 受外部输入信号/INT0 的控制，便于脉冲宽度测量。

置‘1’TR0 位(TCON.4)并不复位定时器寄存器。在允许定时器之前应对定时器寄存器赋初值。

与上述的 TL0 和 TH0 一样，TL1 和 TH1 构成定时器 1 的 13 位寄存器。定时器 1 的配置和控制方法与定时器 0 一样，使用 TCON 和 TMOD 中的相应位。

2. 方式 1：16 位计数器/定时器

方式 1 的操作与方式 0 完全一样，所不同的是计数器/定时器使用全部 16 位。用与方式 0 相同的方法允许和控制工作在方式 1 的计数器/定时器。

3. 方式 2：8 位自动重装载的计数器/定时器

方式 2 将定时器 0 和定时器 1 配置为具有自动重新装入计数初值能力的 8 位计数器/定时器，如图 2.6.2 所示。TL0 保持计数值，而 TH0 保持重载值。当 TL0 中的计数值发生溢出(从全‘1’到 0x00)时，定时器溢出标志 TF0(TCON.5)被置位，TH0 中的重载值被重新装入到 TL0。如果中断被允许，在 TF0 被置位时将产生一个中断。TH0 中的重载值保持不变。为了保证第一次计数正确，必须在允许定时器之前将 TL0 初始化为所希望的计数初值。当工作于方式 2 时，定时器 1 的操作与定时器 0 完全相同。在方式 2，定时器 0 和 1 的允许和配置方法与方式 0 一样。

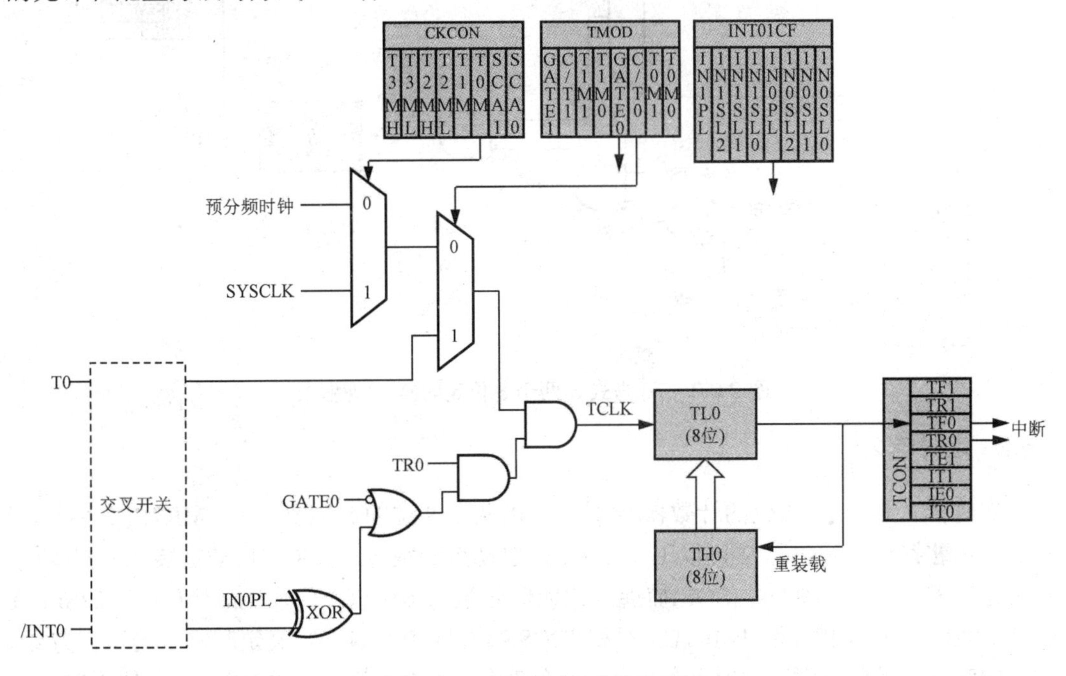

图 2.6.2　T0 方式 2 原理框图

4. 方式 3：两个 8 位计数器/定时器(仅定时器 0)

方式 3 原理框图如图 2.6.3 所示。在方式 3 时，定时器 0 和定时器 1 的功能不同。定时器 0 被配置为两个独立的 8 位定时器/计数器，计数值在 TL0 和 TH0 中。在 TL0 中的计数器/定时器使用 TCON 和 TMOD 中定时器 0 的控制/状态位：TR0、C/T0、GATE0 和 TF0。它既可以使用系统时钟也可以使用一个外部输入信号作为时间基准。TH0 寄存器只能作为定时器使用，由系统时钟提供时间基准。TH0 使用定时器 1 的运行控制位 TR1。TH0 在发生溢出时将定时器 1 的溢出标志位 TF1 置‘1’，所以它控制定时器 1 的中断。

定时器 1 在方式 3 时停止运行。在定时器 0 工作于方式 3 时，定时器 1 可以工作在方式 0、1 或 2，但不能用外部信号作为时钟，也不能设置 TF1 标志和产生中断。但是定时器 1 溢出可以用于为 SMBus 和/或 UART 产生波特率，也可以用于启动 ADC 转换。当定时器 0 工作在方式 3 时，定时器 1 的运行控制由其方式设置决定。为了在定时器 0 工作于方式 3 时使用定时器 1，应使定时器 1 工作在方式 0、1 或 2。可以通过将定时器 1 切换到方式 3 使其停止运行。

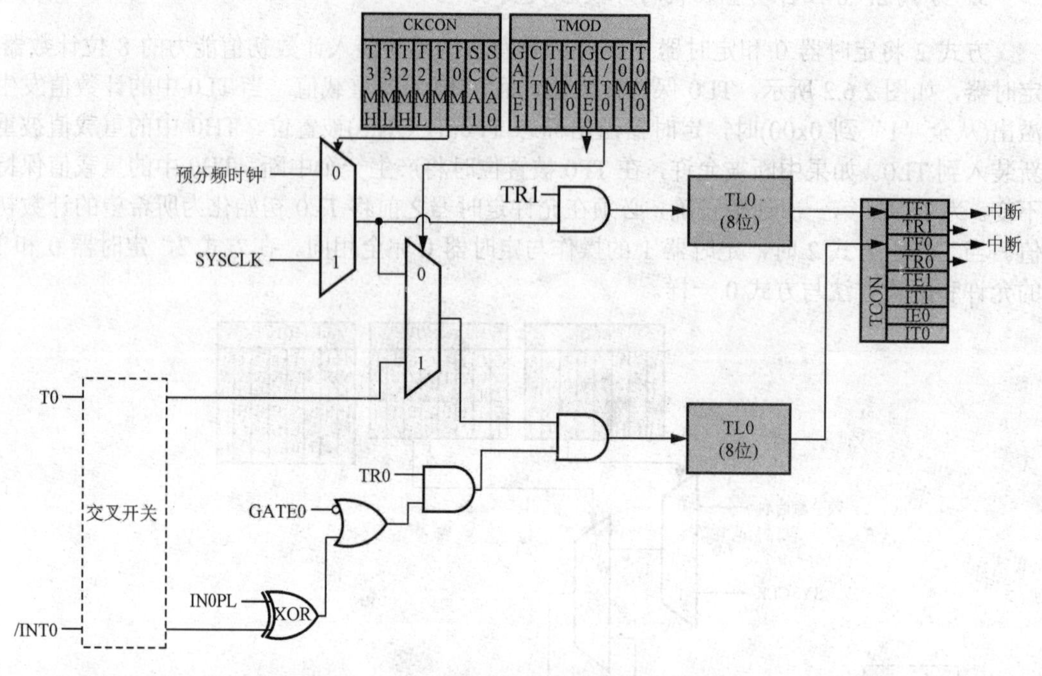

图 2.6.3　T0 方式 3(两个 8 位定时器)原理框图

2.6.2　定时器 2

定时器 2 是一个 16 位的计数器/定时器，由两个 8 位的 SFR 组成：TMR2L(低字节)和 TMR2H(高字节)。定时器 2 可以工作在 16 位自动重装载方式、8 位自动重装载方式(两个 8 位定时器)、USB 帧起始(SOF)捕捉方式或低频振荡器(LFO)下降沿捕捉方式。T2SPLIT 位(TMR2CN.3)、T2CE 位(TMR2CN.4)和 T2CSS 位(TMR2CN.1)定义定时器 2 的工作方式。

定时器 2 的时钟源可以是系统时钟、系统时钟/12 或外部振荡源时钟/8。在使用实时时钟(RTC)功能时，外部时钟方式是理想的选择，此时用内部振荡器驱动系统时钟，而定时器 2(和/或 PCA)的时钟由一个精确的外部振荡器提供。注意，外部振荡源时钟/8 与系统时钟同步。

1. 16 位自动重装载方式

当 T2SPLIT=‘0’且 T2S0F=‘0’时，定时器 2 工作在自动重装载的 16 位定时器方式(图 2.6.4)。定时器 2 可以使用 SYSCLK、SYSCLK/12 或外部振荡器时钟/8 作为其时钟源。当 16 位定时器寄存器发生溢出(从 0xFFFF 到 0x0000)时，定时器 2 重载寄存器中的 16 位计数初值被自动装入到定时器 2 寄存器，并将定时器 2 高字节溢出标志 TF2H(TMR2CN.7)置‘1’。如果定时器 2 中断被允许(如果 IE.5 被置 1)，每次溢出都将产生中断。如果定时器 2 中断被允许并且 TF2LEN 位(TMR2CN.5)被置‘1’，则每次低 8 位(TMR2L)溢出时(从 0xFF 到 0x00)将产生一个中断。

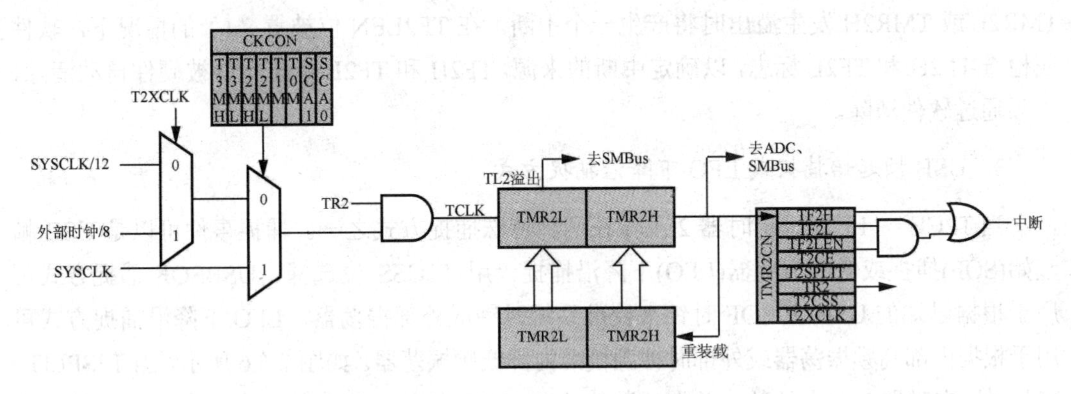

图 2.6.4　定时器 2 的 16 位方式原理框图

2. 8 位自动重装载定时器方式

如图 2.6.5 所示，当 T2SPLIT=‘1’且 T2SOF=‘0’时，定时器 2 工作双 8 位定时器方式。两个 8 位定时器 TMR2H 和 TMR2L 都工作在自动重装载方式。TMR2RLL 保持 TMR2L 的重载值，而 TMR2RLH 保持 TMR2H 的重载值。TMR2CN 中的 TR2 是 TMR2H 的运行控制位。当定时器 2 被配置为 8 位方式时，TMR2L 总是处于运行状态。

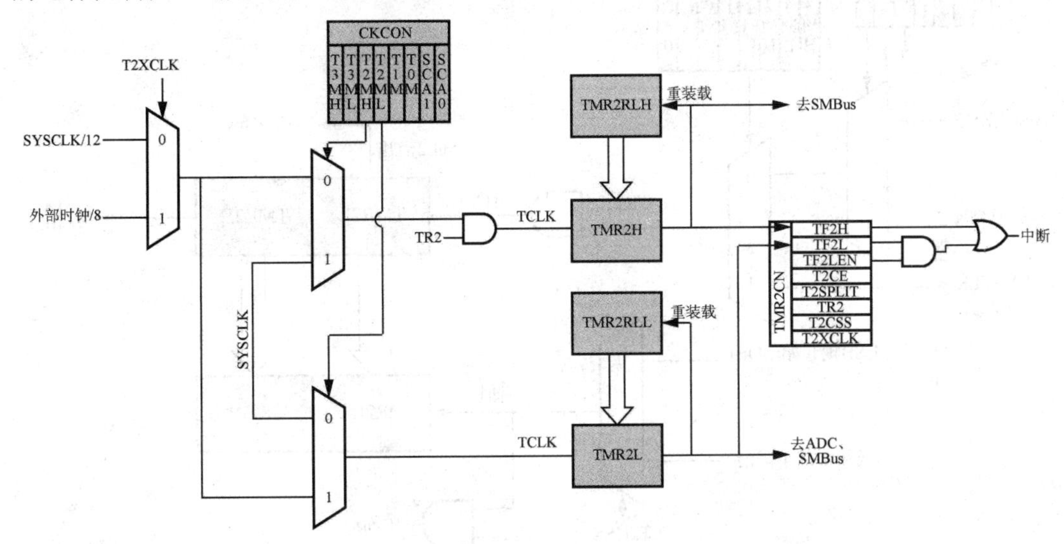

图 2.6.5　定时器 2 的 8 位方式原理框图

每个 8 位定时器都可以被配置为使用 SYSCLK、SYSCLK/12 或外部振荡器时钟/8 作为其时钟源。定时器 2 时钟选择位 T2MH 和 T2ML(位于 CKCON 中)选择 SYSCLK 或由定时器 2 外部时钟选择位(TMR2CN 中的 T2XCLK)定义的时钟源。

当 TMR2H 发生溢出时(从 0xFF 到 0x00)，TF2H 被置‘1’；当 TMR2L 发生溢出时(从 0xFF 到 0x00)，TF2L 被置‘1’。如果定时器 2 中断被允许，则每次 TMR2H 溢出时都将产生一个中断。如果定时器 2 中断被允许并且 TF2LEN 位(TMR2CN.5)被置‘1’，则每当

TMR2L 或 TMR2H 发生溢出时将产生一个中断。在 TF2LEN 位被置‘1’的情况下，软件应检查 TF2H 和 TF2L 标志，以确定中断的来源。TF2H 和 TF2L 标志不能被硬件自动清除，必须通过软件清除。

3. USB 帧起始捕捉或 LFO 下降沿捕捉方式

当 T2CE=‘1’时，定时器 2 工作在两种特殊捕捉方式之一。捕捉事件可以是 USB 帧起始(SOF)捕捉或低频振荡器(LFO)下降沿捕捉，用 T2CSS 位选择。USBSOF 捕捉方式可用于根据已知的 USB 主 SOF 时钟来校准系统时钟或外部振荡器。LFO 下降沿捕捉方式可用于根据内部高频振荡器或外部时钟源校准内部低频振荡器。如图 2.6.6 所示，当 T2SPLIT=‘0’时，定时器 2 向上计数，并在计数值从 0xFFFF 变为 0x0000 时溢出。每次收到捕捉事件时，定时器 2 寄存器(TMR2H:TMR2L)的内容被锁存到定时器 2 重装载寄存器(TMR2RLH:TMR2RLL)中，并产生定时器 2 中断(如果被使能)。

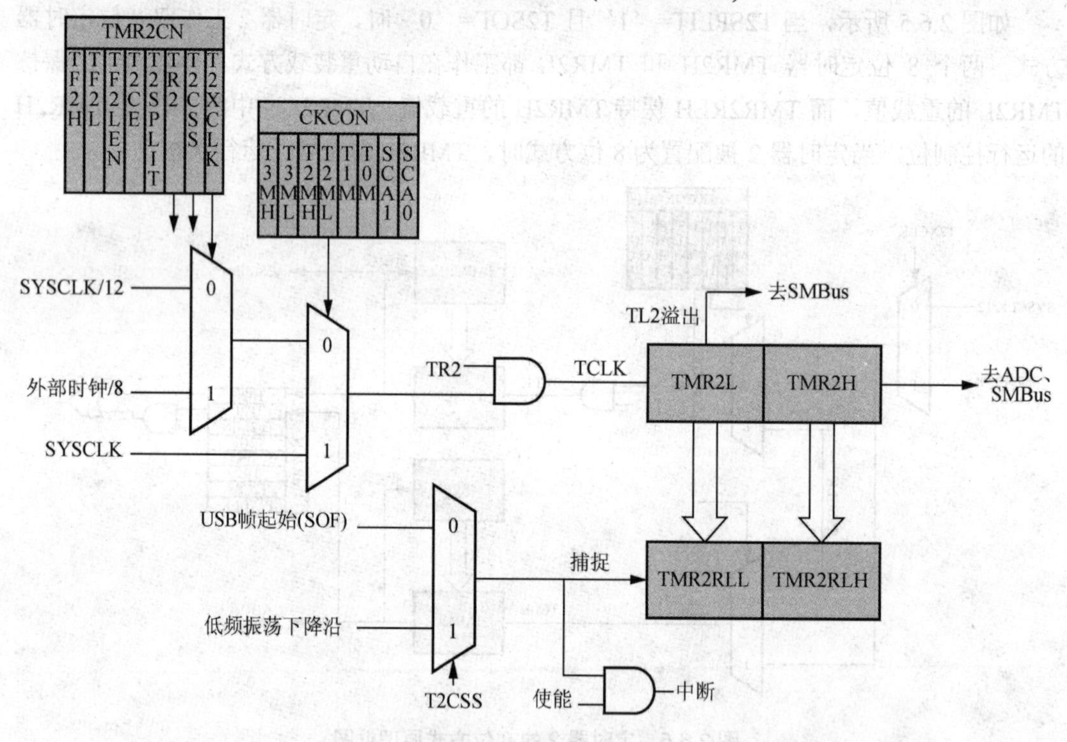

图 2.6.6　定时器 2 捕捉方式(T2SPLIT =‘0’)

定时器 2 捕捉方式，如图 2.6.7 所示，当 T2SPLIT=‘1’时，定时器 2 寄存器(TMR2H:TMR2L)分成两个 8 位计数器。每个计数器都独立地向上计数并在计数值从 0xFF 变为 0x00 时溢出。每次收到捕捉事件时，定时器 2 寄存器被锁存到定时器 2 重装载寄存器(TMR2RLH:TMR2RLL)中，并产生定时器 2 中断(如果被使能)。

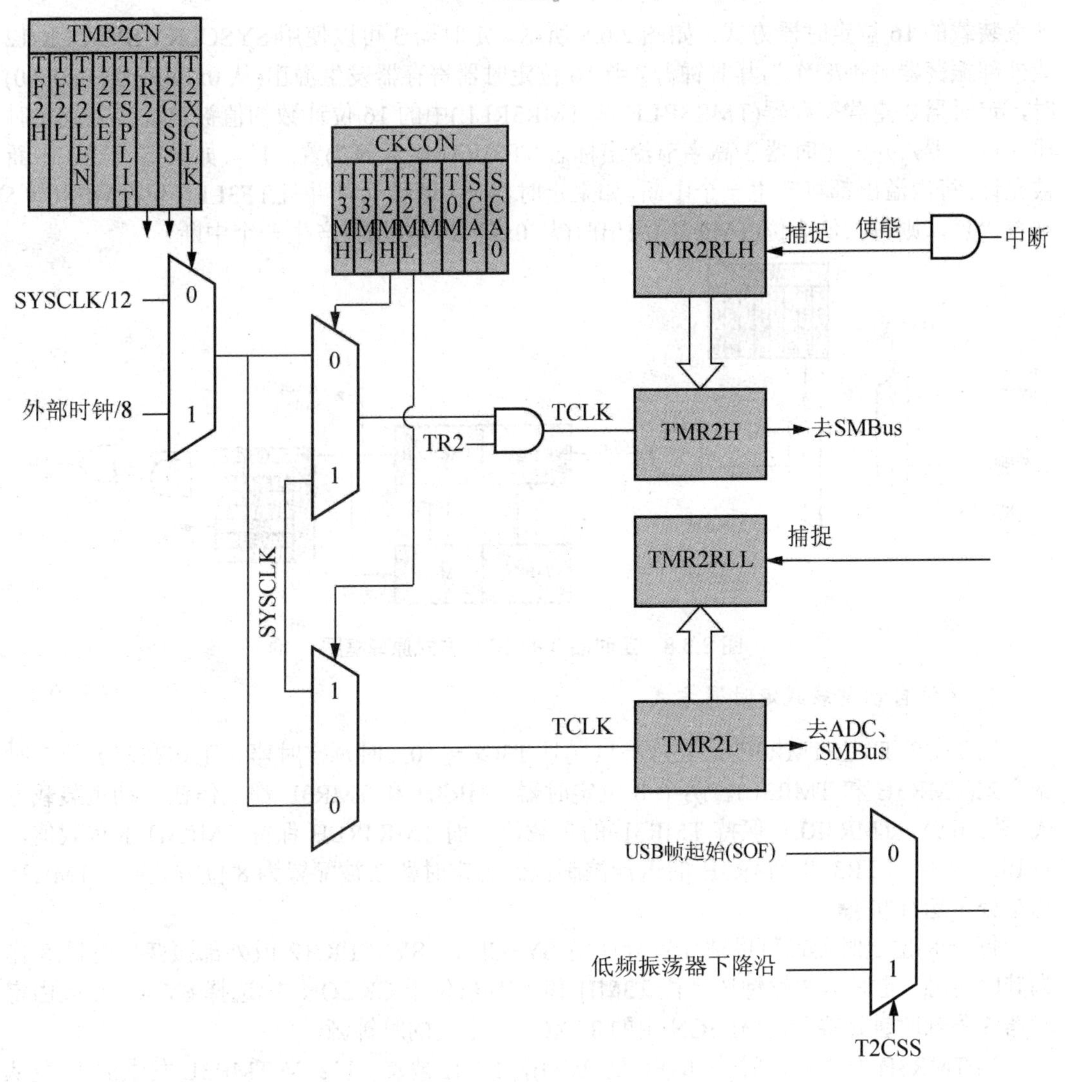

图 2.6.7　定时器 2 捕捉方式(T2SPLIT =‘1’)

2.6.3　定时器 3

定时器 3 是一个 16 位的计数器/定时器，由两个 8 位的 SFR 组成：TMR3L(低字节)和 TMR3H(高字节)。定时器 3 可以工作在 16 位自动重装载方式、8 位自动重装载方式(两个 8 位定时器)、USB 帧起始(SOF)捕捉方式或低频振荡器(LFO)上升沿捕捉方式。T3SPLIT 位(TMR3CN.3)、T3CE 位(TMR3CN.4)和 T3CSS 位(TMR3CN.1)定义定时器 3 的工作方式。

定时器 3 的时钟源可以是系统时钟、系统时钟/12 或外部振荡源时钟/8。在使用实时时钟(RTC)功能时，外部时钟方式是理想的选择，此时用内部振荡器驱动系统时钟，而定时器 3(和/或 PCA)的时钟由一个精确的外部振荡器提供。注意，外部振荡源时钟/8 与系统时钟同步。

1. 16 位自动重装载方式

当 T3SPLIT 位(TMR3CN.3)被设置为逻辑‘0’且 T3CE=‘0’时，定时器 3 工作在自

动重装载的 16 位定时器方式，如图 2.6.8 所示。定时器 3 可以使用 SYSCLK、SYSCLK/12 或外部振荡器时钟/8 作为其时钟源。当 16 位定时器寄存器发生溢出(从 0xFFFF 到 0x0000)时，定时器 3 重载寄存器(TMR3RLH 和 TMR3RLL)中的 16 位计数初值被自动装入到定时器 3 寄存器，并将定时器 3 高字节溢出标志 TF3H(TMR3CN.7)置‘1’。如果定时器 3 中断被允许，每次溢出都将产生一个中断。如果定时器 3 中断被允许并且 TF3LEN 位(TMR3CN.5)被置‘1’，则每次低 8 位(TMR3L)溢出时(从 0xFF 到 0x00)将产生一个中断。

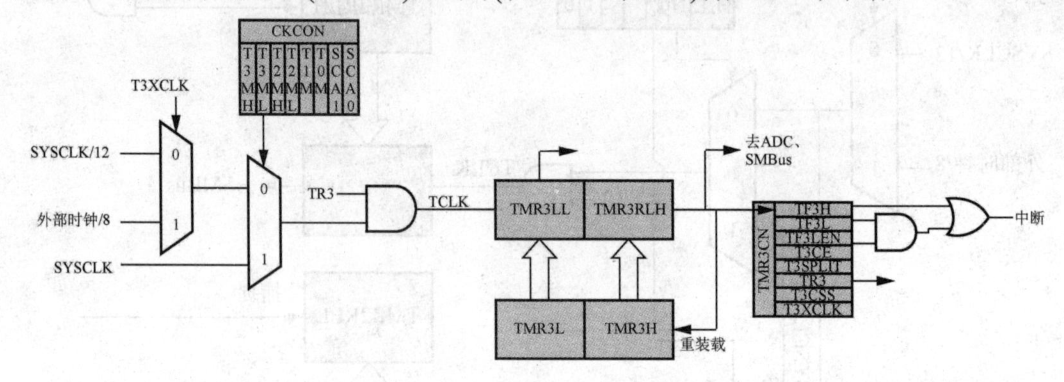

图 2.6.8　定时器 3 的 16 位方式原理框图

2. 8 位自动重装载定时器方式

当 T3SPLIT 位(TMR3CN.3)被置‘1’且 T3CE=‘0’时，定时器 3 工作在双 8 位定时器方式(TMR3H 和 TMR3L)。两个 8 位定时器 TMR3H 和 TMR3L 都工作在自动重装载方式(图 2.6.9)。TMR3RLL 保持 TMR3L 的重载值，而 TMR3RLH 保持 TMR3H 的重载值。TMR3CN 中的 TR3 是 TMR3H 的运行控制位。当定时器 3 被配置为 8 位方式时，TMR3L 总是处于运行状态。

每个 8 位定时器都可以被配置为使用 SYSCLK、SYSCLK/12 或外部振荡器时钟/8 作为其时钟源。定时器 3 时钟选择位 T3MH 和 T3ML(位于 CKCON 中)选择 SYSCLK 或由定时器 3 外部时钟选择位(TMR3CN 中的 T3XCLK)定义的时钟源。

当 TMR3H 发生溢出时(从 0xFF 到 0x00)，TF3H 被置‘1’；当 TMR3L 发生溢出时(从 0xFF 到 0x00)，TF3L 被置‘1’。如果定时器 3 中断被允许，则每次 TMR3H 溢出时都将产生一个中断。如果定时器 3 中断被允许并且 TF3LEN 位(TMR3CN.5)被置‘1’，则每当 TMR3L 或 TMR3H 发生溢出时将产生一个中断。在 TF3LEN 位被置‘1’的情况下，软件应检查 TF3H 和 TF3L 标志，以确定中断的来源。TF3H 和 TF3L 标志不能被硬件自动清除，必须通过软件清除。

3. USB 帧起始捕捉方式

当 T3CE=‘1’时，定时器 3 工作在两种特殊捕捉方式之一。捕捉事件可以是 USB 帧起始(SOF)捕捉或低频振荡器(LFO)上升沿捕捉，用 T3CSS 位选择。USBSOF 捕捉方式可用于根据已知的 USB 主 SOF 时钟来校准系统时钟或外部振荡器。LFO 上升沿捕捉方式可用于根据内部高频振荡器或外部时钟源校准内部低频振荡器。当 T3SPLIT=‘0’时，定时器 3 向上计数，并在计数值从 0xFFFF 变为 0x0000 时溢出。每次收到捕捉事件时，定时器 3 寄存器(TMR3H:TMR3L)的内容被锁存到定时器 3 重装载寄存器(TMR3RLH:TMR3RLL)

中，并产生定时器 3 中断(如果被使能)，如图 2.6.10 所示。

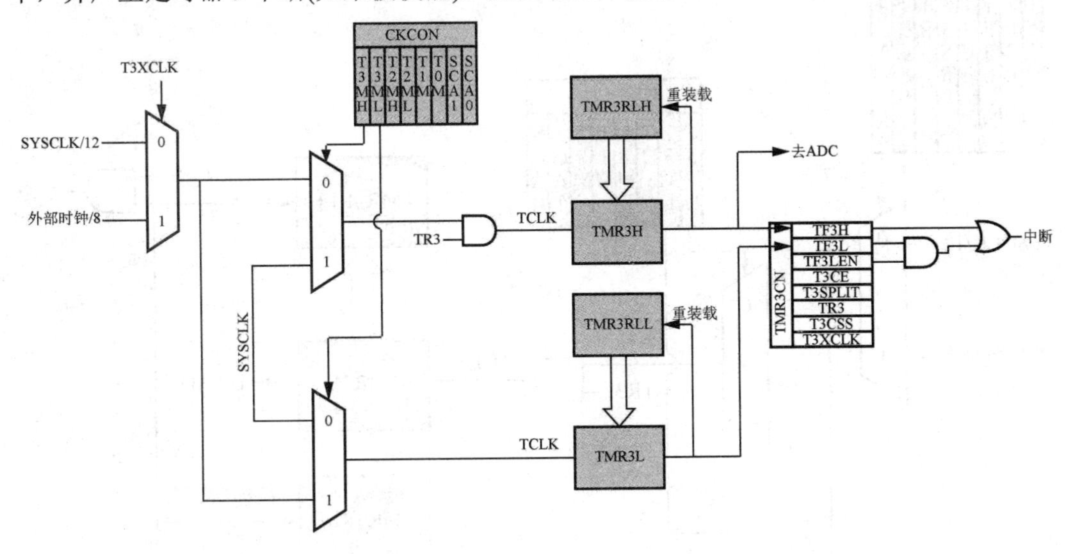

图 2.6.9　定时器 3 的 8 位方式原理框图

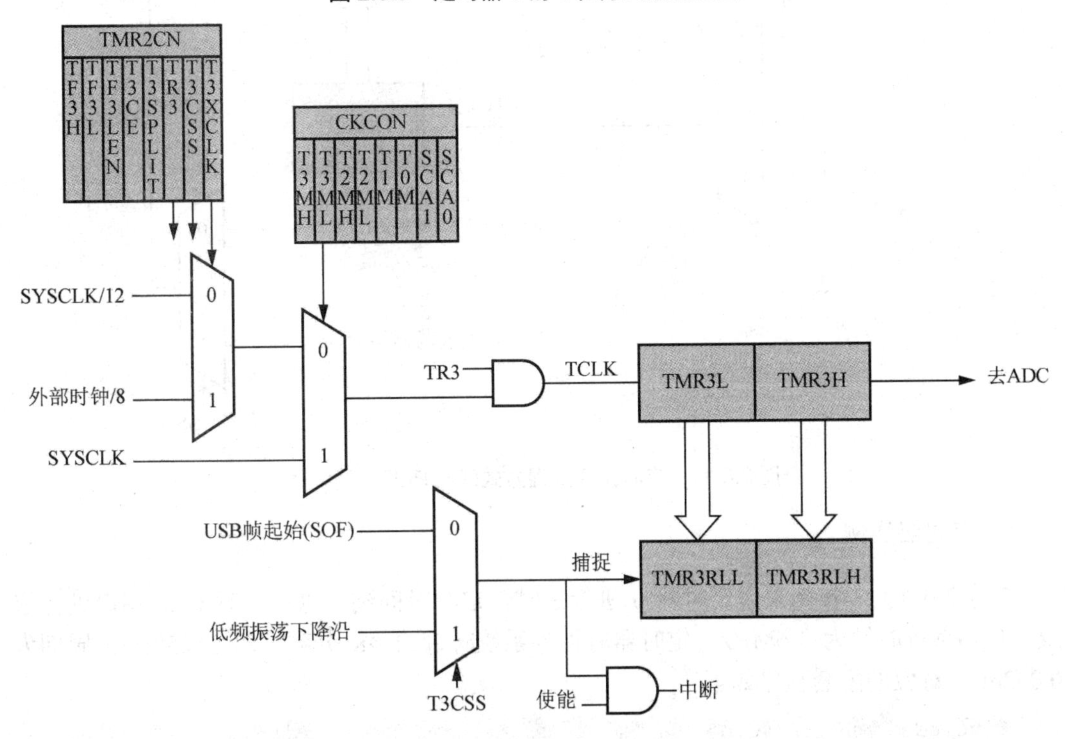

图 2.6.10　定时器 3 捕捉方式(T3SPLIT = ‘0’)

当 T3SPLIT=‘1’时，定时器 3 寄存器(TMR3H:TMR3L)分成两个 8 位计数器。每个计数器都独立地向上计数并在计数值从 0xFF 变为 0x00 时溢出。每次收到 SOF 时，定时器 3 寄存器被锁存到定时器 3 重装载寄存器(TMR3RLH:TMR3RLL)中，并产生定时器 3 中断(如果被使能)，如图 2.6.11 所示。

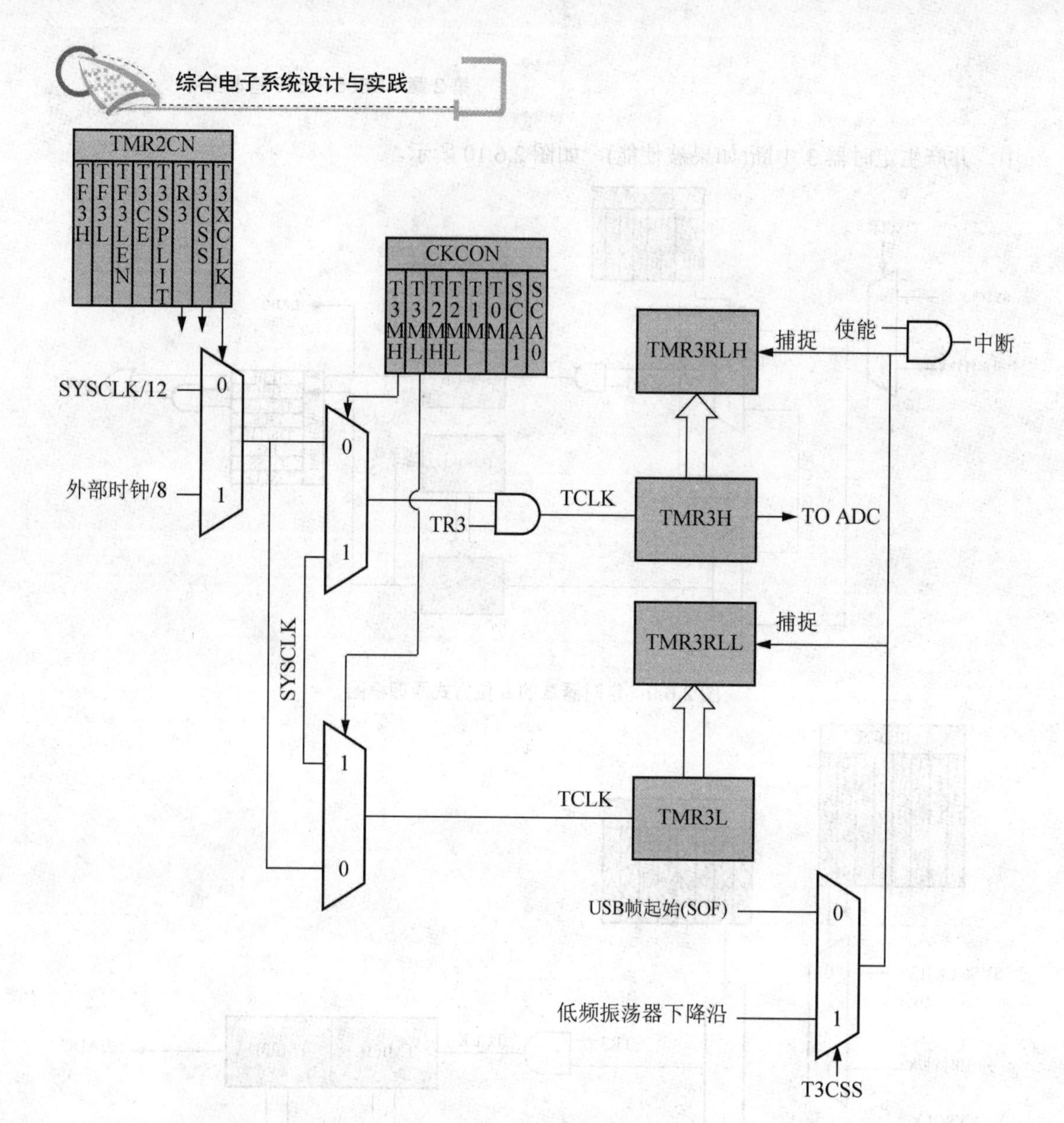

图 2.6.11　定时器 3 捕捉方式(T2SPLIT = ‘1’)

2.6.4　定时器实例

【例 2-6-1】本实例采用定时器 0 进行定时，定时时间到了以后，对 P2.2 端口进行取反操作。系统时钟为 1.5MHz，定时器时钟为系统时钟的 48 分频，即 31250Hz，周期为 0.032ms。对应的配套程序如下

```
#include <c8051f340.h>
sbit LED = P2^2;
//-----------------------------------------------------------------------
void main (void)                        //主函数
{
   PCA0MD &= ~0x40;                     //关看门狗
   OSCICN    = 0x83;                    //系统时钟为 12M/8= 1.5MHz
   Timer0_Init ();                      //Timer0 初始化
```

```
    XBR1 = 0x40;
    P2MDOUT = 0x04;                //P2.2 设置为 push-pull
    EA = 1;                        //全局中断允许
    while (1);
}
//-----------------------------------------------------------------------
void Timer0_Init(void)
{
    TH0 = 0X85;                    //定时器计数 31250 次，即 1s
    TL0 = 0XED;
    TMOD = 0x01;                   //16-bit mode
    CKCON = 0x02;                  //Timer0 uses a 1:48 prescaler，计数周期 0.032ms
    ET0 = 1;                       //Timer0 中断允许
    TCON = 0x10;                   //Timer0 开启
}
//-----------------------------------------------------------------------
void Timer0_ISR (void) interrupt 1             //Timer0 中断
{
    LED = ~LED;                                //LED 反转
    TH0 = 0X85;
    TL0 = 0XED;
}
```

【例 2-6-2】本实例实现 0～9 数字倒计数功能，倒计时时间间隔为 1s。采用定时器 2 工作在 16 位自动重载模式进行定时。将计数值显示在数码管上，计数值范围 0～9。硬件原理图如图 2.6.12 所示。

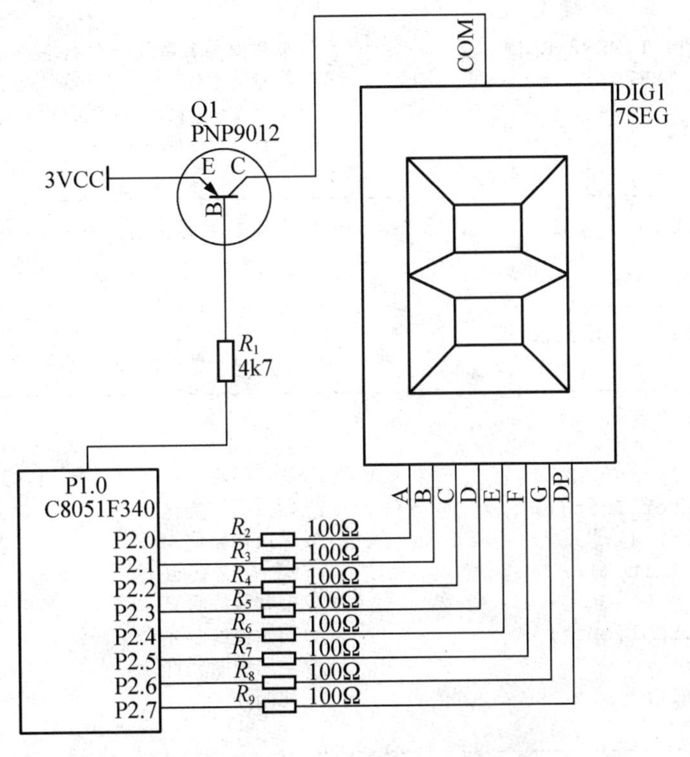

图 2.6.12　0～9 数字倒计数显示原理图

系统时钟为内部 L-F 振荡器频率 80kHz，定时器 2 的时基信号为系统时钟频率的 8 分频，即 10kHz。定时中断一次的时间为 1s。对应程序如下：

```
#include <C8051F340.h>
#define AUX1   10000
#define AUX2   -AUX1
#define TIMER2_RELOAD      AUX2      //Timer2 重载值，定时中断时间为 1s
#define LED  P2;                     //数码管段操作端口
sbit LEDCtl = P1^0;                  //数码管控制端口
unsigned char cnt=9;
unsigned char code LEDSEG1[]= {0xC0,0xF9,0xA4,0xB0,0x99,0x92,0x82,0xF8,
0x80,0x90};//0～9
//-----------------------------------------------------------------------
sfr16 TMR2RL = 0xCA;                 //Timer2 重载寄存器
sfr16 TMR2 = 0xCC;                   //Timer2 寄存器
//-----------------------------------------------------------------------
void Port_Init (void)
{
   XBR1 = 0x40;                      //交叉开关允许
   P2MDOUT = 0xff;                   //P2 口推挽
   P1MDOUT = 0x01;                   //P1.0 推挽
}
//-----------------------------------------------------------------------
void Timer2_Init(void)
{
   CKCON &= ～0x60;
   TMR2CN |= 0x01;                   // Timer2 采用 SYSCLK/8 时钟，即 10kHz

   TMR2RL = TIMER2_RELOAD;           //重载值写入重载寄存器
   TMR2 = TMR2RL;                    //初始化 Timer2 寄存器
   TMR2CN = 0x04;                    //使能 Timer2 自动重载模式
   ET2 = 1;                          //Timer2 中断允许
}
//-----------------------------------------------------------------------
void Oscillator_Init()               //内部 L-F 振荡器频率 80kHz
{
    OSCLCN    |= 0x83;
    CLKSEL    = 0x04;
    OSCICN    = 0x00;
}
//-----------------------------------------------------------------------
void main (void)
{
   PCA0MD &= ～0x40;                 //关看门狗
   Oscillator_Init();                //振荡器初始化
   Port_Init ();                     //端口初始化
   Timer2_Init ();                   //Timer2 初始化
   LEDCtl = 0;                       //控制数码管亮
   P2= LEDSEG1[cnt];                 //初始值 9 显示在数码管上
   EA = 1;                           //全局中断允许
   while (1);                        //死循环
}
//-----------------------------------------------------------------------
void Timer2_ISR (void) interrupt 5
```

```
{
    cnt--;                              //计数自减 1 操作
    if (cnt>9) cnt=9;                   //判断计数值是否在 0～9 范围内
    P2= LEDSEG1[cnt];                   //将计数值显示在数码管上
    TF2H = 0;                           //复位中断
}
```

2.7　可编程计数器阵列

2.7.1　PCA 计数器/定时器

16 位的 PCA 计数器/定时器由两个 8 位的 SFR 组成：PCA0L 和 PCA0H，如图 2.7.1 所示。PCA0H 是 16 位计数器/定时器的高字节(MSB)，而 PCA0L 是低字节(LSB)。在读 PCA0L 时，“快照寄存器”自动锁存 PCA0H 的值，随后读 PCA0H 时将访问这个“快照寄存器”而不是 PCA0H 本身。先读 PCA0L 寄存器可以保证正确读取整个 16 位 PCA 计数器的值。读 PCA0H 或 PCA0L 不影响计数器工作。PCA0MD 寄存器中的 CPS2～CPS0 位用于选择 PCA 计数器/定时器的时基。

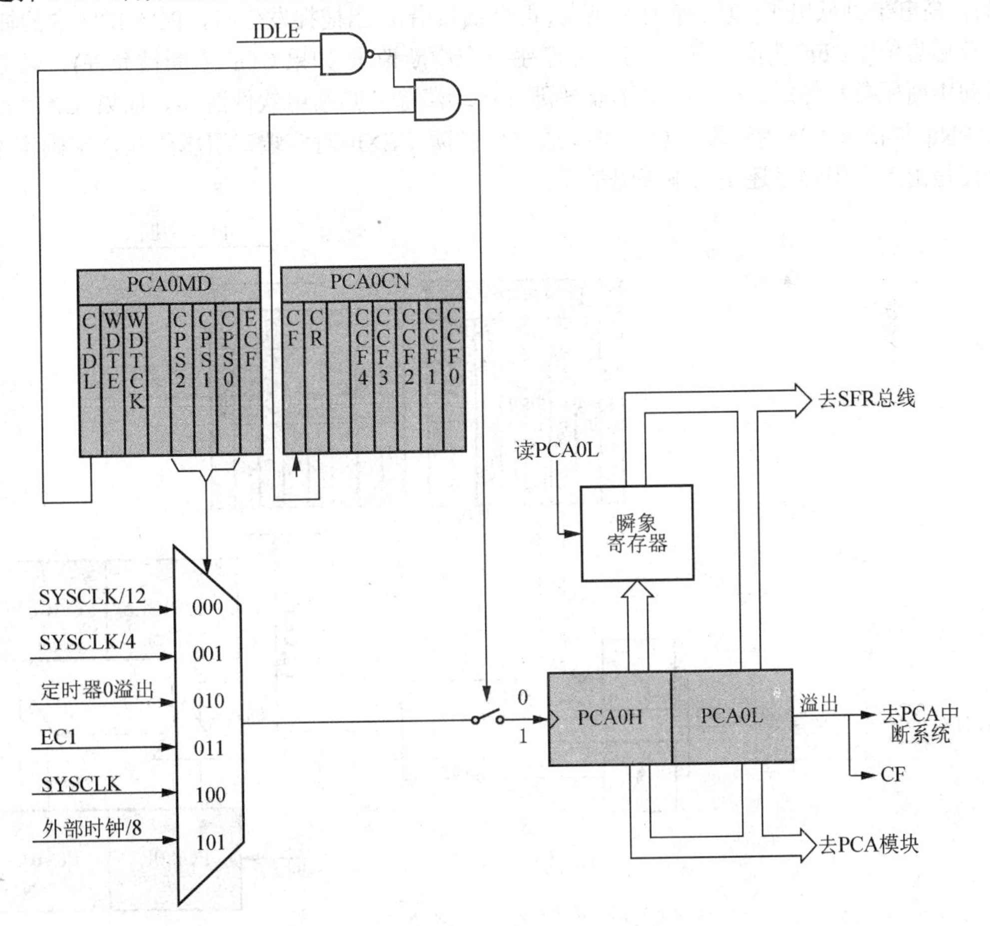

图 2.7.1　PCA 计数器/定时器原理框图

当计数器/定时器溢出时(从 0xFFFF 到 0x0000)，PCA0MD 中的计数器溢出标志(CF)被置为逻辑‘1’并产生一个中断请求(如果 CF 中断被允许)。将 PCA0MD 中 ECF 位设置为逻辑‘1’即可允许 CF 标志产生中断请求。当 CPU 转向中断服务程序时，CF 位不能被硬件自动清除，必须用软件清除。

2.7.2 PCA 捕捉/比较模块

每个模块都可被配置为独立工作，有 6 种工作方式：边沿触发捕捉、软件定时器、高速输出、频率输出、8 位脉宽调制器和 16 位脉宽调制器。每个模块在 CIP-51 系统控制器中都有属于自己的特殊功能寄存器(SFR)，这些寄存器用于配置模块的工作方式和与模块交换数据。

1. 边沿触发的捕捉方式

如图 2.7.2 所示，CEXn 引脚上出现的电平跳变导致 PCA 捕捉 PCA 计数器/定时器的值并将其装入到对应模块的 16 位捕捉/比较寄存器(PCA0CPLn 和 PCA0CPHn)。PCA0CPMn 寄存器中的 CAPPn 和 CAPNn 位用于选择触发捕捉的电平变化类型：低电平到高电平(正沿)、高电平到低电平(负沿)或任何变化(正沿或负沿)。当捕捉发生时，PCA0CN 中的捕捉/比较标志位(CCFn)被置为逻辑‘1’并产生一个中断请求(如果 CCF 中断被允许)。当 CPU 转向中断服务程序时，CCFn 位不能被硬件自动清除，必须用软件清 0。如果 CAPPn 和 CAPNn 位都被设置为逻辑‘1’，可以通过直接读 CEXn 对应端口引脚的状态来确定本次捕捉是由上升沿触发还是由下降沿触发。

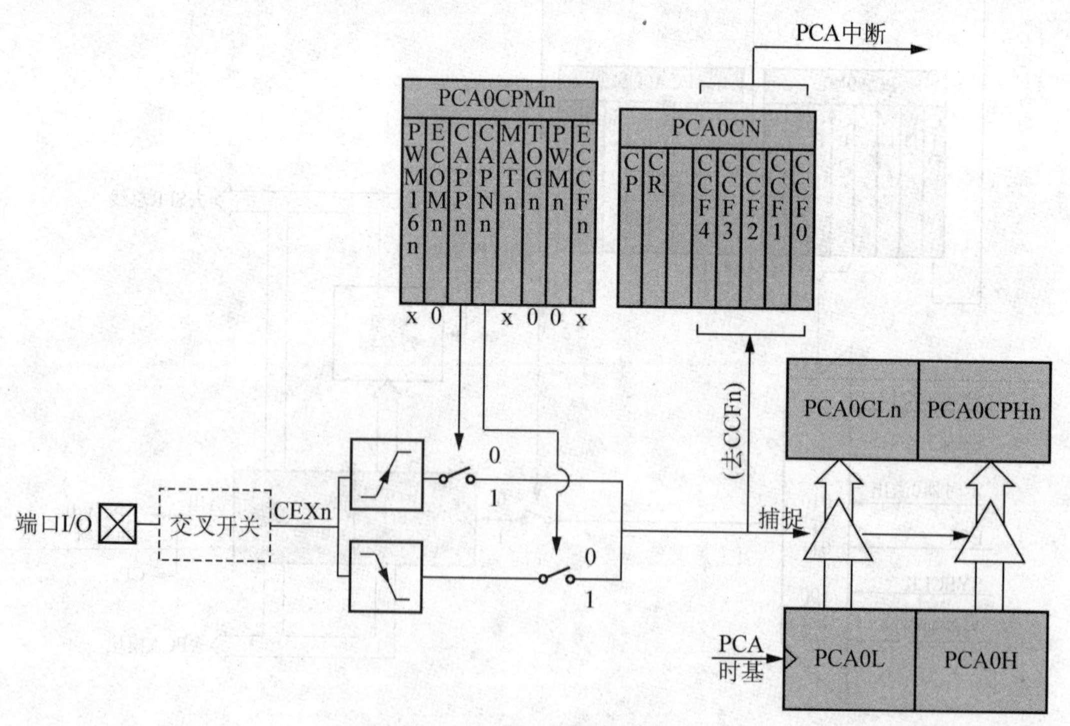

图 2.7.2 PCA 捕捉方式原理框图

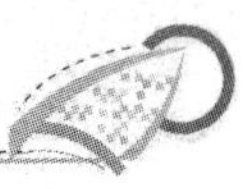

2. 软件定时器方式

如图 2.7.3 所示，PCA 将计数器/定时器的计数值与模块的 16 位捕捉/比较寄存器(PCA0CPHn 和 PCA0CPLn)进行比较。当发生匹配时，PCA0CN 中的捕捉/比较标志位(CCFn)被置为逻辑‘1’并产生一个中断请求(如果 CCF 中断被允许)。当 CPU 转向中断服务程序时，CCFn 位不能被硬件自动清除，必须用软件清 0。置‘1’PCA0CPMn 寄存器中的 ECOMn 和 MATn 位将使能软件定时器方式。

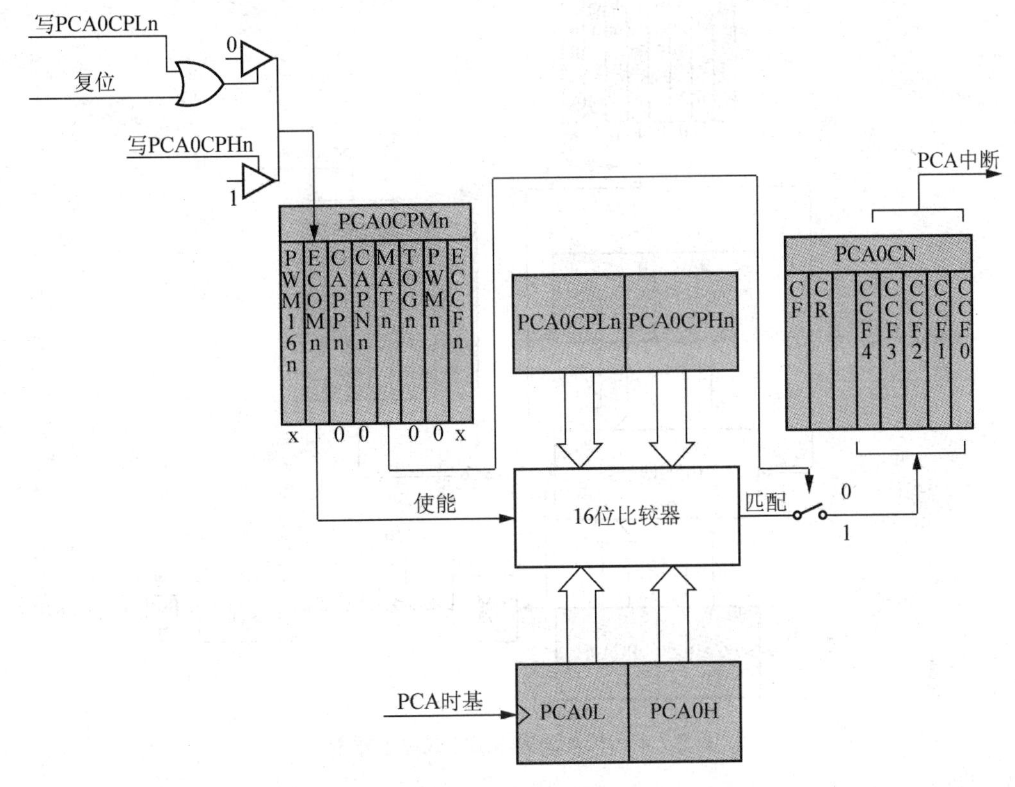

图 2.7.3　PCA 软件定时器方式原理框图

3. 高速输出方式

如图 2.7.4 所示，在高速输出方式，每当 PCA 计数器与模块的 16 位捕捉/比较寄存器(PCA0CPHn 和 PCA0CPLn)发生匹配时，模块的 CEXn 引脚上的逻辑电平将发生变化。置‘1’ PCA0CPMn 寄存器中的 TOGn、MATn 和 ECOMn 位将使能高速输出方式。

4. 频率输出方式

如图 2.7.5 所示，频率输出方式可在模块的 CEXn 引脚产生可编程频率的方波。捕捉/比较模块的高字节保持输出电平改变前要计的 PCA 时钟数。所产生的方波的频率为

$$F_{CEXn} = \frac{F_{PCA}}{2 \times PCA0CPHn}$$

式中，F_{PCA} 是由 PCA 方式寄存器(PCA0MD)中的 CPS2～0 位选择的 PCA 时钟的频率。捕捉/比较模块的低字节与 PCA0 计数器的低字节比较；两者匹配时，CEXn 的电平发生改变，

高字节中的偏移值被加到 PCA0CPLn。 通过将 PCA0CPMn 寄存器中 ECOMn、 TOGn 和 PWMn 位置‘1’来使能频率输出方式。

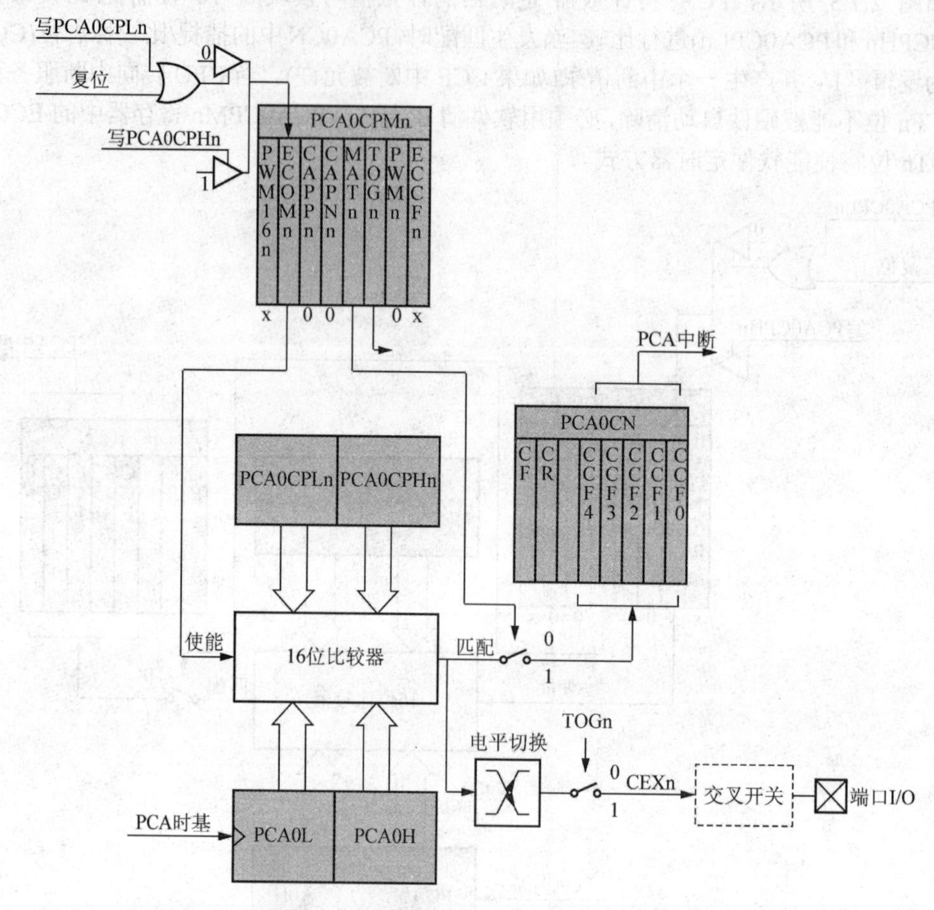

图 2.7.4　PCA 高速输出方式原理框图

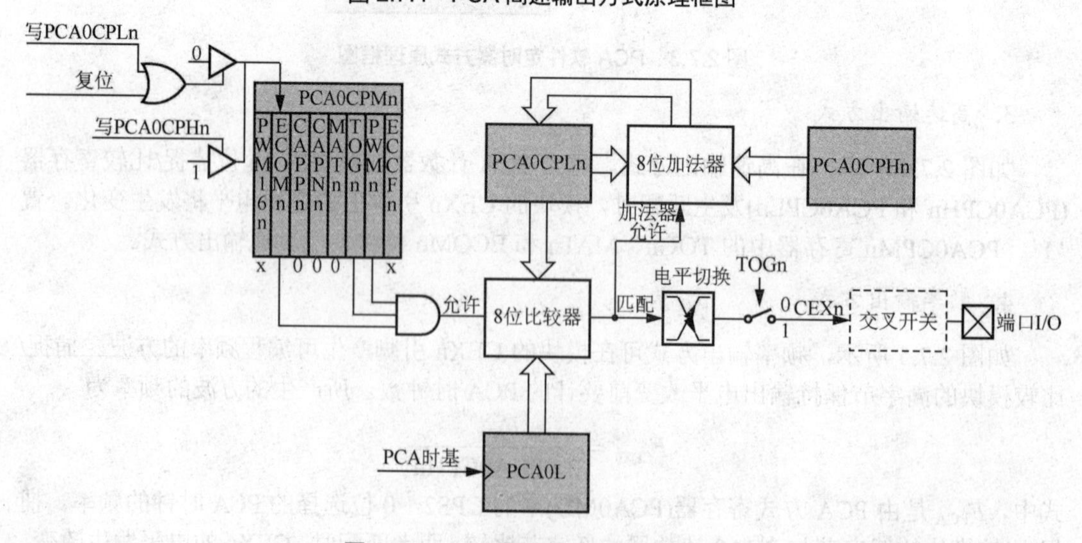

图 2.7.5　PCA 频率输出方式原理框图

5. 8 位脉宽调制器方式

如图 2.7.6 所示，每个模块都可以被独立地用于在对应的 CEXn 引脚产生脉宽调制(PWM)输出。PWM 输出的频率取决于 PCA 计数器/定时器的时基。使用模块的捕捉/比较寄存器 PCA0CPLn 改变 PWM 输出信号的占空比。当 PCA 计数器/定时器的低字节(PCA0L)与 PCA0CPLn 中的值相等时，CEXn 引脚上的输出被置‘1’；当 PCA0L 中的计数值溢出时，CEXn 输出被复位。

当计数器/定时器的低字节 PCA0L 溢出时(从 0xFF 到 0x00)，保存在 PCA0CPHn 中的值被自动装入到 PCA0CPLn，不需软件干预。通过将 PCA0CPMn 寄存器中的 ECOMn 和 PWMn 位置‘1’来使能 8 位脉冲宽度调制器方式。8 位 PWM 方式的占空比为

$$占空比=\frac{256-\text{PCA0CPHn}}{256}$$

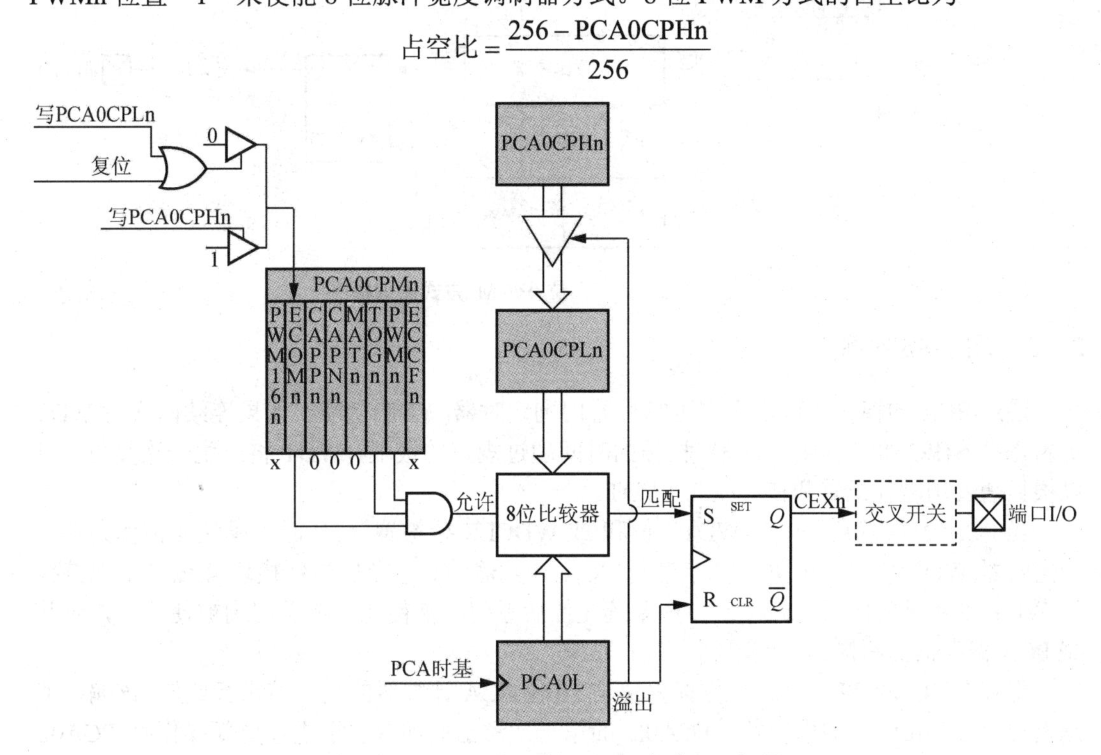

图 2.7.6　PCA 的 8 位 PWM 方式原理框图

6. 16 位脉宽调制器方式

如图 2.7.7 所示，PCA 模块还可以工作在 16 位 PWM 方式。在该方式下，16 位捕捉/比较模块定义 PWM 信号低电平时间的 PCA 时钟数。当 PCA 计数器与模块的值匹配时，CEXn 的输出被置为高电平；当计数器溢出时，CEXn 输出被置为低电平。为了输出一个占空比可变的波形，新值的写入应与 PCA 的 CCFn 匹配中断同步。通过将 PCA0CPMn 寄存器中的 ECOMn、PWMn 和 PWM16n 位置‘1’来使能 16 位 PWM 方式。为了得到可变的占空比，应允许匹配中断(ECCFn = 1 并且 MATn = 1)，以同步对捕捉/比较寄存器的写操作。16 位 PWM 方式的占空比为

$$占空比=\frac{65536-PCA0CPn}{65536}$$

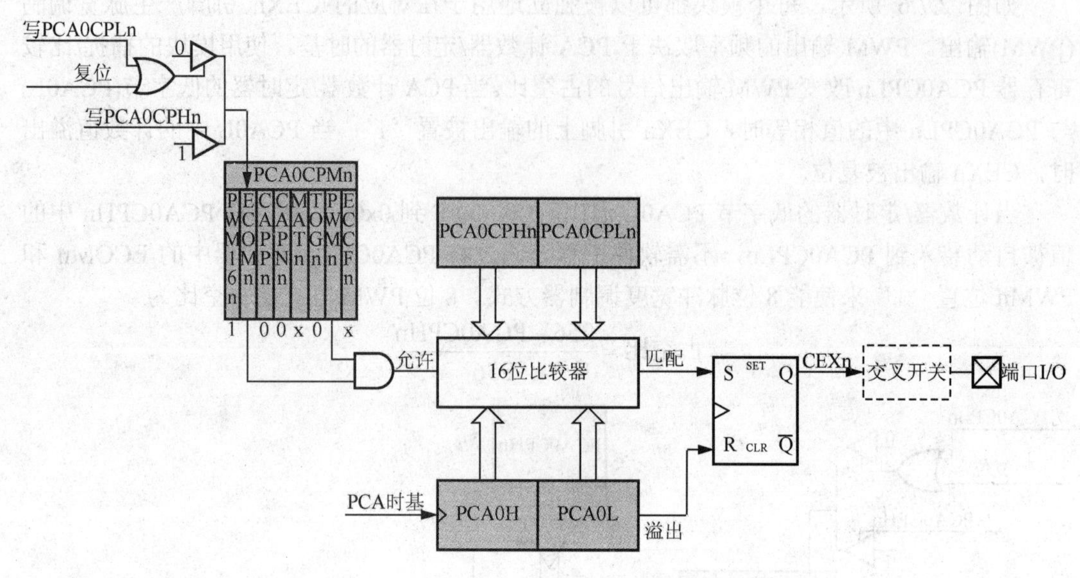

图 2.7.7 PCA 的 16 位 PWM 方式原理框图

2.7.3 看门狗定时器方式

通过 PCA 的模块 4 可以实现可编程看门狗定时器(WDT)功能。如果连续两次对 WDT 更新寄存器(PCA0CPH4)的写操作相隔的时间超过规定的极限，WDT 将产生一次复位。可以根据需要用软件配置和使能/禁止 WDT。

当 PCA0MD 寄存器中的 WDTE 位和/或 WDCLK 位被置‘1’时，模块 4 被作为看门狗定时器(WDT)使用。模块 4 高字节与 PCA 计数器的高字节比较；模块 4 低字节保持执行 WDT 更新时要使用的偏移值。在系统复位后看门狗被使能。在看门狗被使能时，对某些 PCA 寄存器的写操作受到限制。

保存在 PCA0CPH4 中的 8 位偏移值与 16 位 PCA 计数器的高字节进行比较，该偏移值是复位前 PCA0L 的溢出次数。PCA0L 的第一次溢出周期取决于进行更新操作时 PCA0L 的值，最长可达 256 个 PCA 时钟。总偏移值(PCA 时钟数)为

$$偏移值=(256\times PCA0CPL4)+(256-PCA0L)$$

式中：PCA0L 为执行更新操作时 PCA0L 寄存器的值。

配置 WDT 的步骤如下操作。

(1) 通过向 WDTE 位写‘0’来禁止 WDT。

(2) 选择 PCA 时钟源(用 CPS2～0 位)。

(3) 向 PCA0CPL4 装入所希望的 WDT 更新偏移值。

(4) 配置 PCA 的空闲方式位(如果希望在 CPU 处于空闲方式时 WDT 停止工作，则应将 CIDL 位置‘1’)。

(5) 通过向 WDTE 位写‘1’来使能 WDT。

(6) (选项)通过将 WDLCK 位置‘1’来锁定 WDT(防止在下一次系统复位前禁止 WDT)。

2.7.4　PCA 实例

【例 2-7-1】本应用实例通过 PCA 中的 PWM(8 位)功能控制直流电机的加速减速，硬件原理图如图 2.7.8 所示。PWM 高电平脉宽越宽，电机转动速度越快，越窄则越慢。程序中通过两只中断式按键控制脉宽的点空比。程序如下所示。

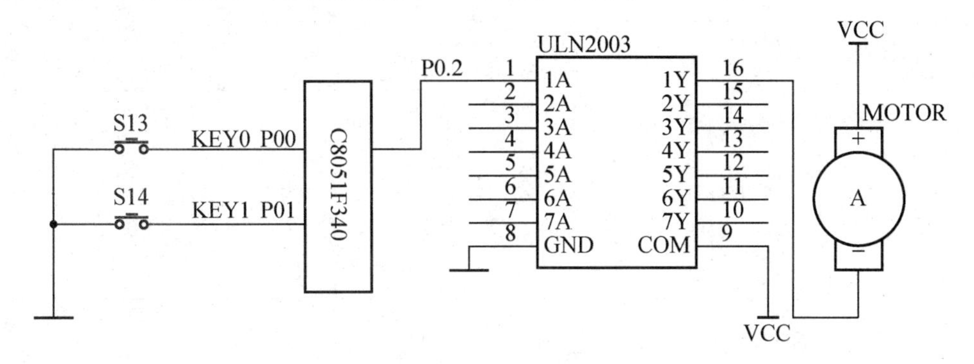

图 2.7.8　PCA 控制电机硬件原理图

```
#include <c8051f340.h> /*SFR 定义*/
#include <INTRINS.H>
//-----------------------------------------------------------------------
// 函数声明
//-----------------------------------------------------------------------
void PORT_Init (void);
void PCA_Init (void);
void PCA_ISR (void);
void SYSCLK_Init (void);
void Interrupts_Init();            //中断初始化
//-----------------------------------------------------------------------
void main (void)
{
    PCA0MD &= ~0x40;
    SYSCLK_Init ();
    PORT_Init ();
    PCA_Init ();                   //PCA 初始化成 8 位脉宽调置方式
    Interrupts_Init();             //中断初始化
    while (1);
}
//-----------------------------------------------------------------------
// 时钟配置
//-----------------------------------------------------------------------
void SYSCLK_Init (void)
{
    int i = 0;
    OSCICN    = 0x83;
```

```
    CLKMUL    = 0x80;
    for (i = 0; i < 20; i++);
    CLKMUL    |= 0xC0;
    while ((CLKMUL & 0x20) == 0);
    CLKSEL = 0x03;                //USB 时钟：48MHz，系统时钟：48MHz
}
//-----------------------------------------------------------------------
// I/O 端口配置
//-----------------------------------------------------------------------
void PORT_Init (void)
{
   P0SKIP    = 0x03;              //INT0 INT1 配置到 P0.0 P0.1
   XBR1     = 0x41;               //交叉开关允许，弱上拉，CEX0 ->P0.2
}
//-----------------------------------------------------------------------
void Interrupts_Init()            //中断初始化
{
    IE = 0x85;                    //全局中断允许,INT0,INT1 使能
    IT01CF    = 0x01;             //INT0 INT1 中断 下降沿
    TCON=0X05;                    //INT0,INT1 边延触发
}
//-----------------------------------------------------------------------
//配置 PCA 的 CEX0 输出 8 位 PWM 信号
//-----------------------------------------------------------------------
void PCA_Init (void)
{
    PCA0CN    = 0x40;
    PCA0CPM0  = 0x42;
    PCA0CPL0  = 0x55;
    PCA0CPH0  = 0x55;
}
//-----------------------------------------------------------------------
void INT0_ISR (void) interrupt 0        //INT0 中断服务程序
{
 PCA0CPH0++;
}
//-----------------------------------------------------------------------
void INT1_ISR (void) interrupt 2        //INT1 中断服务程序
{
 PCA0CPH0--;
}
```

【例 2-7-2】本应用实例将利用 PCA 捕获功能，通过捕获产生的中断实现中断式按键功能，将按键值显示在数码管上。硬件原理图如图 2.7.9 所示。程序如下所示。

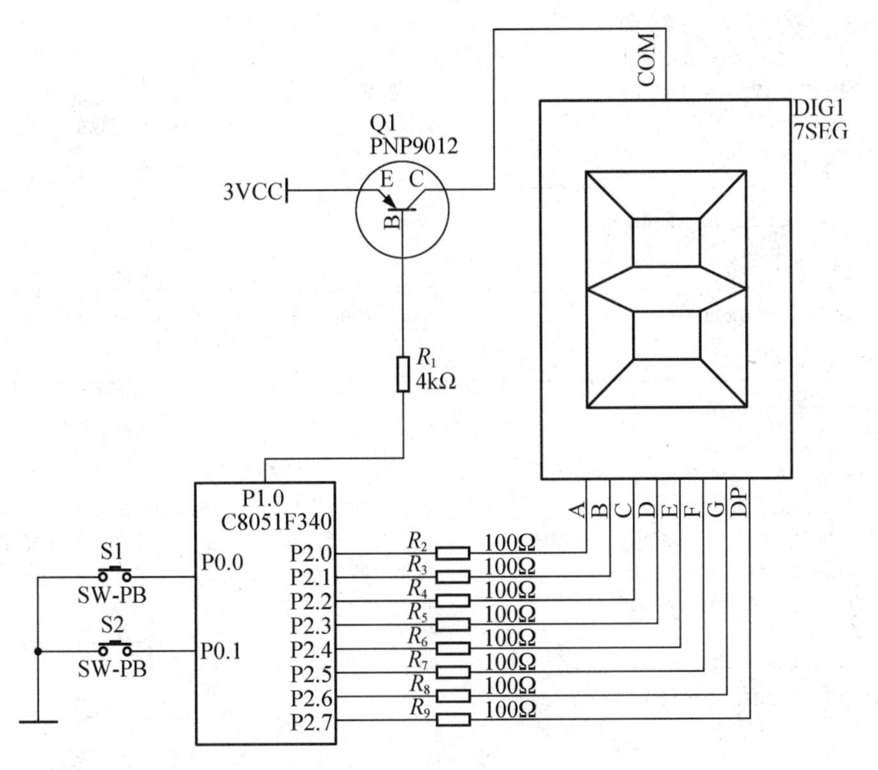

图 2.7.9　PCA 捕获模式下的中断按键

```
    #include <c8051f340.h>
    #define LEDPort P2
    sbit LEDCTL =P1^0;
    //-----------------------------------------------------------------------
    unsigned char code LEDSEG1[]= {0xC0,0xF9,0xA4,0xB0,0x99,0x92,0x82,0xF8,
0x80,0x90,0xc6};
    unsigned char keyvalue=0;
    //-----------------------------------------------------------------------
    void PORT_Init(void);
    void Interrupts_Init();
    void PCA_Init();
    //-----------------------------------------------------------------------
    void main (void)
    {
       PCA0MD &= ~0x40;              //关闭看门狗
       PORT_Init();                  //端口初始化
       PCA_Init();                   //PCA 初始化
       Interrupts_Init();            //中断初始化
       LEDCTL=0;
       while(1);
    }
    //-----------------------------------------------------------------------
    void PORT_Init()
```

```
{
    P2MDOUT   = 0xff;             //P2 推挽
     P1MDOUT   = 0x01;            //P1 推挽
    XBR1      = 0x42;             //交叉开关允许 ，CEX0 CEX1 配置到 P0.0 P0.1
}
//--------------------------------------------------------------------------
void Interrupts_Init()
{
     IE = 0x80;                   //全局中断允许
     EIE1 = 0x10;                 //PCA0 中断允许
}
//--------------------------------------------------------------------------
void PCA_Init()
{
    PCA0CN    = 0x40;             //PCA 定时/计数允许
    PCA0MD    = 0x08;             //PCA 定时/计数时基信号选择系统时钟
    PCA0CPM0  = 0x21;             //上升沿捕获， CCF0 为 1 时允许产生中断请求
    PCA0CPM1  = 0x21;             //上升沿捕获， CCF1 为 1 时允许产生中断请求
    PCA0CPL4  = 0x00;
}
//--------------------------------------------------------------------------
void PCA_ISR (void) interrupt 11
{
 if (CCF0)
     {
       CCF0=0;                    //中断标志清零
       LEDPort=LEDSEG1[1];        //显示段码
     }
 else if (CCF1)
     {
     CCF1=0;                      //中断标志清零
      LEDPort=LEDSEG1[2];         //显示段码
     }
}
```

2.8 10 位 ADC0

如图 2.8.1 所示，C8051F340 的 ADC0 子系统集成了两个通道模拟多路选择器(合称 AMUX0)和一个 200Kbps 的 10 位逐次逼近寄存器型 ADC，ADC 中集成了跟踪保持电路和可编程窗口检测器。AMUX0、数据转换方式及窗口检测器都可用软件通过特殊功能寄存器来配置。ADC0 可以工作在单端方式或差分方式，可以被配置为用于测量端口引脚电压、温度传感器输出或 VDD(相对于一个端口引脚、VREF 或 GND)。只有当 ADC 控制寄存器(ADC0CN，)中的 AD0EN 位被置‘1’时 ADC0 子系统才被使能。当 AD0EN 位为‘0’时，ADC0 子系统处于低功耗关断方式。

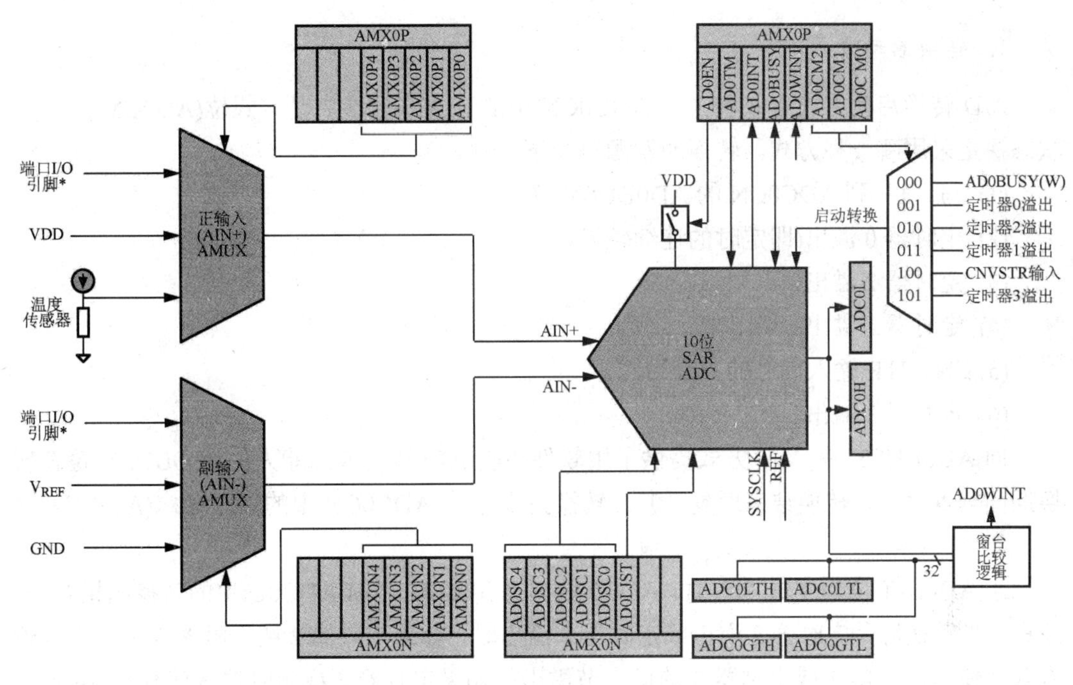

图 2.8.1 ADC0 功能框图

2.8.1 模拟多路选择器

模拟多路选择器(AMUX0)用来选择 ADC 的正输入和负输入。端口引脚、片内温度传感器输出和正电源(VDD)中的任何一个都可以被选择为正输入；端口引脚、V_{REF} 和 GND 中的任何一个都可以被选择为负输入。当 GND 被选择为负输入时，ADC0 工作在单端方式；在所有其他时间，ADC0 工作在差分方式。ADC0 的输入通道由寄存器 AMX0P 和 AMX0N 选择。

转换码的格式在单端方式和差分方式下是不同的。每次转换结束后，寄存器 ADC0H 和 ADC0L 中保存 ADC 转换结果的高字节和低字节。转换数据在寄存器对 ADC0H:ADC0L 中的存储方式可以是左对齐或右对齐，由 AD0LJST 位(ADC0CN.0)的设置决定。当工作在单端方式时，转化码为 10 位无符号整数，所测量的输入范围为 0～V_{REF}×1023/1024。当工作在差分方式时，转化码为 10 位有符号整数(2 的补码)，所测量的输入范围为-V_{REF}～V_{REF}×511/512。

被选择为 ADC0 输入的引脚应被配置为模拟输入，并且应被数字交叉开关跳过。要将一个端口引脚配置为模拟输入，应将 PnMDIN(*n*=0,1,2,3)寄存器中的对应位置 0。为了使交叉开关跳过一个端口引脚，应将 PnSKIP(*n*=0,1,2)寄存器中的对应位置 1。

2.8.2 工作方式

ADC0 的最高转换速度为 200Kbps。ADC0 的转换时钟由系统时钟分频得到，分频系数由 ADC0CF 寄存器的 AD0SC 位决定(转换时钟为系统时钟/(AD0SC+1)，0≤AD0SC≤31)。

1. 转换启动方式

A/D 转换启动方式有 6 种，由 ADC0CN 中的 ADC0 转换启动方式位(AD0CM2～0)的状态决定采用哪一种方式。转换触发源有如下几种。

(1) 写‘1’到 ADC0CN 的 AD0BUSY 位。

(2) 定时器 0 溢出(即定时的连续转换)。

(3) 定时器 2 溢出。

(4) 定时器 1 溢出。

(5) CNVSTR 输入信号的上升沿。

(6) 定时器 3 溢出。

向 AD0BUSY 写‘1’方式提供了用软件控制 ADC0 转换的能力。AD0BUSY 位在转换期间被置‘1’，转换结束后复‘0’。转换完成时， ADC0CN 中的中断标志(AD0INT)置为 1。

当 AD0INT 位为逻辑‘1’时，ADC0 数据寄存器(ADC0H:ADC0L)中的转换结果有效。注意：当转换源是定时器 2 溢出或定时器 3 溢出时，如果定时器 2 或定时器 3 工作在 8 位方式，使用定时器 2 或定时器 3 的低字节溢出；如果定时器 2 或定时器 3 工作在 16 位方式，则使用定时器 2 或定时器 3 的高字节溢出。

2. 跟踪方式

寄存器 ADC0CN 中的 AD0TM 位控制 ADC0 的跟踪保持方式。在默认状态下，ADC0 输入被连续跟踪(转换期间除外)。当 AD0TM 位被置‘1’时，ADC0 工作在低功耗跟踪保持方式。在该方式，每次转换前有 3 个 SAR 时钟的跟踪时间(跟踪发生在转换启动信号有效之后)。在低功耗跟踪保持方式下使用 CNVSTR 信号作为转换启动源时，只在 CNVSTR 输入为低电平时跟踪；从 CNVSTR 的上升沿开始转换。当器件处于低功耗停机或休眠方式时，可以禁止跟踪。低功耗跟踪和保持方式在 AMUX 的设置经常改变时也是很有用的，因为 ADC 有建立时间要求。图 2.8.2、图 2.8.3 为采用内部、外部触发方式的时序图。

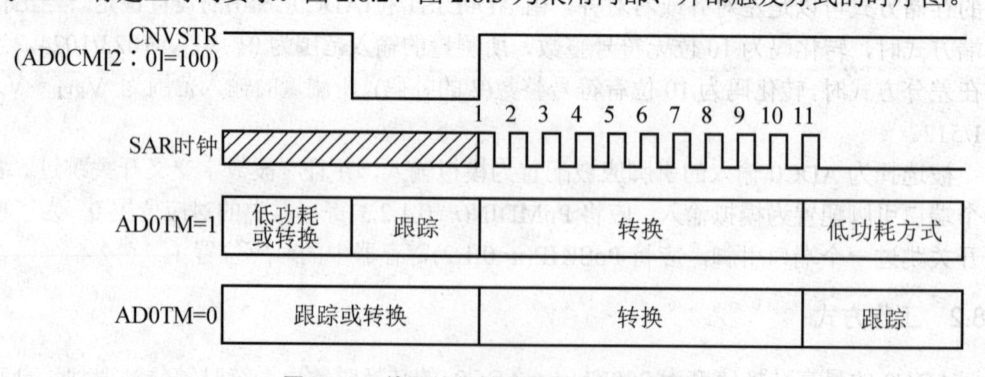

图 2.8.2 使用外部触发源的 ADC0 时序

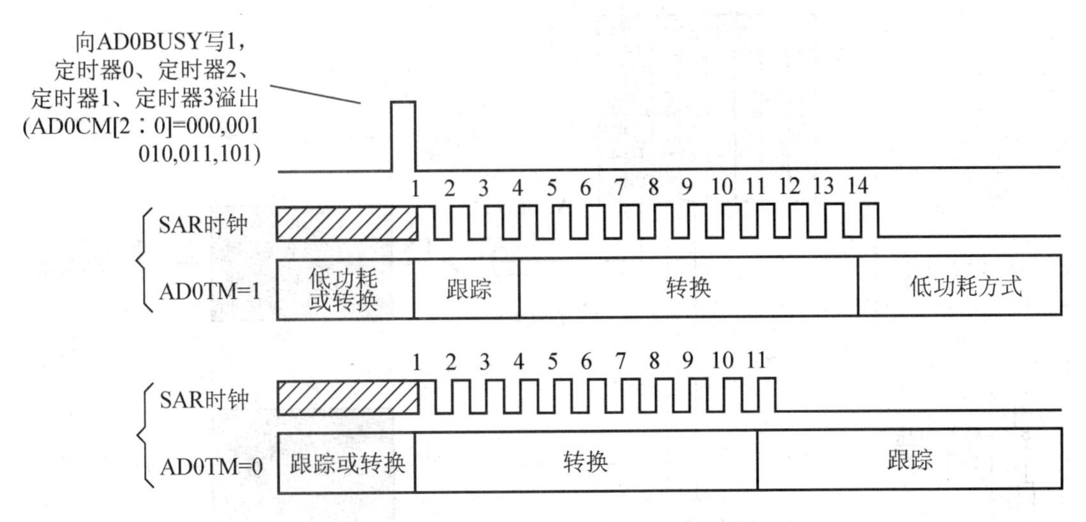

图 2.8.3　使用内部触发源的 ADC0 时序

3. 建立时间要求

当 ADC0 输入配置发生改变时(即 AMUX0 的选择发生变化)，在进行一次精确的转换之前需要有一个最小的跟踪时间。该跟踪时间由 AMUX0 的电阻、ADC0 采样电容、外部信号源阻抗及所要求的转换精度决定。注意：在低功耗跟踪方式，每次转换需要用 3 个 SAR 时钟跟踪。对于大多数应用，3 个 SAR 时钟可以满足最小跟踪时间的要求。对于一个给定的建立精度(*SA*)，所需要的 ADC0 建立时间可以用下面方程估算。

$$t = \ln\left(\frac{2^n}{SA}\right) \times R_{\text{TOTAL}} C_{\text{SAMPLE}}$$

式中：*SA* 是建立精度，用一个 LSB 的分数表示(例如，建立精度 0.25 对应 1/4LSB)；*t* 为所需要的建立时间，以 s 为单位；R_{TOTAL} 为 AMUX0 电阻与外部信号源电阻之和；*n* 为 ADC 的分辨率，此处为 10。

2.8.3　电压基准

C8051F340 的电压基准 MUX 可以被配置为连接到外部电压基准、内部电压基准或电源电压 VDD(图 2.8.4)。基准控制寄存器 REF0CN 中的 REFSL 位用于选择基准源。选择使用外部或内部基准时，REFSL 位应被设置‘0’；选择 VDD 作为基准源时，REFSL 应被置‘1’。

REF0CN 中的 BIASE 位使能内部 ADC 偏压发生器。ADC 和内部振荡器要使用偏压发生器提供的偏置电压。当这些外设中的任何一个被使能时，BIASE 位被自动置‘1’。也可以通过向 REF0CN 中的 BIASE 位写‘1’来使能偏压发生器。基准偏压发生器用于内部电压基准、温度传感器和时钟乘法器。当这些部件中的任何一个被使能时，基准偏压发生器被自动使能。

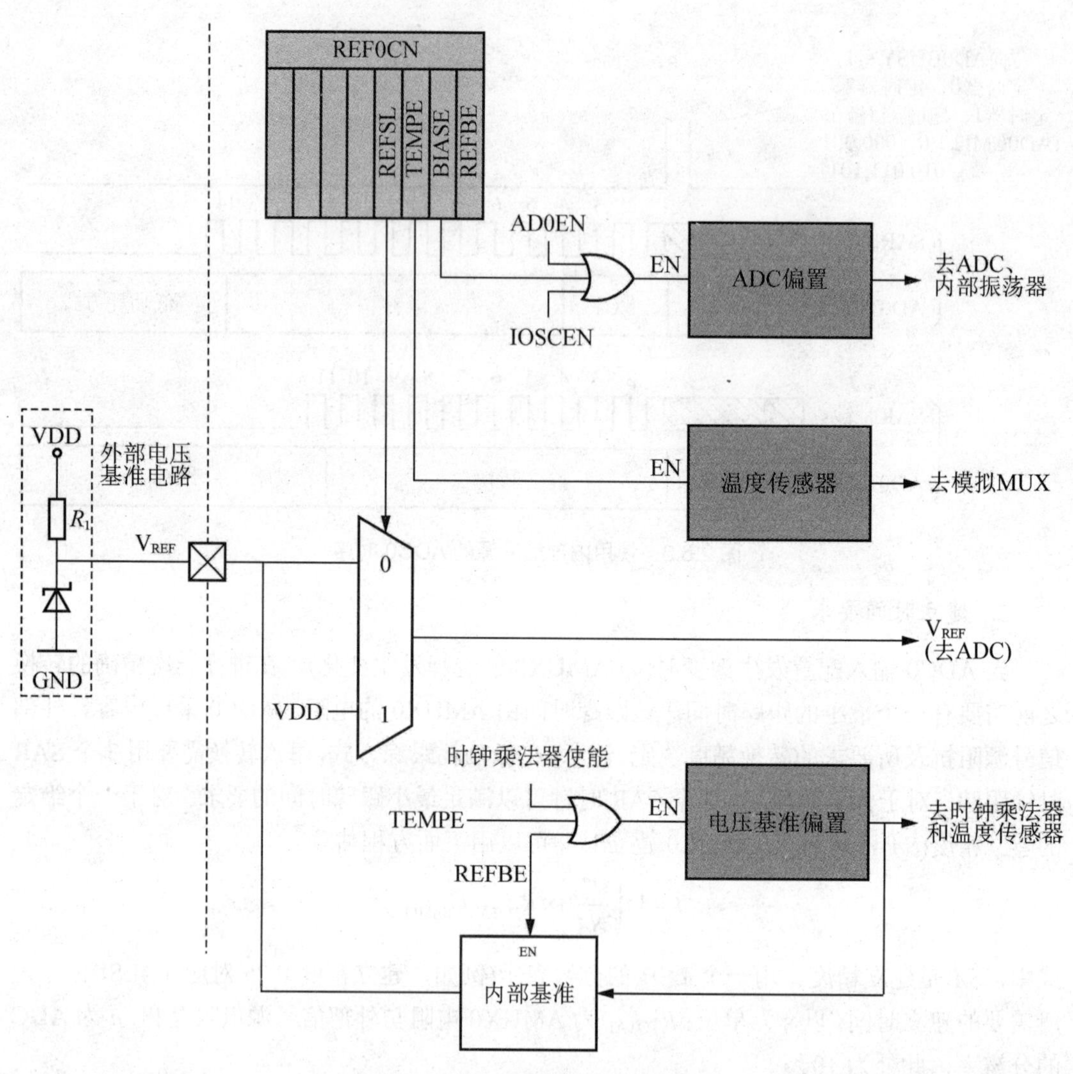

图 2.8.4　电压基准功能框图

2.8.4　ADC0 实例

【例 2-8-1】此例将 P1.1 作为 ADC0 输入通道，对外部电压进行采集，采用内部 2.4V 参考电压，采样由定时器 2 进行控制，即定时器 2 定时溢出时进行 ADC 采集，周期为 30μs。在 ADC0 中断中完成电压转换。程序如下：

```
#include <c8051f340.h>
#include <stdio.h>
#include <INTRINS.H>
#define SYSCLK      48000000    // SYSCLK frequency in Hz
sfr16 TMR2RL   = 0xca;          // Timer2 reload value
sfr16 TMR2     = 0xcc;          // Timer2 counter
sfr16 ADC0     = 0xbd;          // ADC0 result
//----------------------------函数声明----------------------------------
```

```
void SYSCLK_Init (void);
void PORT_Init (void);
void Timer2_Init(void);
void ADC0_Init(void);
//-----------------------------全局变量--------------------------------
unsigned long result=0;
unsigned long mV;                    //存放转换的电压值
//--------------------------------------------------------------------
void main (void)
{
   PCA0MD &= ~0x40;                  //关看门狗
   SYSCLK_Init ();                   //系统时钟初始化
   PORT_Init ();                     //端口初始化
   Timer2_Init();                    //Timer2 初始化，定时器溢出控制 ADC0
   ADC0_Init();                      //ADC0 初始化
   EA = 1;
   while (1);
}
//--------------------------------------------------------------------
void SYSCLK_Init (void)              //SYSCLK 配置
{
    int i = 0;
    OSCICN    = 0x83;
    CLKMUL    = 0x80;
    for (i = 0; i < 20; i++);
    CLKMUL    |= 0xC0;
    while ((CLKMUL & 0x20) == 0);
    CLKSEL = 0x03;                   //USB 时钟：48MHz，系统时钟：48MHz
}
//--------------------------------------------------------------------
void PORT_Init (void)
{
   XBR1     = 0xC0;                  //使能 crossbar，弱上拉
   P1MDIN &= ~0x02;                  //P1.1 为模拟输入端
}
//--------------------------------------------------------------------
void ADC0_Init (void)
{
   ADC0CN = 0x02;                    //ADC0 禁止，正常方式跟踪，定时器溢出触发 ADC 转换
   REF0CN = 0x03;                    //使能内部参考电压 VREF 和 buffer
   AMX0P = 0x13;                     //ADC0 输入引脚 P1.1
   AMX0N = 0x1F;                     //ADC0 负输入接地，单端模式
   ADC0CF = ((SYSCLK/3000000)-1)<<3;     // 设置 SAR 时钟为 3MHz
   ADC0CF |= 0x00;                   //转换结果右对齐
   EIE1 |= 0x08;                     //允许 AD0INT 标志的中断请求
   AD0EN = 1;                        //使能 ADC0
}
//--------------------------------------------------------------------
```

```
void Timer2_Init (void)          //Timer2 初始化
{
  TMR2CN  = 0x00;                //Timer2 停止工作；16-bit；自动重载；清 TF2 标
                                    志；采用系统时钟作为时钟源
  CKCON  |= 0x10;                //选择系统时钟作为 timer 2 时钟源
  TMR2RL  = 65535 - (SYSCLK / 30000);      //重载值 30μs
  TMR2    = 0xffff;              //立即重载
  TR2     = 1;                   //启动 Timer2
}
//-----------------------------------------------------------------------
--------
void ADC0_ISR (void) interrupt 10           //ADC0 中断
{
  AD0INT = 0;                    //清除中断标志
  result = ADC0;
  mV =  result * 2440 / 1023;
}
```

2.9 串口 UART0

UART0 是一个异步、全双工串口，它提供标准 8051 串行口的方式 1 和方式 3。UART0 具有增强的波特率发生器电路，有多个时钟源可用于产生标准波特率。接收数据缓冲机制允许 UART0 在软件尚未读取前一个数据字节的情况下开始接收第二个输入数据字节。

UART0 有两个相关的特殊功能寄存器：串行控制寄存器 SCON0 和串行数据缓冲器 SBUF0。用同一个 SBUF0 地址可以访问发送寄存器和接收寄存器。写 SBUF0 时自动访问发送寄存器；读 SBUF0 时自动访问接收寄存器，不可能从发送数据寄存器中读数据。

如果 UART0 中断被允许，则每次发送完成(SCON0 中的 TI0 位被置‘1’)或接收到数据字节(SCON0 中的 RI0 位被置‘1’)时将产生中断。当 CPU 转向中断服务程序时硬件不清除 UART0 中断标志。中断标志必须用软件清除，这就允许软件查询 UART0 中断的原因(发送完成或接收完成)。UART0 原理图如图 2.9.1 所示。

2.9.1 增强的波特率发生器

UART0 波特率由定时器 1 工作在方式 2，即 8 位自动重装载方式产生。发送(TX)时钟由 TL1 产生；接收(RX)时钟由 TL1 的拷贝寄存器产生，该寄存器不能被用户访问。TX 和 RX 定时器的溢出信号经过二分频后用于产生 TX 和 RX 波特率。当定时器 1 被允许时，RX 定时器运行并使用与定时器 1 相同的重载值(TH1)。在检测到 RX 引脚上的起始条件时，RX 定时器被强制重载，这允许在检测到起始位时立即开始接收过程，而与 TX 定时器的状态无关。

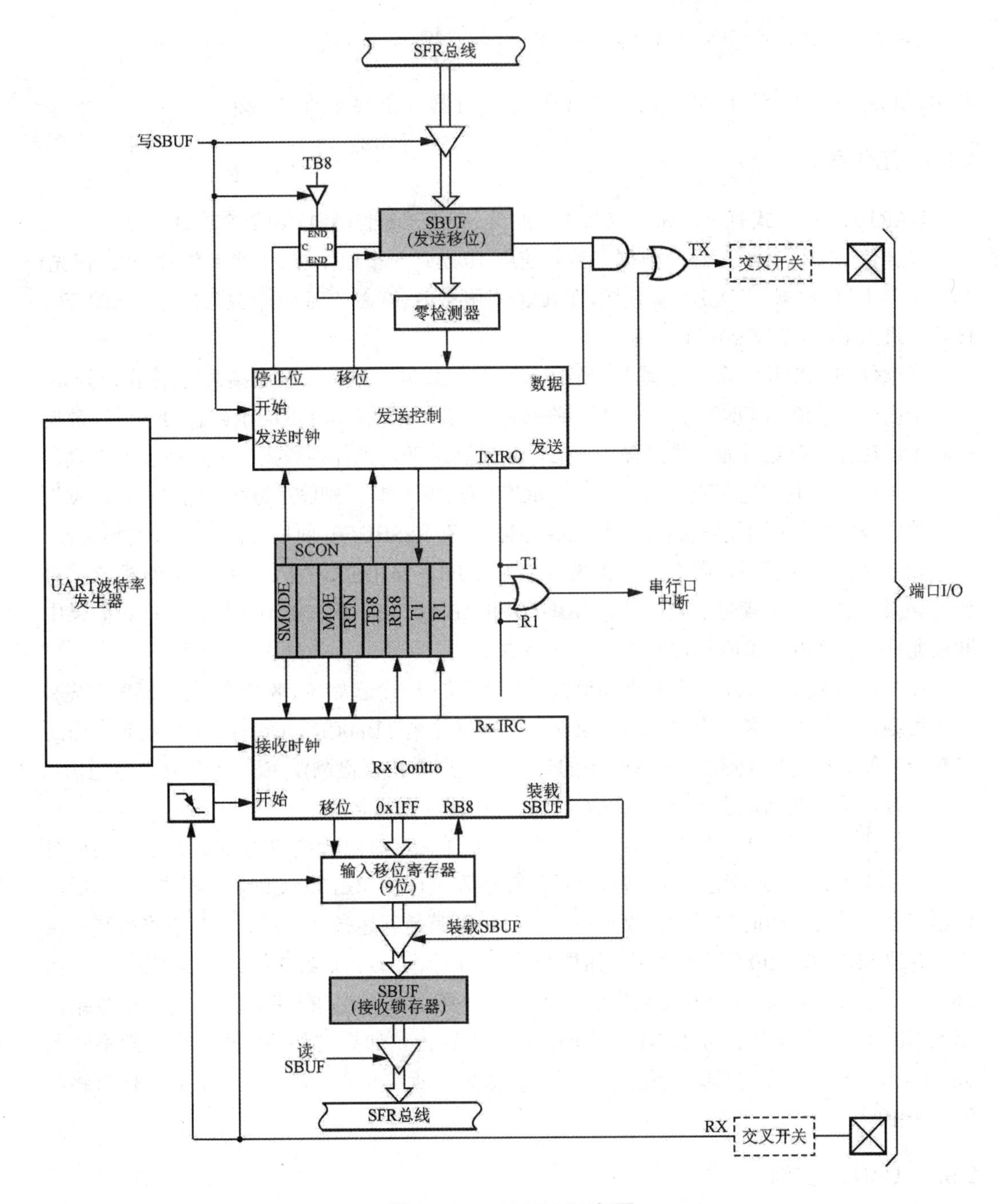

图 2.9.1　UART0 原理框图

定时器 1 的重载值应设置为使其溢出频率为所期望的波特率频率的两倍。定时器 1 的时钟源有：SYSCLK、SYSCLK/4、SYSCLK/12、SYSCLK/48、外部振荡器时钟/8 和外部输入 T1 等 6 种。对于任何给定的定时器 1 时钟源，UART0 的波特率为

$$\text{UART波特率}=\frac{T1_{CLK}}{2\times(256-T1H)}$$

式中，$T1_{CLK}$是定时器 1 的时钟频率；T1H 是定时器 1 的高字节(重载值)。

2.9.2 工作方式

UART0 工作方式有 8 位和 9 位两种，通过 S0MODE 位(SCON0.7)来选择。

在 8 位 UART 方式，每个数据字节共使用 10 位：一个起始位、8 个数据位(LSB 在先)和一个停止位。数据从 TX0 引脚发送，在 RX0 引脚接收。在接收时，8 个数据位存入 SBUF0，停止位进入 RB80(SCON0.2)。

当软件向 SBUF0 寄存器写入一个字节时开始数据发送。在发送结束时(停止位开始)发送中断标志 TI0(SCON0.1)被置‘1’。在接收允许位 REN0(SCON0.4)被置‘1’后，数据接收可以在任何时刻开始。收到停止位后，如果满足下述条件则数据字节将被装入接收寄存器 SBUF0：RI0 必须为逻辑‘0’；如果 MCE0 为逻辑‘1’，则停止位必须为‘1’。在发生接收数据溢出的情况下，先接收到的 8 位数据被锁存到 SBUF0，而后面的溢出数据被丢弃。

如果这些条件满足，则 8 位数据被存入 SBUF0，停止位被存入 RB80，RI0 标志被置位。如果这些条件不满足，则不装入 SBUF0 和 RB80，RI0 标志也不会被置‘1’。如果中断被允许，在 TI0 或 RI0 置位时将产生一个中断。

在 9 位 UART 方式，每个数据字节共使用 11 位：一个起始位、8 个数据位(LSB 在先)、一个可编程的第 9 位和一个停止位。第 9 发送数据位由 TB80(SCON0.3)中的值决定，由用户软件赋值。它可以被赋值为 PSW 中的奇偶位 P(用于错误检测)，或用于多处理器通信。在接收时，第 9 数据位进入 RB80(SCON0.2)，停止位被忽略。

当执行一条向 SBUF0 寄存器写一个数据字节的指令时开始数据发送。在发送结束时(停止位开始)发送中断标志 TI0 被置‘1’。在接收允许位 REN0(SCON0.4)被置‘1’后，数据接收可以在任何时刻开始。收到停止位后如果满足下述条件，则数据字节将被装入接收寄存器 SBUF0：RI0 为逻辑‘0’。如果 MCE0 为逻辑‘1’，则第 9 位必须为逻辑‘1’(当 MCE0 为逻辑‘0’时，第 9 位数据的状态并不重要)。如果这些条件满足，则 8 位数据被存入 SBUF0，第 9 位被存入 RB80，RI0 标志被置位。如果这些条件不满足，则不装入 SBUF0 和 RB80，RI0 标志也不会被置‘1’。如果中断被允许，在 TI0 或 RI0 置位时将产生一个中断。

2.9.3 UART0 实例

【例 2-9-1】本例采用内部 48 时钟(波特率有误差，要获取精确的波特率，可采用外部晶振，如 11.0592MHz)，定时器 1 作为波特率发生器。串口接收到一帧完整数据时，把数据发回，若接收数据超出接收缓冲区，则发回缓冲区满提示信息。一帧完整的数据以 0X0A 作为结束符。硬件电路图如图 2.9.2 所示。程序如下：

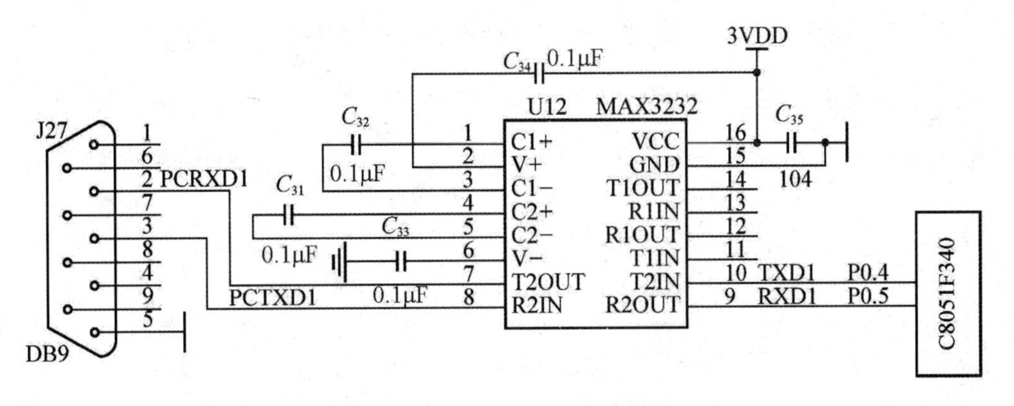

图 2.9.2　UART0 与 PC 机通信电路

```
#include <c8051f340.h>
#define uchar unsigned char
#define uint unsigned int
//----------------------------------------------------------------------
#define SYSCLK      48000000    //SYSCLK frequency in Hz
#define BAUDRATE    115200      //Baud rate of UART in bps
#define MAX_LEN     50          //receive buf MAX length
uchar   readCounts;
uchar   trdata[MAX_LEN];        //发送暂存缓冲区
uchar   sendlen;
uchar   message[]="Receive Buf is full";
bit     readFlag;
bit     frameFlag;
//----------------------------------------------------------------------
void SYSCLK_Init (void);
void PORT_Init(void);
void UART0_Init(void) ;
void Send_Char(uchar ch) ;
void send_string_com(unsigned char *str,unsigned int strlen);
//----------------------------------------------------------------------
void main (void)
{
  uchar temp;
   PCA0MD &= ~0x40;
   PORT_Init();
   SYSCLK_Init ();
   UART0_Init();
   EA = 1;
   do
        {
        if ( readFlag)              //接收数据超出缓冲区大小，发回提示信息
            {
           readFlag=0;
```

```
            send_string_com(message,sizeof(message));
            }
        else if (frameFlag)    //完整接收一帧数据，把接收的数据发回
            {
            frameFlag=0;
            send_string_com(trdata,sendlen);
            }
        }while(1);
}
//-----------------------------------------------------------------------
void SYSCLK_Init (void)
{
    int i = 0;
    OSCICN    = 0x83;
    CLKMUL    = 0x80;
    for (i = 0; i < 20; i++);
    CLKMUL    |= 0xC0;
    while ((CLKMUL & 0x20) == 0);
    CLKSEL = 0x03;                //USB clock: 48MHz, system clock : 48MHz
}
//-----------------------------------------------------------------------
void PORT_Init()
{
   P0MDOUT |= 0x10;               //Enable UTX as push-pull output
   XBR0     = 0x01;               //P0.4->TX, P0.5->RX
   XBR1     = 0x40;               //Enable crossbar and weak pull-ups
}
//-----------------------------------------------------------------------
void UART0_Init(void)
{
   SCON0 = 0x10;
   if (SYSCLK/BAUDRATE/2/256 < 1) {
      TH1 = -(SYSCLK/BAUDRATE/2);
      CKCON &= ~0x0B;             //T1M = 1; SCA1:0 = xx
      CKCON |=  0x08;
   } else if (SYSCLK/BAUDRATE/2/256 < 4) {
      TH1 = -(SYSCLK/BAUDRATE/2/4);
      CKCON &= ~0x0B;             //T1M = 0; SCA1:0 = 01
      CKCON |=  0x01;
   } else if (SYSCLK/BAUDRATE/2/256 < 12) {
      TH1 = -(SYSCLK/BAUDRATE/2/12);
      CKCON &= ~0x0B;             //T1M = 0; SCA1:0 = 00
   } else {
      TH1 = -(SYSCLK/BAUDRATE/2/48);
      CKCON &= ~0x0B;             //T1M = 0; SCA1:0 = 10
      CKCON |=  0x02;
   }
   TL1 = TH1;                     //init Timer1
```

```
    TMOD &= ~0xf0;              // TMOD: timer 1 in 8-bit autoreload
    TMOD |=  0x20;
    TR1 = 1;                    // START Timer1
    IP |= 0x10;                 // Make UART high priority
    ES0 = 1;                    // Enable UART0 interrupts
}
//-----------------------------------------------------------------------
void Send_Char(uchar ch)
{
SBUF0 = ch;                     //送入缓冲区
while(TI0 == 0);                //等待发送完毕
TI0 = 0;                        //软件清零
}
//-----------------------------------------------------------------------
void send_string_com(unsigned char *str,unsigned int strlen)
{
    unsigned int k=0;
    do
        {
        Send_Char(*(str + k));
        k++;
        } while(k < strlen);
}
//-----------------------------------------------------------------------
void UART0_ISR(void) interrupt 4 using 1
{
 uchar rxch;
 if(RI0)                        //中断标志 RI0=1 数据完整接收
    {
    RI0 = 0;                    //软件清零
    rxch = SBUF0;               //读缓冲
    if(readCounts >=MAX_LEN)
        {
        readCounts = 0;
        readFlag = 1;           //接收数据超出缓冲区
        }
   trdata[readCounts] = rxch;   //存入数组，供发送
   readCounts++;
   if (rxch==0x0A)              //字符串结束标志
        {
        frameFlag=1;
         sendlen= readCounts;
         readCounts = 0;
        }
    }
 }
```

2.10 串口 UART1

UART1 是一个异步、全双工串口，它提供多种数据格式选择。UART1 包含一个由 16 位定时器和可编程预分频器构成的专用波特率发生器；能产生很宽范围的波特率；有多个时钟源可用于产生标准波特率；接收数据 FIFO；允许 UART1 接收多达 3 个字节而不会发生数据丢失或溢出。

UART1 有 6 个相关的特殊功能寄存器；三个用于波特率发生器(SBCON1、SBRLH1 和 SBRLL1)，两个用于数据格式、控制和状态功能(SCON1 和 SMOD1)，一个用于发送和接收数据(SBUF1)。用同一个 SBUF1 地址可以访问发送寄存器和接收 FIFO。写 SBUF1 时总是访问发送保持寄存器；读 SBUF1 时总是访问接收 FIFO 的第一个字节，不可能从发送保持寄存器中读数据。

如果 UART1 中断被允许，则每次发送完成(SCON1 中的 TI1 位被置 1)或接收到数据字节(SCON1 中的 RI1 位被置 1)时将产生中断。当 CPU 转向中断服务程序时硬件不清除 UART1 中断标志。中断标志必须用软件清除，这就允许软件查询 UART1 中断的原因(发送完成或接收完成)。注意：如果接收 FIF0 中还有数据字节，则 RI1 位不能被软件清 0。UART1 原理图如图 2.10.1 所示。

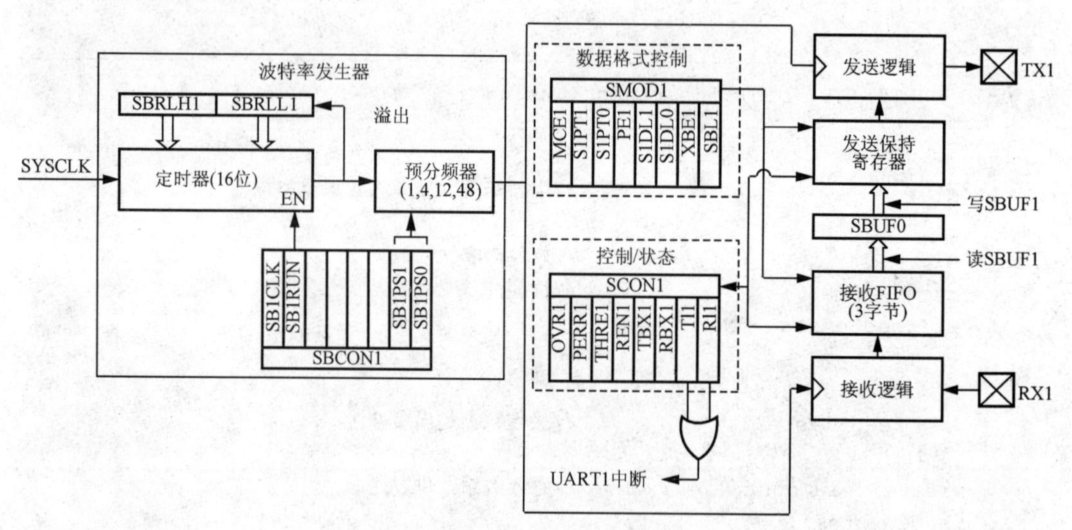

图 2.10.1 UART1 原理框图

2.10.1 波特率发生器

UART1 波特率是由一个专用的 16 位定时器产生的。该定时器使用控制器内核时钟(SYSCLK)工作，并有一个预分频器，可选择 1、4、12 或 48 分频。定时器和预分频器选项的组合允许在多种不同的 SYSCLK 频率下都可以有很宽的波特率选择范围。

用 3 个寄存器 SBCON1、SBRLH1 和 SBRLL1 来配置波特率发生器。UART1 波特率发生器控制寄存器(SBCON1)使能或禁止波特率发生器，并为定时器选择预分频值。使用

UART1时，波特率发生器必须被使能。寄存器SBRLH1和SBRLL1保持该专用定时器的16位重载值。定时器从重载值开始向上计数，每个时钟加1。定时器发生溢出(从0xFFFF到0x0000)时立即被重新装载。对于可靠的UART操作，建议不要将UART波特率配置为大于SYSCLK/16。UART1的波特率为

$$波特率=\frac{SYSCLK}{65536-(SBRLH1:SBRLL1)}\times\frac{1}{2\times预分频值}$$

2.10.2 数据格式

UART1提供多种数据格式选项。数据传输以起始位(逻辑低电平)开始，其后是数据位(LSB在先)，数据位之后是奇偶位或额外位(如果选择)，最后是一个或两个停止位(逻辑高电平)。数据长度在5～8位之间。可以在数据位后添加一个奇偶位，硬件可以自动产生和检测奇偶位(偶、奇、传号或空号)。可以选择短(一个位时间)或长(1.5或2个位时间)停止位。UART1具有多处理器通信工作方式。所有数据格式选项都通过SMOD1寄存器配置。图2.10.2给出了没有奇偶位或额外位的UART1数据传输时序。图2.10.3给出了使能校验位(PE1=1)的UART1数据传输时序。图2.10.4给出了使能额外位(XBE=1)的UART1数据传输时序。注意：额外位功能在奇偶位被使能时不可用，只有在数据长度为6、7或8位时才能使用第二停止位。

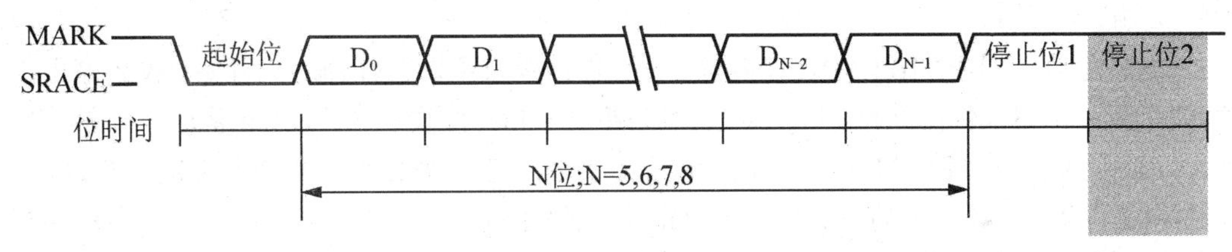

图2.10.2 没有奇偶位或额外位的UART1时序

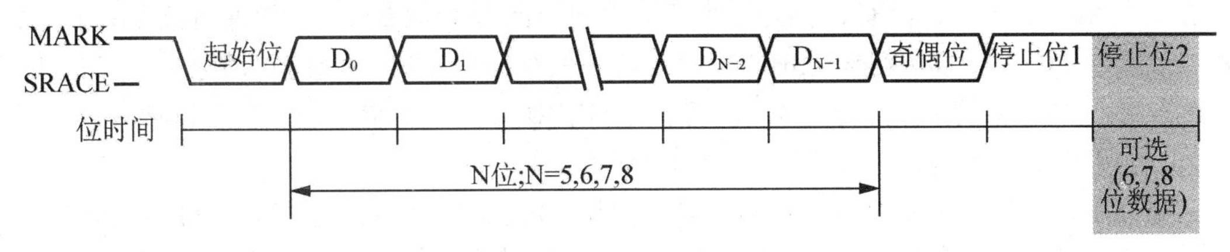

图2.10.3 有奇偶位时的UART1时序

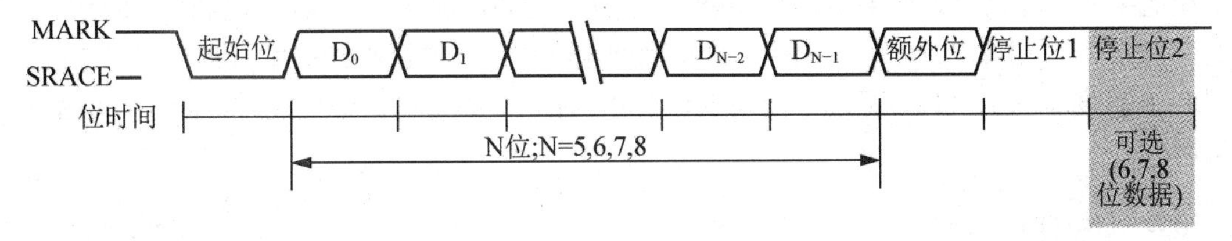

图2.10.4 有额外位时的UART1时序

2.10.3 配置和操作

UART1 提供标准的异步、全双工通信。它可以工作在点对点串行方式，也可以作为多处理器串行接口的一个节点。当工作在点对点方式，即串行总线上只有两个器件时，SMOD1 中的 MCE1 位应被清 0。当作为多处理器通信总线上的一个器件工作时，SMOD1 中的 MCE1 位和 XBE1 位应被置 1。在上述两种工作方式下，数据都是从 TX1 引脚发送，RX1 引脚接收。

数据发送是双缓冲的，当软件向 SBUF1 寄存器写入一个字节时开始数据发送。写 SBUF1 时将数据保存在发送保持寄存器，同时发送保持寄存器空标志(THRE1)被清 0。如果 UART 移位寄存器为空(即没有数据在发送)，则数据将被置入移位寄存器，且 THRE1 被置 1。如果数据发送正在进行，则数据将保存在发送保持寄存器中，直到当前的发送过程结束。在发送结束时(停止位开始)发送中断标志 TI1(SCON1.1)被置 1。如果中断被使能，则在 TI1 置位时会产生中断。

如果额外位功能被使能(XBE1=1)，且奇偶位功能被禁止(PE1=0)，则 TBX1(SCON1.3)位将被发送(在额外位的位置)。当奇偶位功能被使能(PE1=1)时，硬件会根据所选择的奇偶位类型(用 S1PT[1:0]选择)产生奇偶位，并将其加到数据域之后。注意：当奇偶位被使能时，额外位功能不可用。

在接收允许位 REN1(SCON1.4)被置 1 后，数据接收可以在任何时刻开始。收到停止位后，如果满足下述条件则数据字节将被装入到接收 FIFO：接收 FIFO 必须未满(3 字节深度)；停止位必须为 1。在接收 FIFO 已满的情况下，接收的字节被丢弃，并会产生接收 FIFO 溢出错误(寄存器 SCON1 中的 OVR1 被置 1)。如果停止位为逻辑 0，则接收数据不会被保存到接收 FIFO 中；如果接收条件满足，则数据被保存到接收 FIFO 中，且 RI1 标志被置 1。注意：当 MCE1=1 时，只有在额外位也等于 1 时 RI1 才会被置 1。可以通过读 SBUF1 寄存器从接收 FIFO 中读取数据。SBUF1 寄存器中保存的是 FIFO 中最老的数据。在 SBUF1 被读取后，FIFO 中的下一个字节被装入到 SBUF1 中，FIFO 中空出的位置可以接收一个新字节。如果中断被使能，则在 RI1 置位时会产生中断。

如果额外位功能被使能(XBE1=1)，且奇偶位功能被禁止(PE1=0)，则 FIFO 中最老字节的额外位可以从 RBX1 位(SCON1.2)读出。如果额外位功能未被使能，则 RBX1 代表 FIFO 中最老字节的停止位。如果奇偶位功能被使能(PE1=1)，硬件会在接收数据时根据所选择的奇偶位类型(用 S1PT[1:0]选择)检查接收到的停止位。如果接收到的字节具有奇偶错误，则 PERR1 标志被置 1。该标志必须用软件清 0。注意：当奇偶位被使能时，额外位功能不可用。

2.10.4 UART1 实例

【例 2-10-1】本例采用内部 48 时钟，波特率 115200bps，单片机串口接收到数据后把数据原封不动的发回。硬件电路图如图 2.10.5 所示。

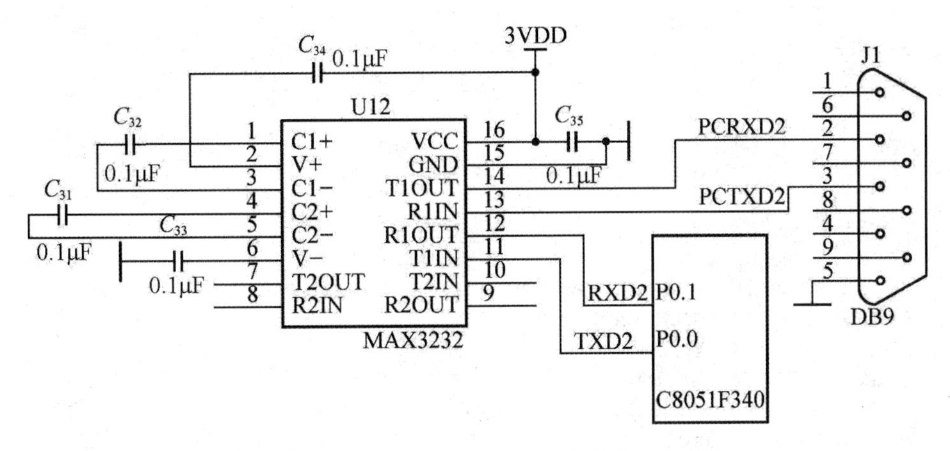

图 2.10.5　UART1 与 PC 通信电路

```
#include <C8051F340.h>
#include <stdio.h>
//------------------------------------------------------------------------
sfr16 SBRL1 = 0xB4;
#define SYSCLK       48000000          //系统时钟
#define BAUDRATE1     115200           //UART1 波特率
//------------------------------------------------------------------------
void SYSTEMCLOCK_Init (void);
void PORT_Init (void);
void UART1_Init (void);
void Delay (void);
//------------------------------------------------------------------------
void main (void) {
  PCA0MD &= ~0x40;
  SYSTEMCLOCK_Init ();
  PORT_Init ();
  UART1_Init ();
  while (1);
}
//------------------------------------------------------------------------
void SYSTEMCLOCK_Init (void)           //系统时钟 48MHz
{
  OSCICN |= 0x03;
  CLKMUL  = 0x00;
  CLKMUL |= 0x80;
  Delay();
  CLKMUL |= 0xC0;
  Delay();
  while(!(CLKMUL & 0x20));
  CLKSEL  = 0x03;
}
//------------------------------------------------------------------------
// P0.0     TX1 (UART 1)
// P0.1     RX1 (UART 1)
//------------------------------------------------------------------------
void PORT_Init (void)
```

```
{
   XBR2 = 0x01;                       //UART 1 配置到交叉开关
   XBR1 = 0x40;                       //交叉开关使能
}
//-----------------------------------------------------------------------------
void UART1_Init (void)
{
   SMOD1 = 0x0C;                      //8-N-1
   SCON1 = 0x10;                      //接收使能
   if (SYSCLK/BAUDRATE1/2/0xFFFF < 1) {
      SBRL1 = -(SYSCLK/BAUDRATE1/2);
      SBCON1 |= 0x03;                 //1 分频
   } else if (SYSCLK/BAUDRATE1/2/0xFFFF < 4) {
      SBRL1 = -(SYSCLK/BAUDRATE1/2/4);
      SBCON1 &= ~0x03;
      SBCON1 |= 0x01;                 //4 分频

   } else if (SYSCLK/BAUDRATE1/2/0xFFFF < 12) {
      SBRL1 = -(SYSCLK/BAUDRATE1/2/12);
      SBCON1 &= ~0x03;                //12 分频
   } else {
      SBRL1 = -(SYSCLK/BAUDRATE1/2/48);
      SBCON1 &= ~0x03;
      SBCON1 |= 0x02;                 //4 分频
   }
   SBCON1 |= 0x40;                    //波特率发生器使能
   EIE2 = 0X02;                       //UART1 中断允许
   EA = 1;
}
//-----------------------------------------------------------------------------
void Delay(void)
{
   int x;
   for(x = 0;x < 500;x)
      x++;
}
//-----------------------------------------------------------------------------
void UART1_ISR(void) interrupt 16
{
 unsigned char rxch;
 if((SCON1 & 0x01))                   //接收数据中断标志
    {
    SCON1 &= ~0x01;                   //UART1 软件清零
    rxch = SBUF1;                     //读缓冲
    SBUF1 = rxch;
    }
 else if (SCON1 & 0x02)               //发送数据中断标志
    {
    SCON1 &= ~0x02;                   //清零 TI1 中断标志
    }
}
```

2.11　SPIO 总线

增强型串行外设接口(SPIO)提供访问一个全双工同步串行总线的能力。SPIO 可以作为主器件或从器件工作，可以使用 3 线或 4 线方式，并可在同一总线上支持多个主器件和从器件。从选择信号(NSS)可被配置为输入以选择工作在从方式的 SPIO，或在多主环境中禁止主方式操作，以避免两个以上主器件试图同时进行数据传输时发生 SPI 总线冲突。NSS 可以被配置为片选输出(在主方式)，或在 3 线操作时被禁止。在主方式下，可以用其他通用端口 I/O 引脚选择多个从器件。SPI 原理框图如图 2.11.1 所示。

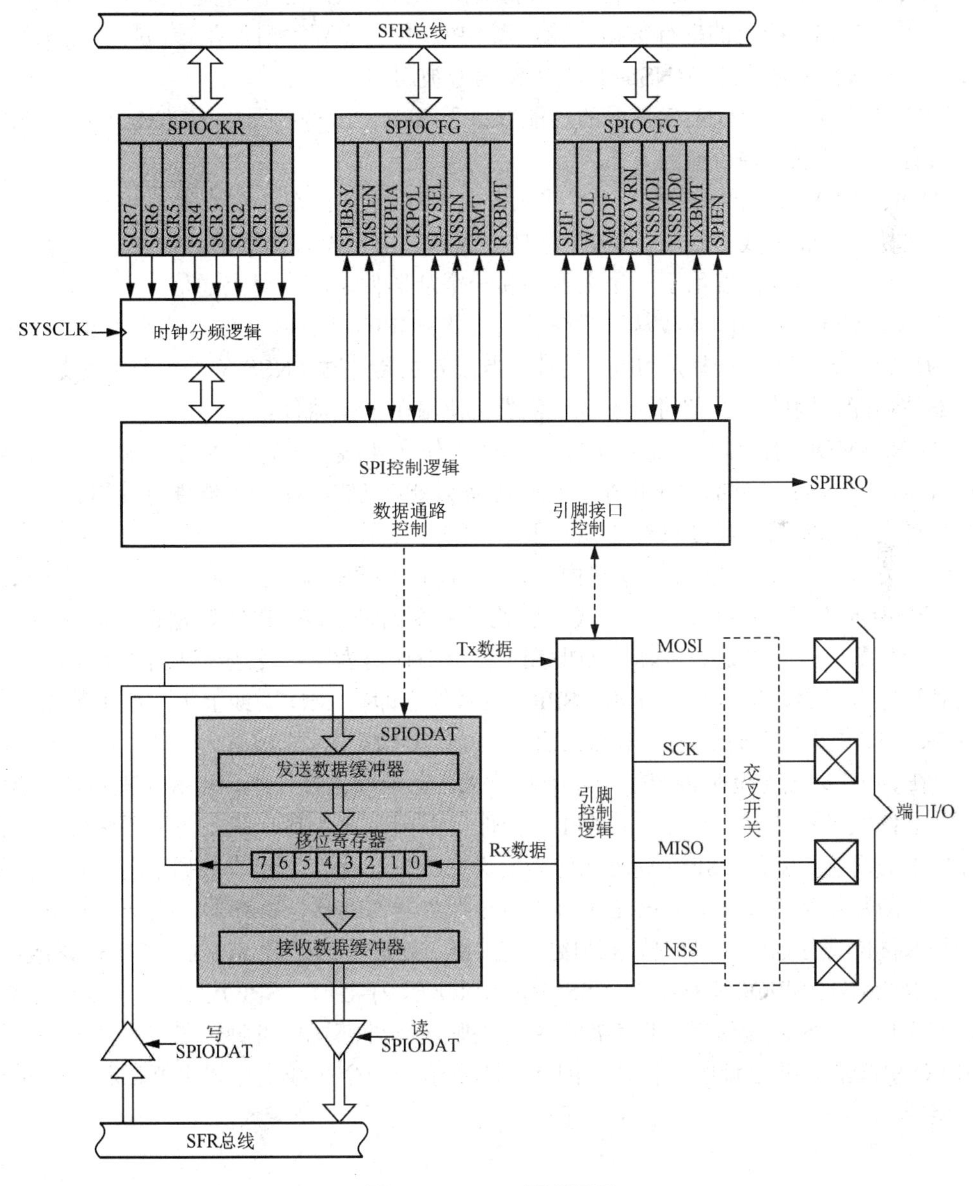

图 2.11.1　SPI 原理框图

SPI0 共有 4 个信号，分别为 MOSI、MISO、SCK、NSS。

MOSI(主输出、从输入)信号是主器件的输出和从器件的输入，用于从主器件到从器件的串行数据传输。当 SPI0 作为主器件时，该信号是输出；当 SPI0 作为从器件时，该信号是输入。数据传输时最高位在先。当被配置为主器件时，MOSI 由移位寄存器的 MSB 驱动。

MISO(主输入、从输出)信号是从器件的输出和主器件的输入，用于从从器件到主器件的串行数据传输。当 SPI0 作为主器件时，该信号是输入；当 SPI0 作为从器件时，该信号是输出。数据传输时最高位在先。当 SPI 被禁止或工作在 4 线从方式而未被选中时，MISO 引脚被置于高阻态。当作为从器件工作在 3 线方式时，MISO 由移位寄存器的 MSB 驱动。

SCK(串行时钟)信号是主器件的输出和从器件的输入，用于同步主器件和从器件之间在 MOSI 和 MISO 线上的串行数据传输。当 SPI0 作为主器件时产生该信号。在 4 线从方式下，当从器件未被选中时(NSS=1)，SCK 信号被忽略。

NSS(从选择)从选择(NSS)信号的功能取决于 SPI0CN 寄存器中 NSSMD1 和 NSSMD0 位的设置。有以下 3 种可能的方式。

(1) NSSMD[1:0]=00，3 线主方式或从方式：SPI0 工作在 3 线方式，NSS 被禁止。当作为从器件工作在 3 线方式时，SPI0 总是被选择。由于没有选择信号，SPI0 必须是总线唯一的从器件。这种情况用于一个主器件和一个从器件之间点对点通信。

(2) NSSMD[1:0]=01，4 线从方式或多主方式：SPI0 工作在 4 线方式，NSS 作为输入。当作为从器件时，NSS 选择从 SPI0 器件。当作为主器件时，NSS 信号的负跳变禁止 SPI0 的主器件功能，因此可以在同一个 SPI 总线上使用多个主器件。

(3) NSSMD[1:0]=1x，4 线主方式：SPI0 工作在 4 线方式，NSS 作为输出。NSSMD0 的设置值决定 NSS 引脚的输出电平。这种配置只能在 SPI0 作为主器件时使用。

考虑到实际应用，此处只对 3 线单主方式进行介绍。

SPI 总线上的所有数据传输都由 SPI 主器件启动。通过将主允许标志(MSTEN、SPI0CFG.6)置 1 将 SPI0 置于主方式。当处于主方式时，向 SPI0 数据寄存器(SPI0DAT)写入一个字节时是写发送缓冲器。如果 SPI 移位寄存器为空，发送缓冲器中的数据字节被传送到移位寄存器，数据传输开始。SPI0 主器件立即在 MOSI 线上串行移出数据，同时在 SCK 上提供串行时钟。在传输结束后 SPIF(SPI0CN.7)标志被置为逻辑 1。如果中断被允许，在 SPIF 标志置位时将产生一个中断请求。在全双工操作中，当 SPI 主器件在 MOSI 线向从器件发送数据时，被寻址的 SPI 从器件可以同时在 MISO 线上向主器件发送其移位寄存器中的内容。因此，SPIF 标志既作为发送完成标志又作为接收数据准备好标志。从从器件接收的数据字节以 MSB 在先的形式传送到主器件的移位寄存器。当一个数据字节被完全移入移位寄存器时，便被传送到接收缓冲器，处理器通过读 SPI0DAT 来读该缓冲器。

当 NSSMD1(SPI0CN.3)=0 且 NSSMD0(SPI0CN.2)=0 时，SPI0 工作在 3 线单主方式。在该方式时，NSS 未被使用，也不被交叉开关映射到外部端口引脚。在该方式时，应使用通用 I/O 引脚选择要寻址的从器件。图 2.11.2 所示为一个 3 线主方式主器件和一个从器件的连接图。

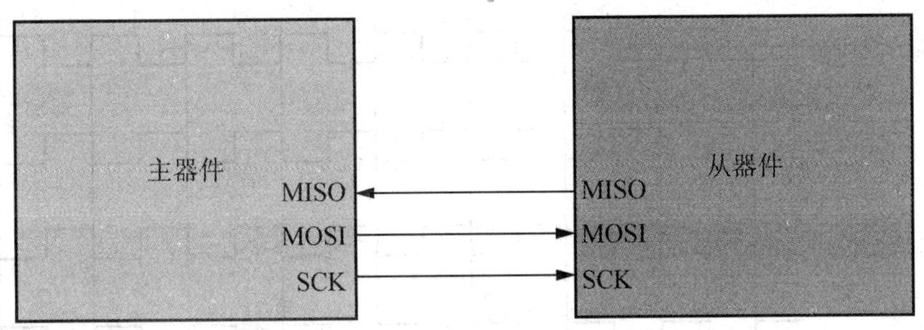

图 2.11.2　3 线单主方式和 3 线单从方式连接图

2.11.1　SPIO 中断源

如果 SPIO 中断被允许，在下述 4 个标志位被置 1 时将产生中断。

(1) 在每次字节传输结束，SPI 中断标志 SPIF(SPIOCN.7)被置 1。该标志适用于所有 SPIO 方式。

(2) 如果在发送缓冲器中的数据尚未被传送到移位寄存器时写 SPIODAT，写冲突标志 WCOL(SPIOCN.6)被置 1。发生这种情况时，写 SPIODAT 的操作被忽略，不会对发送缓冲器写入。该标志适用于所有 SPIO 方式。

(3) 当 SPIO 被配置为工作于多主方式的主器件而 NSS 被拉为低电平时，方式错误标志 MODF(SPIOCN.5)被置 1。当发生方式错误时，SPIOCN 中的 MSTEN 和 SPIEN 位被清 0，以禁止 SPIO 并允许另一个主器件访问总线。

(4) 当 SPIO 被配置为从器件并且一次传输结束，而接收缓冲器中还保持着上一次传输的数据未被读取时，接收溢出标志 RXOVRN(SPIOCN.4)被置 1。新接收的字节将不被传送到接收缓冲器，允许前面接收的字节被读取。引起溢出的数据字节丢失。

上述 4 个标志位都必须用软件清 0。

2.11.2　串行时钟时序

使用 SPIO 配置寄存器(SPIOCFG)中的时钟控制选择位可以在串行时钟相位和极性的 4 种组合中选择其一。CKPHA 位(SPIOCFG.5)选择两种时钟相位(锁存数据所用的边沿)中的一种。CKPOL 位(SPIOCFG.4)在高电平有效和低电平有效的时钟之间选择。主器件和从器件必须被配置为使用相同的时钟相位和极性。注意：在改变时钟相位和极性期间应禁止 SPIO(通过清除 SPIEN 位，SPIOCN.0)。主方式下时钟和数据线的时序关系如图 2.11.3 所示；从方式下时钟和数据线的时序关系如图 2.11.4 和图 2.11.5 所示。

SPIO 时钟速率寄存器 SPIOCKR 控制主方式的串行时钟频率。当工作于从方式时该寄存器被忽略。当 SPI 被配置为主器件时，最大数据传输率(位/秒)是系统时钟频率的二分之一或 12.5MHz(取较低的频率)；当 SPI 被配置为从器件时，全双工操作的最大数据传输率(位/秒)是系统时钟频率的十分之一，前提是主器件与从器件系统时钟同步发出 SCK、NSS(在 4 线从方式)和串行输入数据。如果主器件发出的 SCK、NSS 及串行输入数据不同步，则最大数据传输率(位/秒)必须小于系统时钟频率的十分之一。在主器件只发送数据到从器件而不需要接收从器件发出的数据(即半双工操作)这一特殊情况下，SPI 从器件接收数据时的最大数据传输率(位/秒)是系统时钟频率的四分之一，这是在假设由主器件发出 SCK、NSS 和串行输入数据与从器件系统时钟同步的情况下。

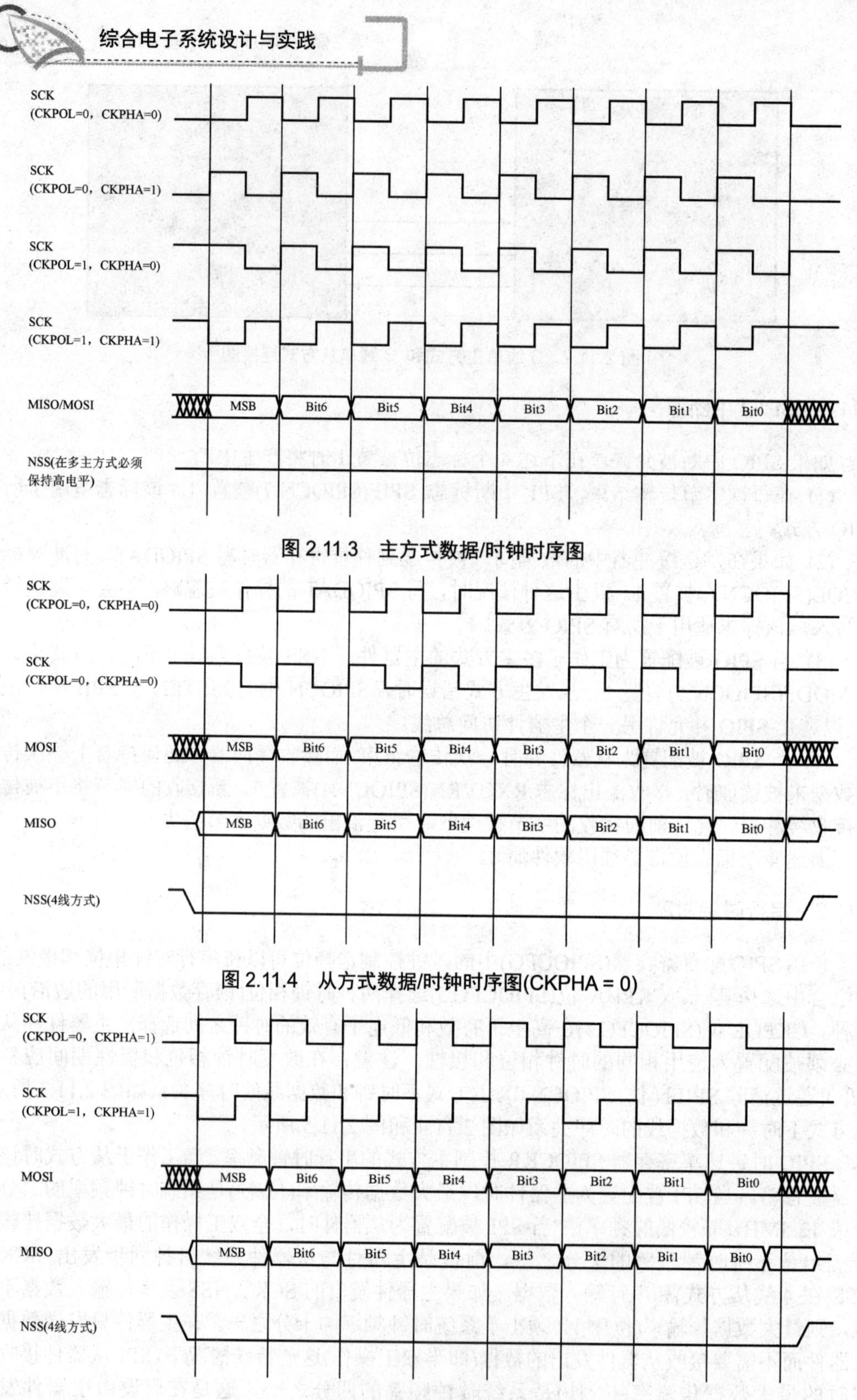

图 2.11.3 主方式数据/时钟时序图

图 2.11.4 从方式数据/时钟时序图(CKPHA = 0)

图 2.11.5 从方式数据/时钟时序图(CKPHA = 1)

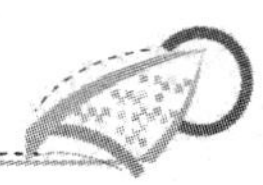

2.11.3　SPIO 实例

【例 2-11-1】本程序通过单片机 SPI 功能，实现对 74HC595 芯片的移位控制，从而实现对 LED 灯的亮灭控制。硬件原理图如图 2.11.6 所示。程序如下所示。

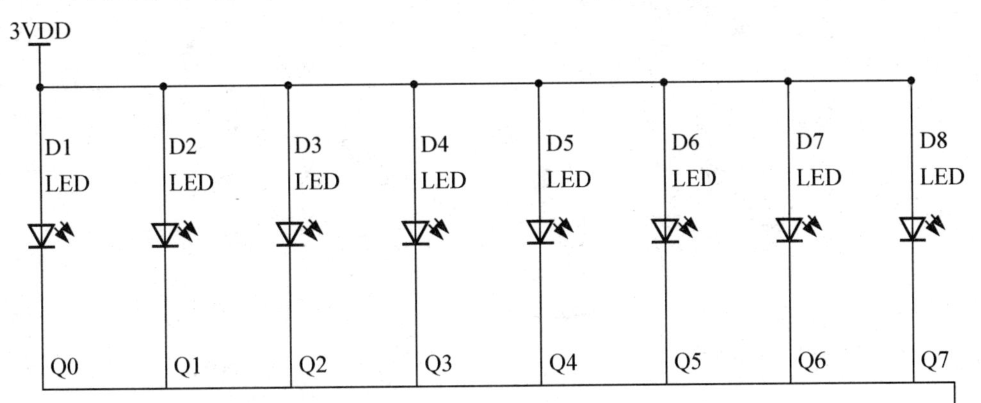

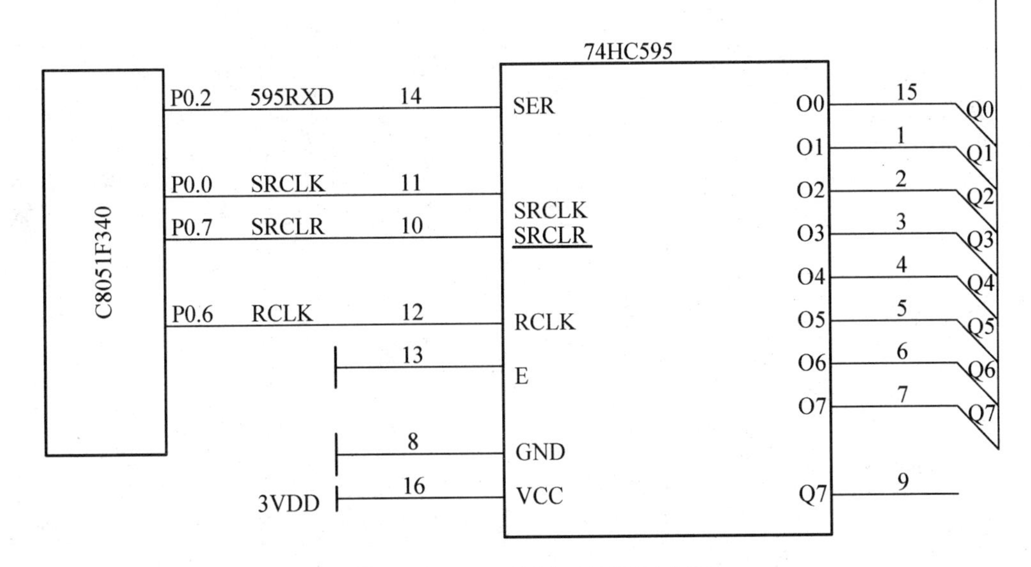

图 2.11.6　SPI 控制 74HC595 电路

```
#include <c8051f340.h>
#include <intrins.h>
#define uchar unsigned char
#define uint unsigned int
#define SYSCLK  22118400
#define _Nop() _nop_()
sbit SCK = P0^0;                    //串行时钟(输出)
sbit MISO = P0^1;                   //主入/从出(输入)
sbit MOSI = P0^2;                   //主出/从入(输出)
```

```
sbit NSS = P0^3;                          //从选择(输出到片选)
sbit MReset = P0^7;                       //595 master reset
sbit STcp = P0^6;                         //storage register clock input
bit ErrorFlag;
bit SendFinishFlag;
//-----------------------------------------------------------------------
void SPI0_Init (void);
void SYSCLK_Init (void);
void PORT_Init();
void SendData(void);
void Delay( uint tt );
//-----------------------------------------------------------------------
void main()
{
    PCA0MD &= ~0x40;                      //关闭 WDT
    OSCICN    = 0x83;                     //内部 H-F 12MHz
    PORT_Init();
    SPI0_Init ();
   MReset=0;
    MReset=1;
    while(1)
        {
        SendData();
    }
}
//-----------------------------------------------------------------------
void SendData(void)                       //SPI 向 595 芯片发送数据

{
 uchar i;
 for (i=0;i<8;i++)
    {
    SPI0DAT = (0x01<<i)^0xff;
    while(!SendFinishFlag);
    SendFinishFlag=0;
    STcp=0;
    STcp=1;
    Delay(65535);
    }
}
//-----------------------------------------------------------------------
void SPI0_Init (void)
{
   SPI0CFG = 0x07;                        //在第一个 SCK 上升沿采集数据，8-bit
   SPI0CFG|=0xC0;                         //CKPOL =1;
   SPI0CN = 0x03;                         //主控模式；SPI 使能；标志清除
   SPI0CKR = SYSCLK/2/500000-1;           //SPI clock = 0.5MHz
   EIE1   |= 0x01;
   EA=1;
```

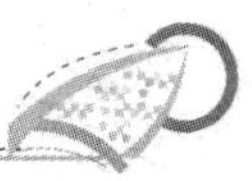

```
}
//------------------------------------------------------------------
void PORT_Init()
{
    XBR0 = 0x02;                        //通过交叉开关将 SPI 连到通用 I/O 引脚
    XBR2 = 0x40;                        //允许交叉开关和弱上拉
    P3MDOUT=0XFF;
    P0MDOUT=0x05;
    P0|=0x80;
}
//------------------------------------------------------------------
void Delay( uint tt )
{
 uint x;
 do
    {
    for(x=0;x<10;x++);

    }while( tt-- );
}
//------------------------------------------------------------------
void SPI_ISR (void) interrupt 6
{
   if (WCOL)
        {
        WCOL = 0;                       //写冲突标志清零
        ErrorFlag = 1;
        }
   else if (MODF)
        {
        MODF=0;
        ErrorFlag = 1;
        }
   else if (SPIF)
        {
         SendFinishFlag=1;
        SPIF = 0;
       }
}
```

2.12　SMBus 总线

SMBus 与 I^2C 串行总线兼容，因此相关协议说明可参考飞利浦半导体的 I^2C 总线规范。系统控制器对接口的读写操作都是以字节为单位的，由 SMBus 接口自动控制数据的串行传输。在作为主或从器件时，数据传输的最大速率可达系统时钟频率的十分之一。可以采用延长低电平时间的方法协调同一总线上不同速度的器件。

SMBus 可以工作在主、从方式，一个总线上可以有多个主器件。SMBus 提供了 SDA(串行数据)控制、SCL(串行时钟)产生和同步、仲裁逻辑以及起始/停止的控制和产生电路。有 3 个与 SMBus 相关的特殊功能寄存器：SMB0CF 配置 SMBus，SMB0CN 控制 SMBus 的状态，SMB0DAT 为数据寄存器，用于发送和接收 SMBus 数据和从地址。其原理框图如图 2.12.1 所示。

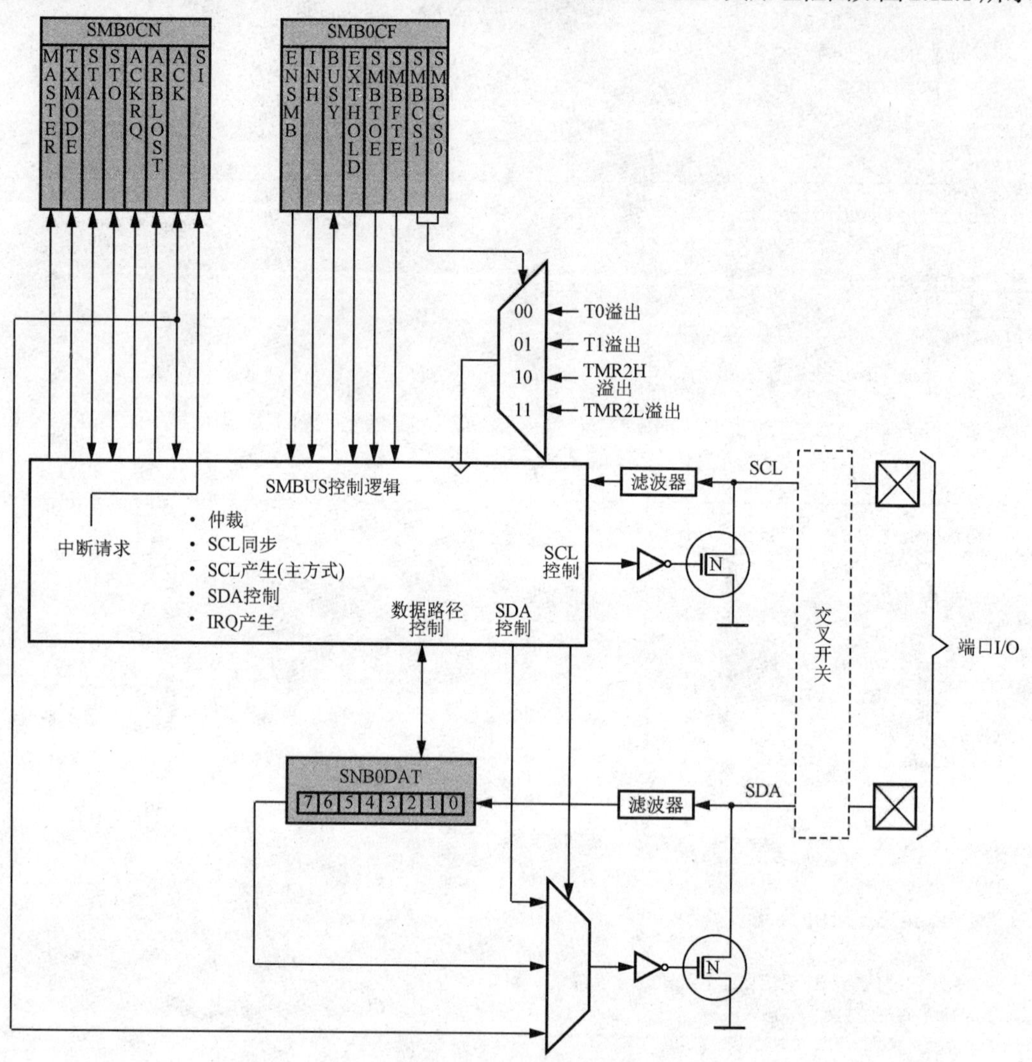

图 2.12.1　SMBus 原理框图

2.12.1　SMBus 配置

图 2.12.2 给出了一个典型的 SMBus 配置。SMBus 接口的工作电压可以在 3.0～5.0V，总线上不同器件的工作电压可以不同。SCL(串行时钟)和 SDA(串行数据)线是双向的，必须通过一个上拉电阻或等效电路将它们连到电源电压。连接在总线上的每个器件的 SCL 和 SDA 都必须是漏极开路或集电极开路的，因此当总线空闲时，这两条线都被拉到高电平。总线上的最大器件数只受规定的上升和下降时间的限制，上升和下降时间分别不能超过 300ns 和 1000ns。

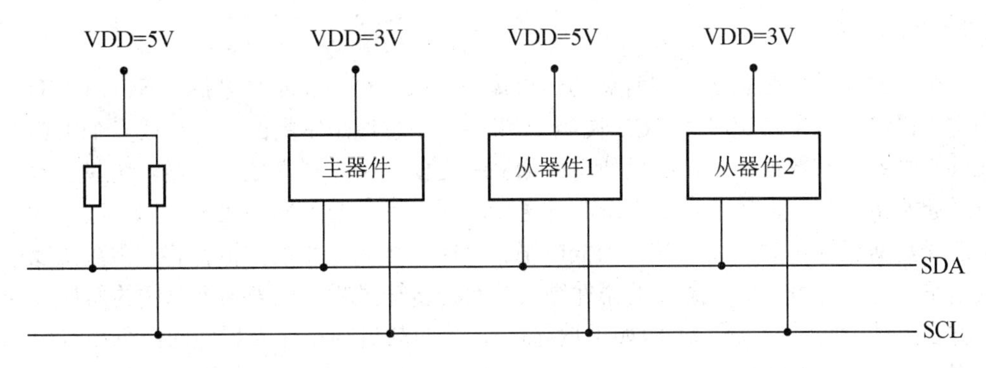

图 2.12.2　典型 SMBus 配置

2.12.2　SMBus 操作

有两种可能的数据传输类型：从主发送器到所寻址的从接收器(写)和从被寻址的从发送器到主接收器(读)。这两种数据传输都由主器件启动，主器件还在 SCL 上提供串行时钟。SMBus 接口可以工作在主方式或从方式，总线上可以有多个主器件。如果两个或多个主器件同时启动数据传输，仲裁机制将保证有一个主器件会赢得总线。注意：没有必要在一个系统中指定某个器件作为主器件；任何一个发送起始条件(START)和从器件地址的器件就成为该次数据传输的主器件。

一次典型的 SMBus 数据传输包括一个起始条件(START)、一个地址字节(位 7～1：7 位从地址，位 0：R/W 方向位)、一个或多个字节的数据和一个停止条件(STOP)。每个接收的字节(由一个主器件或从器件)都必须用 SCL 高电平期间的 SDA 低电平来确认(ACK)。如果接收器件不确认，则发送器件将读到一个“非确认”(NACK)，这用 SCL 高电平期间的 SDA 高电平表示。

方向位(R/W)占据地址字节的最低位。方向位被设置为逻辑 1 表示这是一个“读”(READ)操作，方向位为逻辑 0 表示这是一个“写”(WRITE)操作。

所有的数据传输都由主器件启动，可以寻址一个或多个目标从器件。主器件产生一个起始条件，然后发送地址和方向位。如果本次数据传输是一个从主器件到从器件的写操作，则主器件每发送一个数据字节后等待来自从器件的确认。如果是一个读操作，则由从器件发送数据并等待主器件的确认。在数据传输结束时，主器件产生一个停止条件，结束数据交换并释放总线。图 2.12.3 所示为一次典型的 SMBus 数据传输过程。

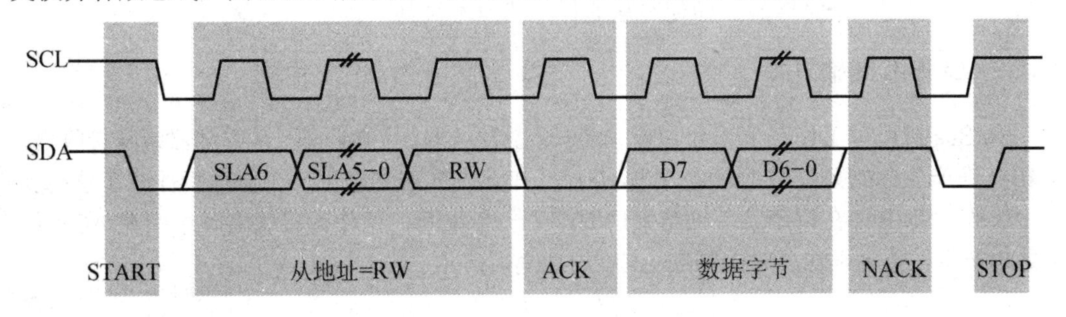

图 2.12.3　SMBus 数据传输过程

1. 总线仲裁

一个主器件只能在总线空闲时启动一次传输。在一个停止条件之后或 SCL 和 SDA 保持高电平已经超过了指定时间(SCL 高电平超时)，则总线是空闲的。两个或多个主器件可能在同一时刻启动数据传输，所以使用仲裁机制迫使一个主器件放弃总线。这些主器件继续发送起始条件，直到其中一个主器件发送高电平而另一个主器件在 SDA 上发送低电平。由于总线是漏极开路的，因此被拉为低电平。试图发送高电平的主器件将检测到 SDA 上的低电平而退出竞争。赢得总线的器件继续其数据传输过程，而未赢得总线的器件成为从器件并在后续的传输中接收数据(如果被寻址)。该仲裁机制是非破坏性的：总会有一个器件赢得总线，不会发生数据丢失。

2. 时钟低电平扩展

SMBus 提供一种与 I^2C 类似的同步机制，允许不同速度的器件共存于同一个总线上。为了使低速从器件能与高速主器件通信，在传输期间采取低电平扩展。从器件可以保持 SCL 为低电平以扩展时钟低电平时间，这实际上相当于降低了串行时钟频率。

3. SCL 低电平超时

如果 SCL 线被总线上的从器件保持为低电平，则不能再进行通信，并且主器件也不能强制 SCL 为高电平来纠正这种错误情况。为了解决这一问题，SMBus 协议规定：参加一次数据传输的器件必须检查时钟低电平时间，若超过 25ms 则认为是“超时”。检测到超时条件的器件必须在 10ms 以内复位通信电路。

当 SMB0CF 中的 SMBTOE 位被置位时，定时器 3 被用于检测 SCL 低电平超时。定时器 3 在 SCL 为高电平时被强制重装载，在 SCL 为低电平时开始计数。如果定时器 3 被使能并且溢出周期被配置为 25ms(且 SMBTOE 被置 1)，则可在发生 SCL 低电平超时事件时用定时器 3 中断服务程序对 SMBus 复位(禁止后重新使能)。

4. SCL 高电平(SMBus 空闲)超时

SMBus 标准规定：如果一个器件保持 SCL 和 SDA 线为高电平的时间超过 50ms，则认为总线处于空闲状态。当 SMB0CF 中的 SMBFTE 位被置 1 时，如果 SCL 和 SDA 保持高电平的时间超过 10 个 SMBus 时钟周期，总线将被视为空闲。如果一个 SMBus 器件正等待产生一个主起始条件，则该起始条件将在总线空闲超时之后立即产生。注意：总线空闲超时检测需要一个时钟源，即使对从器件方式也不例外。

2.12.3 SMBus 传输方式

SMBus 接口可工作在下述 4 种方式之一：主发送器、主接收器、从发送器或从接收器。SMBus 在产生起始条件时进入主方式，并保持在该方式直到产生一个停止条件或在总线竞争中失败。SMBus 在每个字节帧结束后都产生一个中断；但作为接收器时中断在 ACK 周期之前产生，作为发送器时中断在 ACK 周期之后产生。

1. 主发送器方式

在 SDA 上发送串行数据，在 SCL 上输出串行时钟。SMBus 接口首先产生一个起始条件，然后发送含有目标从器件地址和数据方向位的第一个字节。在主发送器方式数据方向位(R/W)应为逻辑 0(WRITE)，表示这是一个“写”操作。主发送器接着发送一个或多个字节的串行数据。在每发送一个字节后，从器件发出确认位。当 ST0 位被置 1 并产生一个停止条件后，串行传输结束。注意：如果在发生主发送器中断后没有向 SMB0DAT 写入数据，则接口将切换到主接收器方式。图 2.12.4 给出了典型的主发送器时序，只给出了发送两个字节的传输时序，尽管可以发送任意多个字节。注意：在该方式下，“数据字节传输结束”中断发生在 ACK 周期之后。

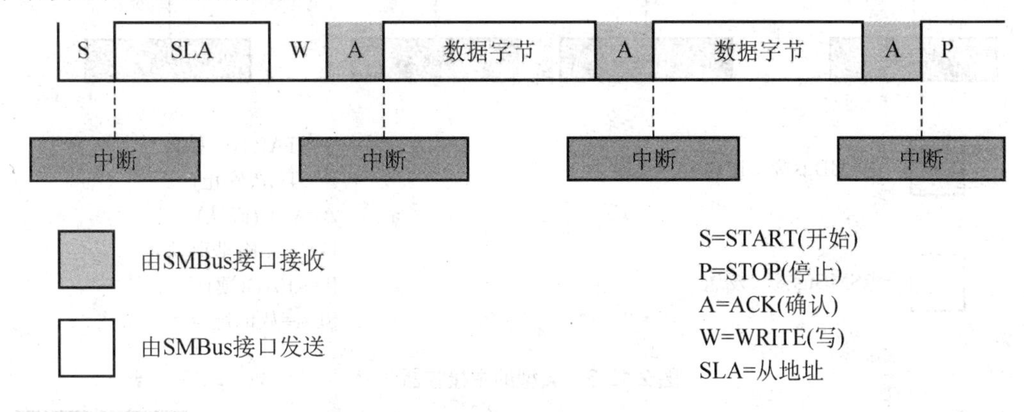

图 2.12.4　典型的主发送器时序

2. 主接收器方式

在 SDA 上接收串行数据，在 SCL 上输出串行时钟。SMBus 接口首先产生一个起始条件，然后发送含有目标从器件地址和数据方向位的第一个字节。在这种情况下数据方向位(R/W)应为逻辑 1，表示这是一个“读”操作。接着从 SDA 接收来自从器件的串行数据并在 SCL 上输出串行时钟。从器件发送一个或多个字节的串行数据。每收到一个字节后，ACKRQ 被置 1 并产生一个中断。软件必须写 ACK 位(SMB0CN.1)，以定义要发出的确认值(注：向 ACK 位写 1 产生一个 ACK，写 0 产生一个 NACK)。软件应在接收到最后一个字节后向 ACK 位写 0，以发送 NACK。接口电路将在对 ST0 位置 1 并产生一个停止条件后退出主接收器方式。注意：在主接收器方式下，如果执行 SMB0DAT 写操作，接口将切换到主发送器方式。图 2.12.5 给出了典型的主接收器时序，只给出了接收两个字节的传输时序，尽管可以接收任意多个字节。注意：在该方式下，“数据字节传输结束”中断发生在 ACK 周期之前。

3. 从接收器方式

在 SDA 上接收串行数据，在 SCL 上接收串行时钟。在从事件被允许的情况下(INH=0)，当接收到一个起始条件(START)和一个含有从地址和数据方向位(此处应为写)的字节时，SMBus 接口进入从接收器方式。在进入从接收器方式时将产生一个中断，并且 ACKRQ 被置‘1’。软件用一个 ACK 对接收到的从地址确认，或用一个 NACK 忽略接收到的从地址。如果接收到的从地址被忽略，从事件中断将被禁止，直到检测到下一个起始条件。如果收到的从地址被确认，将接收 0 个或多个字节的数据。在每接收到一个字节后，软件必须向 ACK 位写 ACK 或 NACK。在收到主器件发出的停止条件后，SMBus 接口退出从发送器方式。注意：如果在从接收器方式对 SMB0DAT 进行写操作，接口将切换到从发送器方式。图 2.12.6 给出了典型的从接收器时序，只给出了接收两个字节的传输时序，尽管可以接收任意多个字节。注意：在该方式下“数据字节传输中断”发生在 ACK 周期之前。

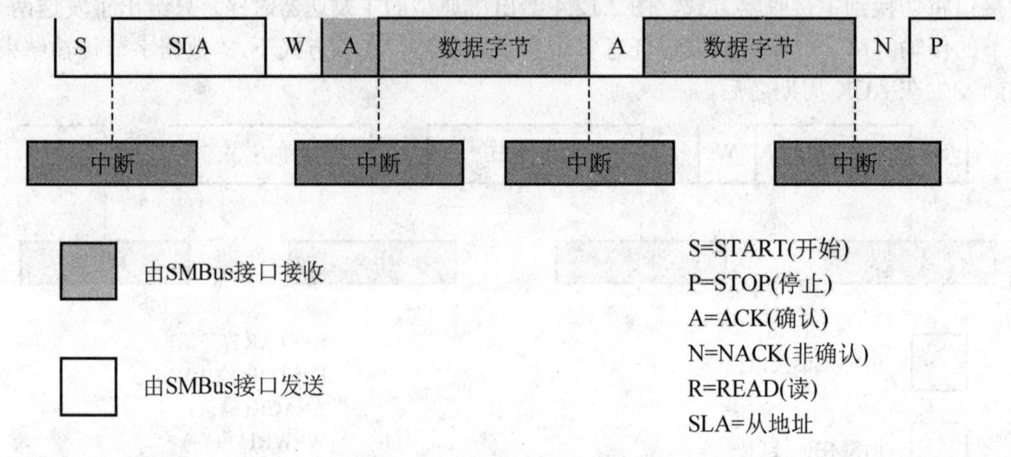

图 2.12.5　典型的主接收器时序

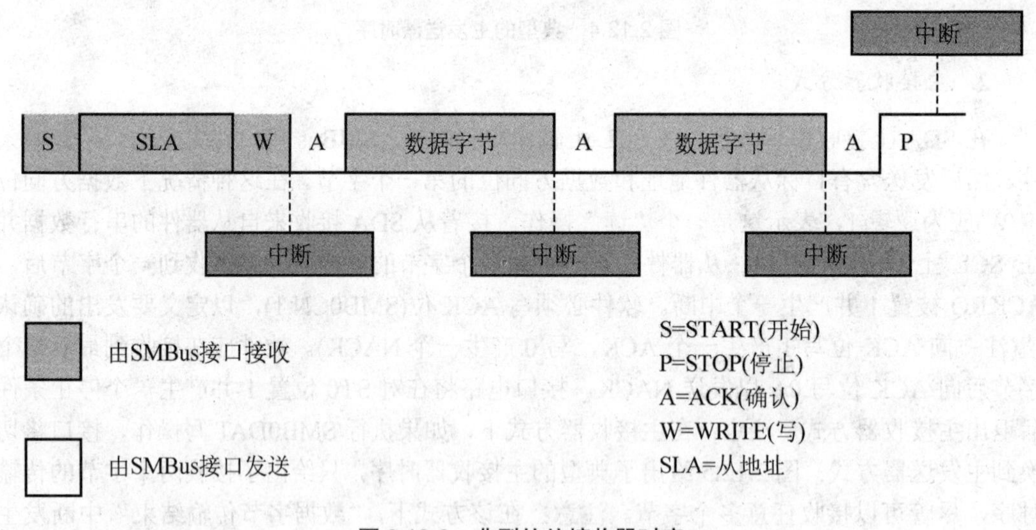

图 2.12.6　典型的从接收器时序

4. 从发送器方式

在 SDA 上发送串行数据，在 SCL 上接收串行时钟。在从事件被允许的情况下(INH=0)当接收到一个起始条件(START)和一个含有从地址和数据方向位(此处应为读)的字节时，SMBus 接口进入从接收器方式(接收从地址)。在进入从发送器方式时，会产生一个中断，并且 ACKRQ 位被置 1。软件用一个 ACK 对接收到的从地址确认，或用一个 NACK 忽略

接收到的从地址。如果接收到的从地址被忽略，从事件中断将被禁止，直到检测到下一个起始条件。如果收到的从地址被确认，软件应向 SMB0DAT 写入待发送的数据，SMBus 进入从发送器方式，并发送一个或多个字节的数据。在每发送一个字节后，主器件发出确认位。如果确认位为 ACK，应向 SMB0DAT 写入下一个数据字节；如果确认位为 NACK，在 SI 被清除前不应再写 SMB0DAT(注：在从发送器方式，如果在收到 NACK 后写 SMB0DAT，将会导致一个错误条件)。在收到主器件发出的停止条件后，SMBus 接口退出从发送器方式。注意：如果在一个从发送器中断发生之后没有对 SMB0DAT 进行写操作，接口将切换到从接收器方式。图 2.12.7 给出了典型的从发送器时序。注意：在该方式下“数据字节传输”中断发生在 ACK 周期之后。

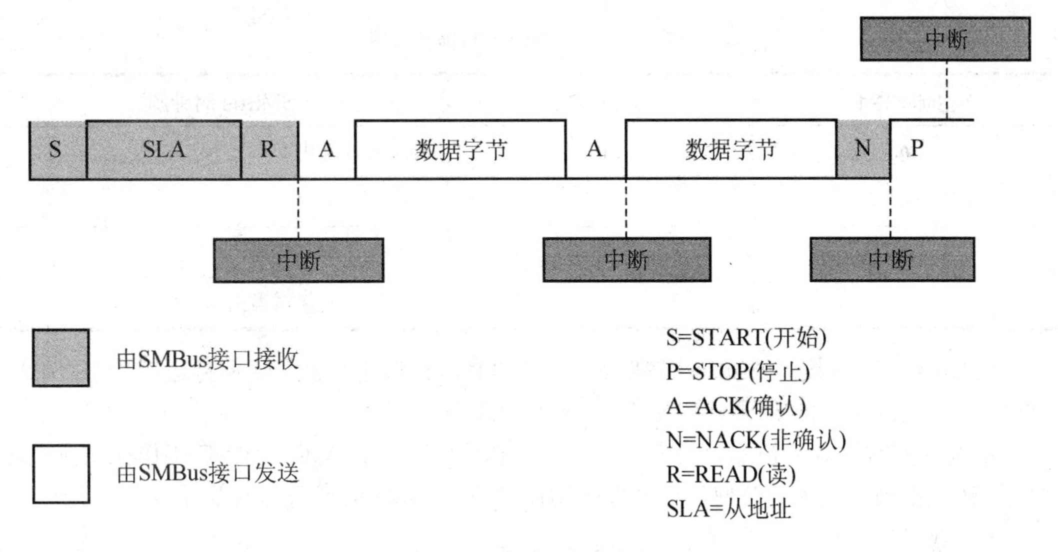

图 2.12.7　典型的从发送器时序

2.12.4　SMBus 的使用

每次数据字节或从地址传输都产生 SMBus 中断。发送数据时在 ACK 周期后产生中断，使软件能读取接收到的 ACK 值；接收数据时在 ACK 周期之前产生中断，使软件能确定要发出的 ACK 值。有关传输时序的详细信息见“SMBus 传输方式”。

主器件产生起始条件时也会产生一个中断，指示数据传输开始；从器件在检测到停止条件时产生中断，指示数据传输结束。软件应通过读 SMB0CN(SMBus 控制寄存器)来确定 SMBus 中断的原因。

SMBus 配置选项包括：超时检测(SCL 低电平超时和/或总线空闲超时)；SDA 建立和保持时间扩展；从事件允许/禁止时钟源选择。

1. SMBus 配置寄存器

SMBus 配置寄存器(SMB0CF)用于使能 SMBus 主和/或从方式，选择 SMBus 时钟源和设置 SMBus 时序和超时选项。当 ENSMB 位被置 1 时，SMBus 的所有主和从事件都被允许。可以通过将 INH 位置 1 来禁止从事件。在从事件被禁止的情况下，SMBus 接口仍然监视 SCL 和 SDA 引脚，但在接收到地址时会发出 NACK(非确认)信号，并且不会产生任何从中断。当 INH 被置位时，在下一个起始条件(START)后所有的从事件都将被禁止(当前传输过程的中断将继续)。SMBCS1、SMBCS～0 位用来选择 SMBus 时钟源(表 2-12-1)，时钟源只在主方式或空闲超时检测被使能时使用。当 SMBus 接口工作在主方式时，所选择的时钟源的溢出周期决定 SCL 低电平和高电平的最小时间，该最小时间可表示为

$$T_{\text{HighMin}} = T_{\text{LowMin}} = \frac{1}{f_{\text{ClockSourceOverflow}}}$$

式中：T_{HighMin} 为最小 SCL 高电平时间；T_{LowMin} 为最小 SCL 低电平时间；$f_{\text{ClockSourceOverflow}}$ 为时钟源的溢出频率。

表 2-12-1　SMBus 时钟源选择

SMBCS1	SMBCS0	SMBus 时钟源
0	0	定时器 0 溢出
0	1	定时器 1 溢出
1	0	定时器 2 高字节溢出
1	1	定时器 2 低字节溢出

SMBus 可以与其他外设共享该时钟源，前提是时钟源定时器一直保持运行状态。例如，定时器 1 溢出可以同时用于产生 SMBus 和 UART 波特率。

所选择的时钟源应被配置为最小 SCL 高电平和低电平时间。当接口工作在主方式时(并且 SCL 不被总线上的任何其他器件驱动)，典型的 SMBus 位速率可表示为

$$\text{位速率} = \frac{f_{\text{ClockSourceOverflow}}}{3}$$

设置 EXTHOLD 位为逻辑 1 将扩展 SDA 线的最小建立时间和保持时间。最小 SDA 建立时间定义了在 SCL 上升沿到来之前 SDA 的最小稳定时间。最小 SDA 保持时间定义了在 SCL 下降沿过去之后 SDA 继续保持稳定的最小时间。EXTHOLD 位应被置 1，以保证最小建立和保持时间符合 SMBus 规范，SMBus 规定的最小建立和保持时间分别为 250ns 和 300ns。表 2-12-2 列出了对应两种 EXTHOLD 设置情况的最小建立和保持时间。当 SYSCLK 大于 10MHz 时，通常需要扩展建立和保持时间。

表 2-12-2　最小 SDA 建立和保持时间

EXTHOLD	最小 SDA 建立时间	最小 SDA 保持时间
0	T_{low}–4 个系统时钟 或 1 个系统时钟+软件延时	3 个系统时钟
1	11 个系统时钟	12 个系统时钟

发送 ACK 位和所有数据传输中 MSB 的建立时间。软件延时发生在写 SMB0DAT 或 ACK 到 SI 被清除之间。注意，如果写 ACK 和清除 SI 发生在同一个写操作，则软件延时为 0。

在 SMBTOE 位被置 1 的情况下，定时器 3 应被配置为以 25ms 为周期溢出，以检测 SCL 低电平超时。SMBus 接口在 SCL 为高电平时强制重装载定时器 3，并允许定时器 3 在 SCL 为低电平时开始计数。应使用定时器 3 中断服务程序对 SMBus 复位，这可通过先禁止然后再重新使能 SMBus 接口来实现。

通过将 SMBFTE 位置 1 来使能 SMBus 总线超时检测。当该位被置 1 时，如果 SCL 和 SDA 保持高电平的时间超过 10 个 SMBus 时钟周期，总线将被视为空闲。当检测到空闲超时时，SMBus 接口的响应就如同检测到一个停止条件(产生一个中断，STO 被置位)。

2. SMB0CN 控制寄存器

SMBus 控制寄存器(SMB0CN)用于控制 SMBus 接口和提供状态信息。SMB0CN 中的高 4 位(MASTER、TXMODE、STA 和 STO)组成一个状态向量，可利用该状态向量转移到中断服务程序。MASTER 和 TXMODE 分别指示主/从状态和发送/接收方式。

STA 和 STO 指示自上次 SMBus 中断以来检测到一个起始(START)和/或停止条件(STOP)。当 SMBus 工作在主方式时，STA 和 STO 还用于产生起始和停止条件。当总线空闲时，向 STA 写 1 将使 SMBus 接口进入主方式并产生一个起始条件。在产生起始条件后 STA 不能由硬件清除，必须用软件清除。在主方式，向 STO 写 1 将使硬件产生一个停止条件，并在下一个 ACK 周期之后结束当前的数据传输。如果 STA 和 STO 都被置位(在主方式)，则发送一个停止条件后再发送一个起始条件。

当 SMBus 接口作为接收器时，写 ACK 位定义要发出的 ACK 值；当作为发送器时，读 ACK 位将返回最后一个 ACK 周期的接收值。ACKRQ 在每接收到一个字节后置位，表示需要写待发出的 ACK 值。当 ACKRQ 置位时，软件应在清除 SI 之前向 ACK 位写入要发出的 ACK 值。如果在清除 SI 之前软件未写 ACK 位，接口电路将产生一个 NACK。在向 ACK 位写入后，SDA 线将立即出现所定义的 ACK 值，但 SCL 将保持低电平，直到 SI 被清除。如果接收的从地址未被确认，则以后的从事件将被忽略，直到检测到下一个起始条件。

ARBLOST 位指示 SMBus 接口是否在一次总线竞争中失败。当接口工作在发送方式时(主或从)，可能出现这种情况。当工作在从方式时，出现这种情况表示发生了总线错误条件。在每次 SI 被清除后，ARBLOST 被硬件清除。

在每次传输的开始和结束、每个字节帧之后或竞争失败时，SI 位(SMBus 中断标志)被硬件置 1。

3. 数据寄存器

SMBus 数据寄存器 SMB0DAT 保存要发送或刚接收的串行数据字节。当 SI 标志被置 1 时，软件可以安全地读/写数据寄存器。当 SMBus 被使能但 SI 标志被清为逻辑 0 时软件不应访问 SMB0DAT 寄存器，因为硬件可能正在对该寄存器中的数据字节进行移入或移出操作。

SMB0DAT 中的数据总是先移出 MSB。在收到一个字节后，接收数据的第一位位于 SMB0DAT 的 MSB。在数据被移出的同时，总线上的数据被移入，所以 SMB0DAT 中总是保存最后出现在总线上的数据字节。在竞争失败后，从主发送器变为从接收器时 SMB0DAT 中的数据或地址保持不变。

2.12.5 SMBus 状态译码

读 SMB0CN 寄存器可以得到 SMBus 的当前状态。在表 2-12-3 中，状态向量指的是 SMB0CN 中的高 4 位：MASTER、TXMODE、STA 和 STO。注意：表 2-12-3 中只列出了典型的响应选项。只要符合 SMBus 规范，特定应用过程是允许的。表中被突出显示的响应选项是允许的，但不符合 SMBus 规范。

表 2-12-3 SMBus 状态译码

方式	读取值				SMBus 的当前状态	典型响应选项	写入值		
	状态向量	ACKRQ	ARBLOST	ACK			STA	STO	ACK
主发送器	1110	0	0	X	起始条件已发出	将从地址+R/W 装入到 SMB0DAT	0	0	X
	1100	0	0	0	数据或地址字节已发出；收到 NACK	置位 STA 以重新启动数据传输	1	0	X
						放弃发送	0	1	X
		0	0	1	数据或地址字节已发出；收到 ACK	将下一字节装入到 SMB0DAT	0	0	X
						用停止条件结束数据传输	0	1	X
						用停止条件结束数据传输并开始另一次传输	1	1	X
						发送重复起始条件。	1	0	X
						切换到主接收器方式(清除 SI，不向 SMB0DAT 写新数据)	0	0	X
主接收器	1000	1	0	X	收到数据字节；请求确认	确认接收字节；读 SMB0DAT	0	0	1
						发 NACK，表示这是最后一个字节，发停止条件	0	1	0
						发 NACK，表示这是最后一个字节，接着发停止条件，再发起始条件	1	1	0

续表

方式	读取值				SMBus 的当前状态	典型响应选项	写入值		
	状态向量	ACKRQ	ARBLOST	ACK			STA	STO	ACK
主接收器	1000	1	0	X	收到数据字节；请求确认	发 ACK 后再发重复起始条件	1	0	1
						发 NACK，表示这是最后一个字节，接着发重复起始条件	1	0	0
						发 ACK 并切换到主发送器方式（在清除 SI 之前写 SMB0DAT）	0	0	1
						发 NACK 并切换到主发送器方式（在清除 SI 之前写 SMB0DAT）	0	0	0
从发送器	0100	0	0	0	字节已发送；收到 NACK	不需任何操作(等待停止条件)	0	0	X
		0	0	1	字节已发送；收到 ACK	将下一个要发送的数据字节装入到 SMB0DAT	0	0	X
		0	1	X	字节已发送；检测到错误	不需任何操作(等待主器件结束传输)	0	0	X
	0101	0	X	X	检测到停止条件	不需任何操作(传输结束)	0	0	X
从接收器	0010	1	0	X	接收到从地址；请求确认	对接收到的地址进行确认	0	0	1
						不对接收到的地址进行确认	0	0	0
		1	1	X	竞争主器件失败；收到从地址；请求确认	对接收到的地址进行确认	0	0	1
						不对接收到的地址进行确认	0	0	0
						重新启动失败的传输；不对接收到的地址进行确认	1	0	0
	0010	0	1	X	试图发送重复起始条件时竞争失败	放弃失败的传输	0	0	X
						重新启动失败的传输	1	0	X
	0001	1	1	X	试图发送停止条件时竞争失败	不需任何操作(传输完成/放弃)	0	0	0
		0	0	X	检测到停止条件	不需任何操作(传输完成)	0	0	X
		0	1	X	因检测到停止条件而导致竞争失败	放弃传输	0	0	X
						重新启动失败的传输	1	0	X
	0000	1	0	X	接收到字节；请求确认	确认接收字节；读 SMB0DAT	0	0	1
						不对接收到的字节进行确认	0	0	0
		1	1	X	试图作为主器件发送数据字节时竞争失败	放弃失败的传输	0	0	0
						重新启动失败的传输	1	0	0

2.12.6 SMBus 实例

【例 2-12-1】本程序通过单片机 SMBus 功能，实现对 EEPROM 芯片 AT24C02 进行读写操作，硬件原理图如图 2.12.8 所示。程序如下所示。

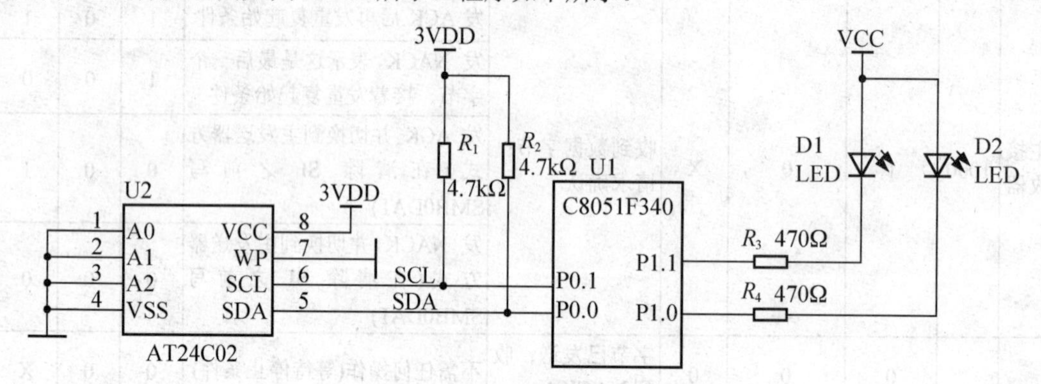

图 2.12.8 SMBus 控制 AT24C02 电路

```
#include <C8051F340.h>
//------------------------------------------------------------------------
#define  SYSCLK          12000000      //系统时钟频率
#define  SMB_FREQUENCY  50000         //SCL 时钟频率
#define  WRITE          0x00          //SMBus 写命令
#define  READ           0x01          //SMBus 读命令
#define  EEPROM_ADDR     0xA0          //从器件地址 24LC02B
#define  SMB_BUFF_SIZE  0x08          //单次操作最大读写数据
#define  SMB_MTSTA       0xE0          //(MT) 开始传送状态
#define  SMB_MTDB        0xC0          //(MT) 数字字节传送状态
#define  SMB_MRDB        0x80          //(MR) 数字字节接收状态
//------------------------------------------------------------------------
unsigned char* pSMB_DATA_IN;          //SMBus 数据接收存储指针
unsigned char SMB_SINGLEBYTE_OUT;     //单次写数据时的临时存储变量
unsigned char* pSMB_DATA_OUT;         //SMBus 数据发送指针
unsigned char SMB_DATA_LEN;           //当前发送或接收数据字节数
unsigned char WORD_ADDR;              //下次传输时 EEPROM 地址
unsigned char TARGET;                 //目标 SMBus 从址址
bit SMB_BUSY = 0;                     //SMBus 读写忙标志
bit SMB_RW;                           //SMBus 读还是写操作标志
bit SMB_SENDWORDADDR;    //为 1 时，在从地址发送完后，中断将发送 8-bit <WORD_ADDR>
bit SMB_RANDOMREAD;      //此位置 1 时，在地址发送完后，产生中断来发送开始信号
bit SMB_ACKPOLL;         //此位置 1 时，产生中断重复发送开始信号，直到从器件响应其地址
sfr16   TMR3RL   = 0x92;              //Timer3 重载寄存器
sfr16   TMR3     = 0x94;              //Timer3 计数器
sbit LED1 = P1^0;                     //LED1-> P1.0
sbit LED2 = P1^1;                     //LED2-> P1.1
sbit SDA = P0^0;
sbit SCL = P0^1;
//------------------------------------------------------------------------
```

```
void SMBus_Init(void);
void Timer1_Init(void);
void Timer3_Init(void);
void Port_Init(void);
void SMBus_ISR(void);
void Timer3_ISR(void);
void EEPROM_ByteWrite(unsigned char addr, unsigned char dat);
void EEPROM_WriteArray(unsigned char dest_addr, unsigned char* src_addr,
unsigned char len);
unsigned char EEPROM_ByteRead(unsigned char addr);
void EEPROM_ReadArray(unsigned char* dest_addr, unsigned char src_addr,
unsigned char len);
//-----------------------------------------------------------------------
void main (void)
{
   char in_buff[8] = {0};              //数据读入缓冲区
   char out_buff[8] = "ABCDEFG";       //数据写缓冲区
   unsigned char temp_char;            //临时变量
   bit error_flag = 0;                 //EEPROM 内容查检错误标志位
   unsigned char i;                    //临时计算变量
   PCA0MD &= ~0x40;                    //关看门狗
   OSCICN |= 0x03;
   Port_Init ();
   LED1 = 1;                           //灭 LED1
   LED2 = 1;                           //灭 LED2
   Timer1_Init ();                     //Timer1 作为 SMBus 时钟源
   Timer3_Init ();                     //Timer3 作为 SMBus 低电平超时检测
   SMBus_Init ();                      //SMBus 初始化
   EIE1 |= 0x01;                       //使能 SMBus 中断
   EA = 1;                             //使能全局中断
   EEPROM_ByteWrite(0x25, 0xAA);       //将数据 0xAA 写入 EEPROM 的 0x25 地址
   temp_char = EEPROM_ByteRead(0x25);      //将 EEPROM 的 0x25 地址数据读出
   if (temp_char != 0xAA)                  //检查写入读出是否一致
   {
      error_flag = 1;
   }
   EEPROM_WriteArray(0x50, out_buff, sizeof(out_buff));//out_buff 中数据写
入 0x50 开始的地址
   EEPROM_ReadArray(in_buff, 0x50, sizeof(in_buff)); //将 0x50 地址开始的数
据读入 in_buff
   for (i = 0; i < sizeof(in_buff); i++)         //检查写入读出的数据是否一致
   {
      if (in_buff[i] != out_buff[i])
      {
         error_flag = 1;
      }
   }
   if (error_flag == 0)
   {
```

```
        LED1 = 0;
    }                                          //写入读出数据一致,亮 LED1
    else
    {
        LED2 = 0;                              //写入读出数据不一致,亮 LED2
    }
    while(1);

}
//-----------------------------------------------------------------
void SMBus_Init (void)
{
    SMB0CF = 0x5D;              //Timer1 定时溢出频率作为 SMBus 时钟源
                                //SLAVE 模式禁止;使能建立保持时间扩展
                                //使能 SMBus 释放超时检测、SCL 低电平超时检测
    SMB0CF |= 0x80;             //使能 SMBus
}
//-----------------------------------------------------------------
void Timer1_Init (void)
{
#if ((SYSCLK/SMB_FREQUENCY/3) < 255)
    #define SCALE 1
        CKCON |= 0x08;                   //Timer1 时钟源 = SYSCLK
#elif ((SYSCLK/SMB_FREQUENCY/4/3) < 255)
    #define SCALE 4
        CKCON |= 0x01;
        CKCON &= ~0x0A;                  //Timer1 时钟源 = SYSCLK/4
#endif
    TMOD = 0x20;                         //Timer1 8-bi 自动重载模式
    TH1 = -(SYSCLK/SMB_FREQUENCY/12/3); //Timer1 溢出率=3 * SMB_FREQUENCY
    TL1 = TH1;                           //初始化 Timer1
    TR1 = 1;                             //Timer1 启动
}
//-----------------------------------------------------------------
void Timer3_Init (void)
{
    TMR3CN = 0x00;                       //Timer3 16-bit 自动重载模式
    CKCON &= ~0x40;                      //Timer3 采用 SYSCLK/12 作为时钟源
    TMR3RL = -(SYSCLK/12/40);
    TMR3 = TMR3RL;                       //低电平超时检测 25ms
    EIE1 |= 0x80;                        //Timer3 中断使能
    TMR3CN |= 0x04;                      //启动 Timer3
}
//-----------------------------------------------------------------
void PORT_Init (void)
{
    P0MDOUT = 0x00;                      //P0 开漏输出
    P1MDOUT |= 0x03;                     //LED (P1.0, P1.1) 推挽
    XBR0 = 0x04;                         //使能 SMBus 引脚
```

```
    XBR1 = 0x40;                        //使能交叉开关和弱上拉
    P0 = 0xFF;
}
//-----------------------------------------------------------------
// SMBus ISR state machine
// - Master only implementation - no slave or arbitration states defined
// - All incoming data is written starting at the global pointer
<pSMB_DATA_IN>
// - All outgoing data is read from the global pointer <pSMB_DATA_OUT>
void SMBus_ISR (void) interrupt 7
{
   bit FAIL = 0;                        //传输失败标志
   static char i;                       //发送或接收数据个数计数
   static bit SEND_START = 0;           //是否需要发送开始信号标志
   switch (SMB0CN & 0xF0)
   {
      case SMB_MTSTA:                   //传输开始信号
         SMB0DAT = TARGET;              //从器件地址装入
         SMB0DAT &= 0xFE;               //读写最低位清零
         SMB0DAT |= SMB_RW;             //读或写标志装入
         STA = 0;                       //手动清除开始信号位
         i = 0;
         break;
      case SMB_MTDB:                    //数据或从地址发送
         if (ACK)
         {
            if (SEND_START)
            {
               STA = 1;
               SEND_START = 0;
               break;
            }
            if(SMB_SENDWORDADDR)        //判断是否发送字节地址
            {
               SMB_SENDWORDADDR = 0;    //清标志
               SMB0DAT = WORD_ADDR;     //发送字节地址
               if (SMB_RANDOMREAD)
               {
                  SEND_START = 1;       //在一下个 ACK 后发送开始信号
                  SMB_RW = READ;
               }
               break;
            }
            if (SMB_RW==WRITE)          //判断是否是写
            {
               if (i < SMB_DATA_LEN)    //有数据要发送吗
               {
                  SMB0DAT = *pSMB_DATA_OUT;      //发送数据
                  pSMB_DATA_OUT++;               //指向下一个要发送数据的地址
```

```
                i++;
            }
            else
            {
              STO = 1;                      //发送 STO 信号终止传输
              SMB_BUSY = 0;
            }
          }
          else {}                           //如果此次为读操作,不执行任何指令
        }
        else                                //从 NACK 信号
        {
          if(SMB_ACKPOLL)
          {
            STA = 1;                        //重新启动传输
          }
          else
          {
            FAIL = 1;                       //传输失败标志
          }
        }
        break;
      case SMB_MRDB:                        //接收字节
        if ( i < SMB_DATA_LEN )             //判断是否还有字节没接收
        {
          *pSMB_DATA_IN = SMB0DAT;          //存储接收的字节
          pSMB_DATA_IN++;                   //储存地址加 1
          i++;
          ACK = 1;
        }
        if (i == SMB_DATA_LEN)              //最后一个接收字节
        {
          SMB_BUSY = 0;                     //释放传输忙标志
          ACK = 0;                          //发送 NACK
          STO = 1;                          //发送停止/结束传输
        }
        break;
      default:
        FAIL = 1;                           //传输失败标志
        break;
    }
    if (FAIL)                               //判断是否传输失败
    {
      SMB0CF &= ~0x80;                      //复位通信
      SMB0CF |= 0x80;
      STA = 0;
      STO = 0;
      ACK = 0;
      SMB_BUSY = 0;                         //释放传输忙标志
```

```
      FAIL = 0;
   }
   SI = 0;                                   //清中断标志
}
//------------------------------------------------------------------------
void Timer3_ISR (void) interrupt 14
{
   SMB0CF &= ~0x80;
   SMB0CF |= 0x80;                           //重新使能 SMBus
   TMR3CN &= ~0x80;
   SMB_BUSY = 0;
}
//------------------------------------------------------------------------
//1) unsigned char addr-写入 EEPROM 的地址
//2) unsigned char dat-要写入 EEPROM 地址<addr>中的数据
//此函数实现将数据 <dat>写入 EEPROM 地址<addr>中
void EEPROM_ByteWrite(unsigned char addr, unsigned char dat)
{
   while (SMB_BUSY);                         //等待 SMBus 空闲
   SMB_BUSY = 1;
   TARGET = EEPROM_ADDR;                     //目标器件从地址
   SMB_RW = WRITE;                           //下次传输为写
   SMB_SENDWORDADDR = 1;                     //从地址发送后，发送字节地址
   SMB_RANDOMREAD = 0;                       //发送字节地址后，不发送启动信号
   SMB_ACKPOLL = 1;                          //使能应答轮流检测
   WORD_ADDR = addr;
   SMB_SINGLEBYTE_OUT = dat;                 //将 <dat> 存储在全局变量中，以便退出
                                             //此子程序时，在 ISR 中此值仍然可以读取
   pSMB_DATA_OUT = &SMB_SINGLEBYTE_OUT;
   SMB_DATA_LEN = 1;                         //发送一个字节数据
   STA = 1;
}
//------------------------------------------------------------------------
// 1) unsigned char dest_addr - 写入 EEPROM 中的目标起始地址
// 2) unsigned char* src_addr - 要写入的数据的源地址指针
// 3) unsigned char len - 写入 EEPROM 中的数据长度
void EEPROM_WriteArray(unsigned char dest_addr, unsigned char* src_addr,
                        unsigned char len)
{
   unsigned char i;
   unsigned char* pData = (unsigned char*) src_addr;
   for( i = 0; i < len; i++ ){
      EEPROM_ByteWrite(dest_addr++, *pData++);
   }
}
//------------------------------------------------------------------------
// 返回值:
// unsigned char data - 返回从 EEPROM 地址<addr> 中的数据
// 参数:
```

```
// unsigned char addr - 从EEPROM要读的数据的地址
unsigned char EEPROM_ByteRead(unsigned char addr)
{
    unsigned char retval;
    while (SMB_BUSY);
    SMB_BUSY = 1;
    // Set SMBus ISR parameters
    TARGET = EEPROM_ADDR;                //目标器件从地址
    SMB_RW = WRITE;
    SMB_SENDWORDADDR = 1;                //从地址发送后，发送字节地址
    SMB_RANDOMREAD = 1;                  //发送字节地址后，发送启动信号
    SMB_ACKPOLL = 1;                     //使能应答轮流检测
    WORD_ADDR = addr;
    pSMB_DATA_IN = &retval;              //读入的数据放入<retval>所指的地址
    SMB_DATA_LEN = 1;                    //发送一个字节数据
    STA = 1;
    while(SMB_BUSY);                     //等待读完成
    return retval;
}
//-----------------------------------------------------------------------
// 1) unsigned char* dest_addr - 读入EEPROM中的数据存放指针
// 2) unsigned char src_addr - EEPROM中需要读出数据的地址
// 3) unsigned char len - 读入EEPROM中的数据长度
void EEPROM_ReadArray (unsigned char* dest_addr, unsigned char src_addr,
                    unsigned char len)
{
    while (SMB_BUSY);
    SMB_BUSY = 1;
    TARGET = EEPROM_ADDR;
    SMB_RW = WRITE;
    SMB_SENDWORDADDR = 1;
    SMB_RANDOMREAD = 1;
    SMB_ACKPOLL = 1;
    WORD_ADDR = src_addr;
    pSMB_DATA_IN = (unsigned char*) dest_addr;
    SMB_DATA_LEN = len;
    STA = 1;
    while(SMB_BUSY);
}
```

2.13 比较器

C8051F340 内部有两个可编程电压比较器，比较器的原理框图如图 2.13.1 所示，其中“n”是比较器号(0 或 1)。两个比较器除了具有以下几点不同之外，其操作完全相同：①输入选择不同，②比较器 0 可被用作复位源。比较器允许比较器在器件处于停机方式时工作并产生输出。当被分配了端口引脚时，比较器的输出可以被配置为漏极开路或推挽方式。比较器 0 可以被用作复位源。

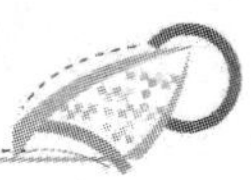

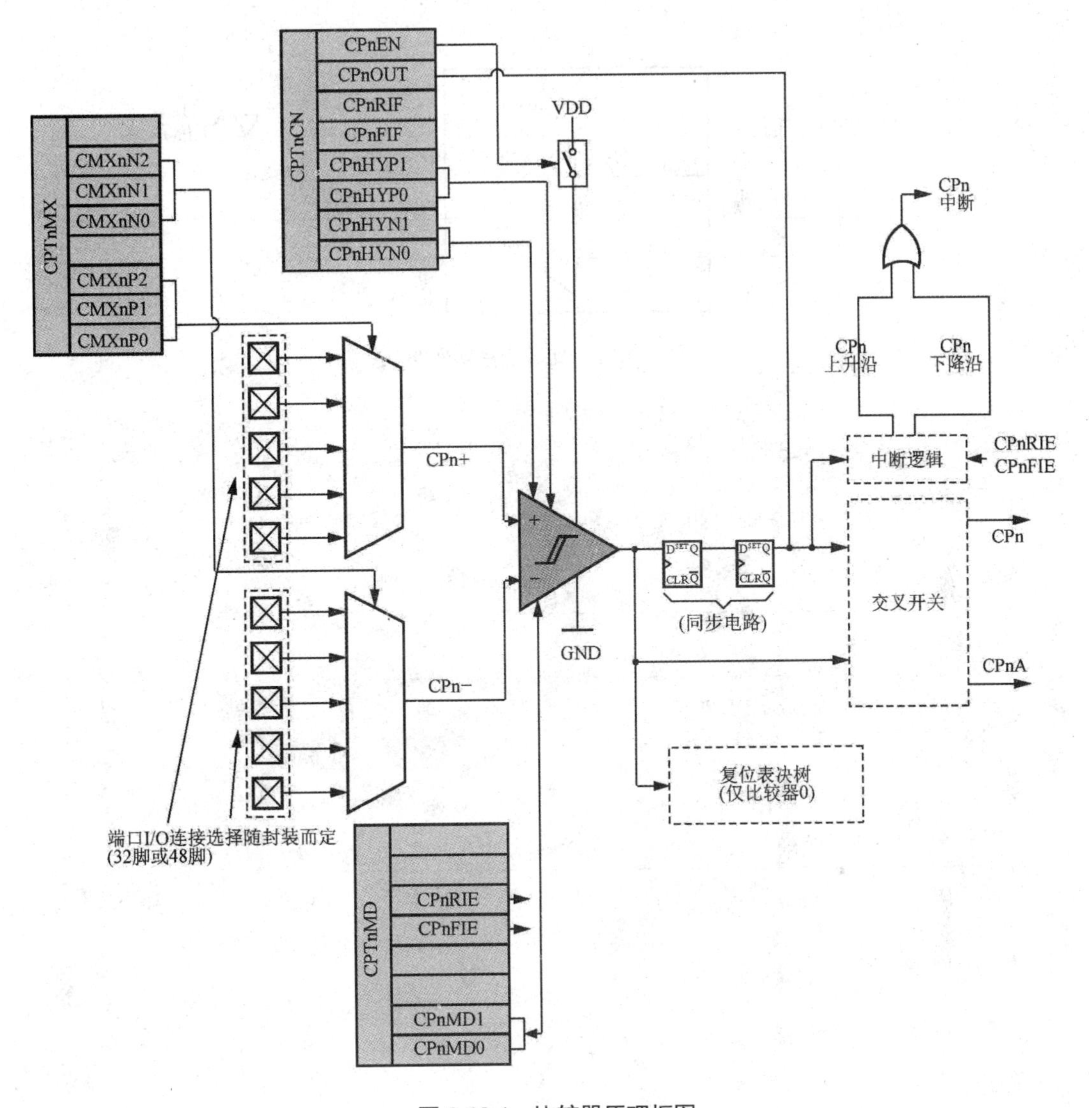

图 2.13.1　比较器原理框图

比较器 0 的输入用 CPT0MX 寄存器来选择。CMX0P1 和 CMX0P0 位选择比较器 0 的正输入；CMX0N1 和 CMX0N0 位选择比较器 0 的负输入。比较器 1 的输入用 CPT1MX 寄存器来选择。CMX1P1 和 CMX1P0 位选择比较器 1 的正输入；CMX1N1 和 CMX1N0 位选择比较器 1 的负输入。被选择为比较器输入的引脚应被配置为模拟输入。

【例 2-13-1】本例利用比较器 1 比较功能，对可调电阻 R_2、R_3 输出分压进行比较，如图 2.13.2 所示。可调电阻 R_2、R_3 分压后输出的电压输入比较器 CP1-、CP1+引脚，比较后的输出(P0.0)控制发光二极管，通过发光二极管点亮时间不同来判断是哪个输入端电压大。程序如下所示。

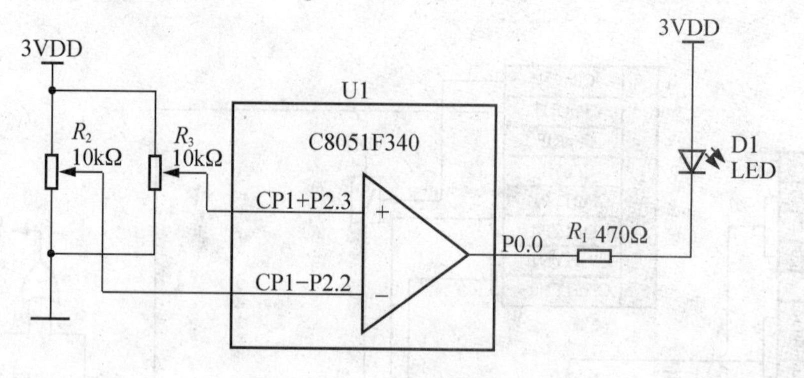

图 2.13.2 比较应用实例图

```
#include <c8051f340.h>
#include <intrins.h>
#define uchar unsigned char
#define uint unsigned int
#define _Nop() _nop_()
sbit BeepIO =P0^0;                    //蜂鸣器控制脚
//-----------------------------------------------------------------------
//函数定义
//-----------------------------------------------------------------------
void PORT_Init (void);
void SYSCLK_Init (void);
void CPT1_Init (void);
void CPT1_ISR  (void);
void Delay(uchar t);
//-----------------------------------------------------------------------
//主程序
//-----------------------------------------------------------------------
void main (void) {

  PCA0MD &= ~0x40;                    //关看门狗
  PORT_Init ();
  SYSCLK_Init ();
  CPT1_Init ();
  EA=1;                               //开总中断标志
  while (1)
  {
   if((CPT1CN&0x40)==0x40)            //CP+>CP-
       {
         Delay(300);
          BeepIO=0;
          Delay(300);
         BeepIO=1;
       }
    else                              //CP+<CP-
       {
         Delay (100);
```

```
            BeepIO=0;
            Delay (100);
          BeepIO=1;
        }
    }
}
//-------------------------------------------------------------------------------
//函数功能:比较器 1 初始化
//-------------------------------------------------------------------------------
void CPT1_Init (void)
 {
    int i = 0;
    EIE1   |=0x40;                  //允许 CP1FIF 标志位(CPT1CN.4)的中断请求
    //CPT0MX = 0X00;
    CPT1CN    = 0x85;
    for (i = 0; i < 50; i++);   //Wait  for initialization
    CPT1CN    &= ~0x30;
    CPT1MD    = 0x32;
    REF0CN |= 0x03;       //用基准电压作为比较信号基准,CP1-接 VREF
                          //J9 的 AVREF 输出至 CP1+,调节可调电阻 AVREF 输出电压大、小
于 VREF 看断点变化

 }
//-------------------------------------------------------------------------------
//函数名称:      PORT_Init ()
//函数功能:      通用 I/O 口及交叉开关初始化
//-------------------------------------------------------------------------------
void PORT_Init (void)
{
    XBR1      = 0x40;
   //P2MDOUT=0xFF;
    P0MDOUT=0xFF;
}
//-------------------------------------------------------------------------------
// 系统时钟配置
//-------------------------------------------------------------------------------
void SYSCLK_Init (void)
{
    int i = 0;
    OSCICN    = 0x83;
    CLKMUL    = 0x80;
    for (i = 0; i < 20; i++);
    CLKMUL    |= 0xC0;
    while ((CLKMUL & 0x20) == 0);
    CLKSEL = 0x03;
}
//-------------------------------------------------------------------------------
//函数功能:      time delay
//-------------------------------------------------------------------------------
```

```
void Delay(uchar t)
{
 uchar  i=200;
 uchar  j=22;
 do
    {
    do
        {
        do
            {
            _Nop();_Nop();_Nop();
        }while( --i );
      }while( --j );
    }while( --t );
}
//--------------------------------------------------------------------------
//函数功能:比较器 1 中断程序
//--------------------------------------------------------------------------
void CPT1_ISR (void) interrupt 13
{
    CPT1CN &=~ 0x30;         //清中断标志位,在此设断点观察
}
```

第3章 C8051F020基础应用

教学目标

本章主要介绍C8051F020单片机的主要特点及最小系统设计方法。通过学习本章，让学生了解C8051F020单片机的有关特点，学会C8051F020单片机最小系统设计、总线及RAM扩展、键盘与显示设计、通过内部DAC实现正弦波输出等几个方面的内容。

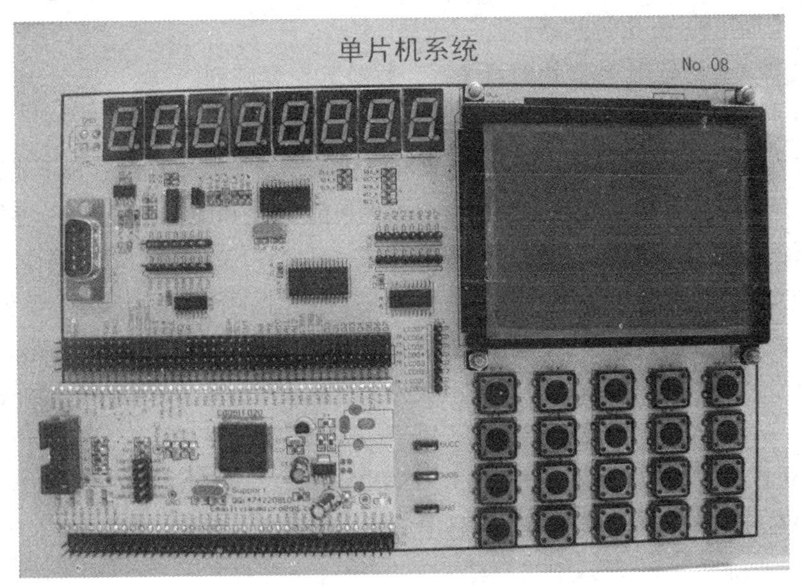

3.1 C8051F020 简介

C8051F020 具有 64 个数字 I/O 引脚。主要特性有如下几方面。

(1) 高速、流水线结构的 8051 兼容的 CIP-51 内核(可达 25MIPS)。

(2) 全速、非侵入式的在系统调试接口(片内)。

(3) 真正 12 位、100Ksps 的 8 通道 ADC，带 PGA 和模拟多路开关。

(4) 真正 8 位 500Ksps 的 ADC，带 PGA 和 8 通道模拟多路开关。

(5) 两个 12 位 DAC，具有可编程数据更新方式。

(6) 64KB 可在系统编程的 FLASH 存储器。

(7) 4352(4096+256)字节的片内 RAM。

(8) 可寻址 64KB 地址空间的外部数据存储器接口。

(9) 硬件实现的 SPI、SMBus/I^2C 和两个 UART 串行接口。

(10) 5 个通用的 16 位定时器。

(11) 具有 5 个捕捉/比较模块的可编程计数器/定时器阵列。

(12) 片内看门狗定时器、VDD 监视器和温度传感器。

具有片内 VDD 监视器、看门狗定时器和时钟振荡器使该芯片具备真正能独立工作的片上系统。所有模拟和数字外设均可由用户固件使能/禁止和配置。FLASH 存储器还具有在系统重新编程能力，可用于非易失性数据存储，并允许现场更新 8051 固件。

片内 JTAG 调试电路允许使用安装在最终应用系统上的产品 MCU 进行非侵入式(不占用片内资源)、全速、在系统调试。该调试系统支持观察和修改存储器和寄存器，支持断点、观察点、单步及运行和停机命令。在使用 JTAG 调试时，所有的模拟和数字外设都可全功能运行。

每个 MCU 都可在工业温度范围(−45～+85℃)内用 2.7～3.6V 的电压工作。端口 I/O、/RST 和 JTAG 引脚都容许 5V 的输入信号电压。

3.2 C8051F020 最小系统设计

C8051F020 最小系统原理框图如图 3.2.1 所示。此最小系统将所有的单片机数字 I/O 口、模拟端口引出。电源采用 AS1117-3.3 实现 5V 转 3.3V，并将模拟、数字电源部分通过 0 欧电阻(或者电感隔离)。

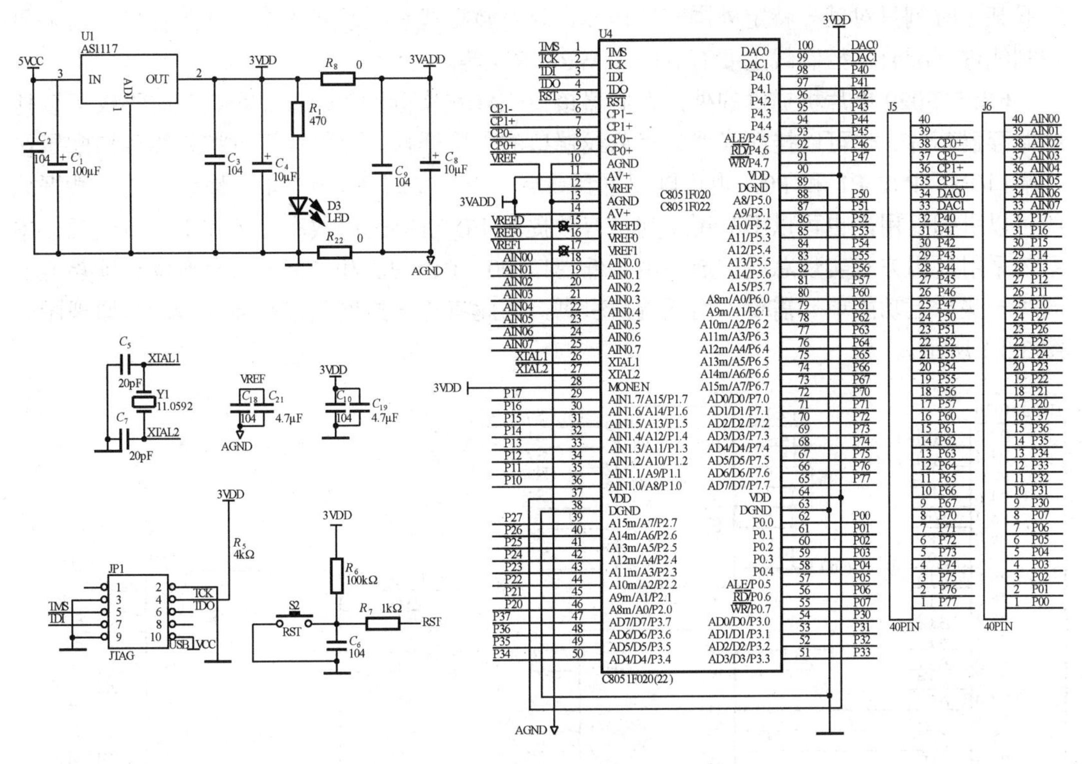

图 3.2.1　C8051F020 最小系统原理图

3.3　总线及 RAM 扩展

总线分为并行总线和串行总线，本节所述的总线主要是并行总线。所谓并行是指所传数据的各个位同时发送或接收，因此并行通信需要较多的 I/O 口，受单片机 I/O 口引脚的限制，实际设计时往往需要进行并行总线扩展。并行总线扩展是利用单片机的 3 总线(地址、数据和控制)进行系统扩展。

1. 地址总线(Address Bus)

许多外围扩展芯片内部有很多功能寄存器，或者存储单元，它们需要靠地址进行区分。单片机与具有总线接口的外围芯片就通过地址总线连接，实现对外围器件不同地址单元的访问。C8051F 单片机地址总线宽度为 16 位。因此最多可访问 2^{16} 个地址编码。

2. 数据总线(Data Bus)

数据总线用于外围芯片和单片机之间的数据传输，因此数据总线是双向的。C8051F 单片机数据总线为 8 位。

3. 控制总线(Control Bus)

由于不同的外围扩展芯片往往需要共用数据线和地址线，而单片机本身对外部操作的时候某一时刻只对某一特定外围芯片操作，只有数据线和地址线无法完成此任务，而需要控制线进行配合。控制线主要有 ALE、WR、RD 等。

C8051F020 单片机提供的外部存储器接口(EMIF)实际即为总线扩展接口，不仅可以挂载储存器芯片，也可以挂载其他具有总线端口的外围器件。此单片机可将总线接口配置在低端口(P3、P2、P1 和 P0，也可以配置到高端口(P7、P6、P5 和 P4)。地址总线与数据总线可以引脚复用，也可以不复用。为了有效提高 I/O 引脚使用效率，节省 I/O 口资源，本系统采用复用方式实现总线扩展。由于低端口(P0、P1、P2 和 P3)可以实现位寻址功能，同时一些片上功能单元需要占用低端口引脚，为此将总线扩展配置在高端口，其原理图如图 3.3.1 所示。

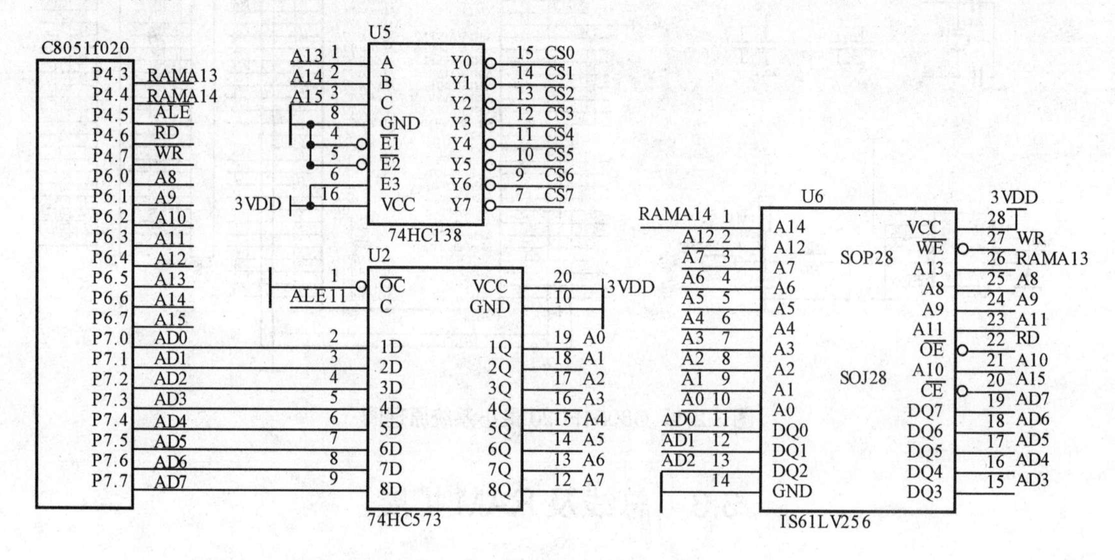

图 3.3.1　总线及 RAM 扩展

采用复用方式时，C8051F020 单片机的 P7 口即作为数据总线，也作为低 8 位的地址总线，C8051F020 单片机先从 P0 口送出低 8 位地址至锁存器 74HC573，当单片机 ALE 引脚信号到来时，74HC573 输出口将低 8 位地址锁存，然后从 P0 口送出数据或接收数据。P6 口提供高 8 位地址。

为使总线上除了能够挂载存储芯片外，还能够挂载更多的其他外围设备，系统采用 3-8 译码器 74HC138 进行片选控制信号的扩展，将 P6.5、P6.6、P6.7 作为 74HC138 的 A、B、C 3 线选择控制。因此此总线扩展最多可挂载 8 片外围总线芯片。每片器件的地址范围最大为 8KB。

系统中实际挂载了外部存储器 STC62WV256 和液晶两个外围器件，STC62WV256 采用 74HC138 的 CS6 进行片选，STC62WV256 容量为 32KB，即具有 32KB 地址范围，而 74HC138 每个片选信号只能实现 8KB 范围的地址范围操作，为实现对 32KB 地址范围的操作，系统采用 P4.3、P4.4 对 STC62WV256 两根地址线 A13、A14 进行控制。因此将 STC62WV256 的 32KB 地址范围分成相同的 8 等份，每份地址范围为：0xC000～0xDFFF，通过 P4.3、P4.4 组合切换实现 4 块不同地址的切换。

【例 3-3-1】以下代码是单片机对 STC62WV256 进行读写操作的示例代码。

```
#include <c8051f020.h>                          //SFR declarations
#include <intrins.h>
#include <absacc.h>
#define uchar unsigned char
//--------------------------------------------------------------------
#define SYSCLK  22118400                        //SYSCLK frequency in Hz
#define BANK0   P4&=~0x08;P4&=~0x10;            //选择 BANK0:0~8KB
#define BANK1   P4|=0x08;P4&=~0x10;             //选择 BANK1:8~16KB
#define BANK2   P4&=~0x08;P4|=0x10;             //选择 BANK2:16~24KB
#define BANK3   P4|=0x08;P4|=0x10;              //选择 BANK4:24~32KB
//--------------------------------------------------------------------
uchar xdata testbank[0x2000] _at_ 0xc000;       //0xc000~0xdfff
//--------------------------------------------------------------------
void SYSCLK_Init (void);
void PORT_Init(void);
//--------------------------------------------------------------------
void main (void) {
    unsigned int i;
    unsigned char j,temp;
    WDTCN = 0xde;
    WDTCN = 0xad;                               //关闭 WDT
    SYSCLK_Init ();
    PORT_Init();
    BANK0;                                      //选择 BANK0:0-8KB
    for(i=0;i<0x2000;i++)
    {
        j=i%0x100;
        testbank[i]=j;                          //写数据至外部 RAM
        temp=testbank[i];
        if(j!=testbank[i])                      //读外部 RAM 数据与刚写入数据比较
            {
           _nop_();                             //读出数据出错
            }
     }
    BANK1;                                      //选择 BANK1:8~16KB
    for(i=0;i<0x2000;i++)
    {
        j=i%0x100;
        testbank[i]=j;                          //写数据至外部 RAM
        temp=testbank[i];
        if(j!=testbank[i])                      //读外部 RAM 数据与刚写入数据比较
            {
           _nop_();                             //读出数据出错
            }
     }
    BANK2;                                      //选择 BANK2:16~24KB
    for(i=0;i<0x2000;i++)
```

```
    {
        j=i%0x100;
        testbank[i]=j;                        //写数据至外部 RAM
        temp=testbank[i];
        if(j!=testbank[i])                    //读外部 RAM 数据与刚写入数据比较
            {
            _nop_();                          //读出数据出错
            }
     }
    BANK3;                                    //选择 BANK3:24～32KB
    for(i=0;i<0x2000;i++)
    {
        j=i%0x100;
        testbank[i]=j;                        //写数据至外部 RAM
        temp=testbank[i];
        if(j!=testbank[i])                    //读外部 RAM 数据与刚写入数据比较
            {
            _nop_();                          //读出数据出错
            }
     }
    while(1);
}
//-----------------------------------------------------------------------
void SYSCLK_Init (void)
{
   int i;
   OSCXCN = 0x67;                             //使用外部 11.0592MHz 晶振
   for (i=0; i < 256; i++) ;                  //等待晶振起振
   while (!(OSCXCN & 0x80)) ;                 //等待晶振稳定
   OSCICN = 0x88;         //使用外部晶振作为系统时钟，使能时钟丢失检测器
}
//-----------------------------------------------------------------------
void PORT_Init()
{
   XBR2    = 0x40;                            //交叉开关使能
   EMI0TC  = 0xff;
   EMI0CF  =0x2f;         //EMIF 端口接到 P4～P7，选择复用方式，工作模式为全外部 RAM
   P74OUT  = 0xff;        //P7、P6、P5、P4 的高 4 位为推挽输出
}
```

3.4 键盘与显示设计

键盘显示采用专门的芯片 ZLG7290。它采用 I^2C 总线接口，与微控制器的连接仅需两根信号线，硬件电路比较简单，可驱动 8 位共阴数码管或 64 只独立 LED、64 只独立按键，并可提供自动消除抖动、连击键计数等功能。强大的功能，丰富的资源，良好的接口，使得 ZLG7290 比传统的键盘与数码管解决方案且有更大的优越性。

3.4.1　ZLG7290 寄存器详解

ZLG7290 功能框图如图 3.4.1 所示，主要包括键盘扫描模块、LED 驱动模块、寄存器、通信接口、电源接口等。单片机对 ZLG7290 的控制主要通过寄存器的操作实现。

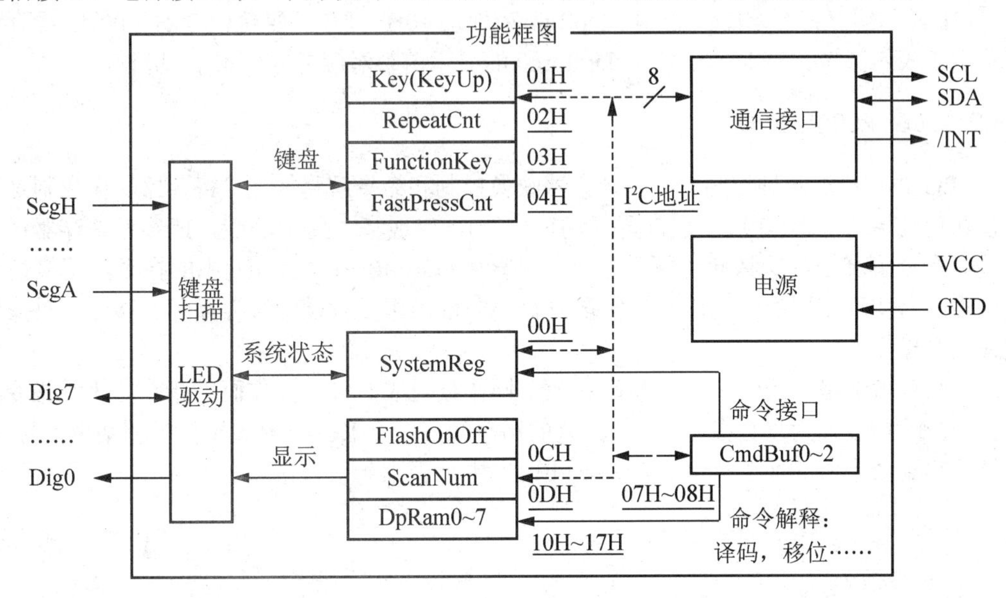

图 3.4.1　ZLG7290 功能框图

(1) 系统寄存器(SystemReg)：地址 00H，复位值 11110000B。系统寄存器保存 ZLG7290 系统状态，并可对系统运行状态进行配置。其最低位 KeyAvi(SystemReg.0)置 1 时表示有效的按键动作(普通键的单击，连击，和功能键状态变化)，此时“/INT”引脚信号有效(变为低电平)；最低位 SystemReg.0 清 0 表示无按键动作，此时“/INT”引脚信号无效(变为高阻态)。有效的按键动作消失后或读 Key 后，KeyAvi 位自动清 0。

(2) 键值寄存器(Key)：地址 01H，复位值 00H 。Key 表示被压按键的键值。当 Key=0 时，表示没有键被压按。

(3) 连击次数计数器(RepeatCnt)：地址 02H，复位值 00H。RepeatCnt=0 时，表示单击键。RepeatCnt 大于 0 时，表示键的连击次数。用于区别出单击键或连击键，判断连击次数可以检测被按时间。

(4) 功能键寄存器(FunctionKey)：地址 03H，复位值 0FFH。功能键能实现两个以上按键同时按下来扩展按键数目或实现特殊功能。FunctionKey 对应位的值=0 表示对应功能键被压按(FunctionKey.7～ FunctionKey.0 对应 S64～S57)。

(5) 命令缓冲区(CmdBuf0 ～CmdBuf1)：地址 07H～ 08H，复位值 00H～00H。用于传输指令。

(6) 闪烁控制寄存器(FlashOnOff)：地址 0CH ，复位值 0111B/0111B。高 4 位表示闪烁时亮的时间，低 4 位表示闪烁时灭的时间，改变其值同时也改变了闪烁频率，也能改变亮和灭的占空比。FlashOnOff 的 1 个单位相当于 150～250ms(亮和灭的时间范围为：1～16，0000B 相当 1 个时间单位)，所有像素的闪烁频率和占空比相同。

(7) 扫描位数寄存器(ScanNum)：地址 0DH，复位值 7。用于控制最大的扫描显示位数(有效范围为 0～7，对应的显示位数为：1～8)，减少扫描位数可提高每位显示扫描时间的占空比，以提高 LED 亮度。不扫描显示的显示缓存寄存器则保持不变。如 ScanNum =3 时，只显示 DpRam0～DpRam3 的内容。

(8) 显示缓存寄存器(DpRam0～DpRam7):地址 10H～17H，复位值 00H～00H。缓存中一位置 1 表示该像素亮 DpRam7～ DpRam0 的显示内容对应 Dig7～Dig0 引脚。

3.4.2 ZLG7290 指令详解

ZLG7290 提供两种控制方式：寄存器映像控制和命令解释控制。寄存器映像控制是指直接访问底层寄存器(除通信缓冲区外的寄存器)，实现基本控制功能，请参考寄存器详解部分。命令解释控制是指通过解释命令缓冲区(CmdBuf0～CmdBuf1)中的指令，间接访问底层寄存器实现扩展控制功能。如实现寄存器的位操作，对显示缓存循环、移位、对操作数译码等操作。

一个有效的指令由一字节操作码和数个操作数组成，只有操作码的指令称为纯指令，带操作数的指令称为复合指令。一个完整的指令须在一个 I^2C(帧中起始信号和结束信号间)连续传输到命令缓冲区(CmdBuf0 ～CmdBuf1)中，否则会引起错误。

1. 纯指令

1) 左移指令

命令缓冲区	Bit7	Bit6	Bit5	Bit4	Bit3	Bit2	Bit1	Bit0
CmdBuf0	0	0	0	1	N3	N2	N1	N0

该指令使与 ScanNum 相对应的显示数据和显示属性(闪烁)自右向左移动 *N* 位((N3～N0)+1)。移动后，右边 *N* 位无显示，与 ScanNum 不相关的显示数据和显示属性则不受影响。例：DpRam7～DpRam0=“87654321”其中“4”闪烁，ScanNum =5 (“87”不显示)。执行指令 00010001B 后，DpRam7～DpRam0=“　4321　”。“4”闪烁，高两位和低两位无显示。

2) 右移指令

通信缓冲区	Bit7	Bit6	Bit5	Bit4	Bit3	Bit2	Bit1	Bit0
CmdBuf0	0	0	1	0	N3	N2	N1	N0

与左移指令类似，只是移动方向为自左向右，移动后，左边 *N* 位((N3～N0)+1)无显示。例：DpRam7～ DpRam0=“87654321”，其中“3”闪烁，ScanNum=5(“87”不显示)。执行指令 00100001B 后，DpRam7～DpRam0=“　　6543 ”。“3”闪烁，高 4 位无显示。

3) 循环左移指令

通信缓冲区	Bit7	Bit6	Bit5	Bit4	Bit3	Bit2	Bit1	Bit0
CmdBuf0	0	0	1	1	N3	N2	N1	N0

与左移指令类似，不同的是在每移动一位后，原最左位的显示数据和属性转移到最右位。例：DpRam7～DpRam0=“87654321”，其中“4”闪烁，ScanNum =5 (“87”不显示)。执行指令 00110001B 后，DpRam7～ DpRam0=“　432165”。“4”闪烁，高两位无显示。

4) 循环右移指令

通信缓冲区	Bit7	Bit6	Bit5	Bit4	Bit3	Bit2	Bit1	Bit0
CmdBuf0	0	1	0	0	N3	N2	N1	N0

与循环左移指令类似只是移动方向相反。例：DpRam7～DpRam0=“87654321”，其中“3”闪烁，ScanNum= 5(“87”不显示)。执行指令 01000001B 后，DpRam7～ DpRam0=“　216543”，“3”闪烁。

5) SystemReg 寄存器位寻址指令

通信缓冲区	Bit7	Bit6	Bit5	Bit4	Bit3	Bit2	Bit1	Bit0
CmdBuf0	0	1	0	1	N3	N2	N1	N0

当 On= 1 时，第 S (S2～S0)位置 1；当 On =0 时，第 S 位清 0。

2. 复合指令

1) 显示像素寻址指令

通信缓冲区	Bit7	Bit6	Bit5	Bit4	Bit3	Bit2	Bit1	Bit0
CmdBuf0	0	0	0	0	0	0	0	1
CmdBuf1	On	0	S5	S4	S3	S2	S1	S0

当 On =1 时,第 S (S5～S0)点像素亮(置 1)；当 On= 0 时，第 S 点像素灭(清 0)。该指令用于点亮/关闭数码管中某一段或 LED 矩阵中某一特定的 LED; 该指令受 ScanNum 的内容影响。S6～S0 为像素地址，有效范围为 00H～3FH，无效的地址不会产生任何作用。像素位地址映像如下所示。

像素地址	Sa	Sb	Sc	Sd	Se	Sf	Sg	Sh
DpRam0	00H	01H	02H	03H	04H	05H	06H	07H
DpRam 1	08H	09H	0AH	0BH	0CH	0DH	0EH	0FH
…								
DpRam7	38H	39H	3AH	3BH	3CH	3DH	3EH	3FH

2) 按位下载数据且译码指令

通信缓冲区	Bit7	Bit6	Bit5	Bit4	Bit3	Bit2	Bit1	Bit0
CmdBuf0	0	1	1	0	A3	A2	A1	A0
CmdBuf1	DP	Flash	0	D4	D3	D2	D1	D0

其中，A3～A0 为显示缓存编号(范围为：0000B～0111B，对应 DpRam0～DpRam4，无效的编号不会产生任何作用)，DP=1 时点亮该位小数点，Flash=1 时该位闪烁显示，Flash=0 时该位正常显示，D4～D0 为要显示的数据，按表 3-4-1 的规则进行译码。

表 3-4-1 规则

D5	D4	D3	D2	D1	D0	十六进制	显示内容	D5	D4	D3	D2	D1	D0	十六进制	显示内容
0	0	0	0	0	0	00H	0	0	1	0	0	0	0	10H	G
0	0	0	0	0	1	01H	1	0	1	0	0	0	1	11H	H
0	0	0	0	1	0	02H	2	0	1	0	0	1	0	12H	i
0	0	0	0	1	1	03H	3	0	1	0	0	1	1	13H	J
0	0	0	1	0	0	04H	4	0	1	0	1	0	0	14H	L
0	0	0	1	0	1	05H	5	0	1	0	1	0	1	15H	o
0	0	0	1	1	0	06H	6	0	1	0	1	1	0	16H	P
0	0	0	1	1	1	07H	7	0	1	0	1	1	1	17H	q
0	0	1	0	0	0	08H	8	0	1	1	0	0	0	18H	r
0	0	1	0	0	1	09H	9	0	1	1	0	0	1	19H	t
0	0	1	0	1	0	0AH	A	0	1	1	0	1	0	1AH	U
0	0	1	0	1	1	0BH	b	0	1	1	0	1	1	1BH	y
0	0	1	1	0	0	0CH	C	0	1	1	1	0	0	1CH	c
0	0	1	1	0	1	0DH	d	0	1	1	1	0	1	1DH	h
0	0	1	1	1	0	0EH	E	0	1	1	1	1	0	1EH	T
0	0	1	1	1	1	0FH	F	0	1	1	1	1	1	1FH	无显示

3) 闪烁控制指令

通信缓冲区	Bit7	Bit6	Bit5	Bit4	Bit3	Bit2	Bit1	Bit0
CmdBuf0	0	1	1	1	X	X	X	X
CmdBuf1	F7	F6	F5	F4	F3	F2	F1	F0

当 Fn=1 时，该位闪烁(n 的范围为：0～7，对应 0～7 位)；当 Fn=0 时，该位不闪烁。该指令会改变所有像素的闪烁属性。例：执行指令 01110000B，00000000B 后，所有数码管不闪烁。

3.4.3　基于 SMBus 的 ZLG7290 软硬件设计

C8051F020 具有 SMBus 总线，与 I^2C 总线完全兼容，因此可用 SMBus 总线与 ZLG7290 进行通信，其硬件原理图如图 3.4.2 所示。

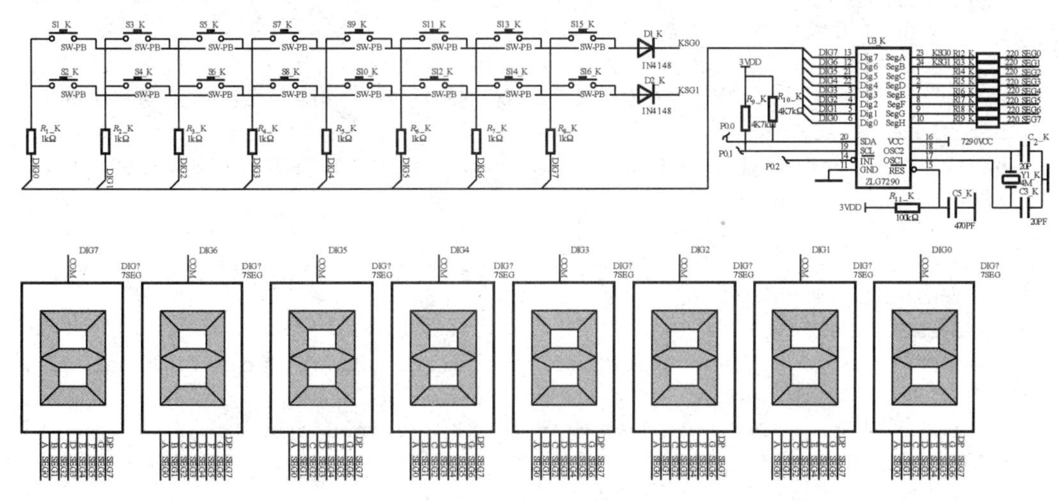

图 3.4.2　键盘显示电路原理图

通过交叉开关配置，将 SMBus 的 SDA 配置到 P0.0，SCL 配置到 P0.1，外部中断配置到 P0.2，并分别与 ZLG7290 的 SDA、SCL、$\overline{\text{INT}}$ 引脚相连。

【例 3-4-1】下列程序为 C8051F020 对 ZLG7290 的操作范例。

```
#include <c8051f020.h>
#define uchar unsigned char
//--------------------------------------------------------------------------
// 全局常量
//--------------------------------------------------------------------------
#define WRITE 0x00                  //SMBus 写命令
#define READ 0x01                   //SMBus 读命令，器件地址(7 位，最低位没使用)
#define zlg7290w 0x70               //ZLG7290 的 I²C 地址 (WRITE)
#define zlg7290r 0x71               //ZLG7290 的 I²C 地址 (READ)
#define SMB_BUS_ERROR 0x00          //(对所有方式)总线错误
#define SMB_START 0x08              //(MT & MR)起始条件已发送
#define SMB_RP_START 0x10           //(MT & MR)重复起始条件
#define SMB_MTADDACK 0x18           //(MT) 从地址+ W 已发送；收到 ACK
#define SMB_MTADDNACK 0x20          //(MT) 从地址+ W 已发送；收到 NACK
#define SMB_MTDBACK 0x28            //(MT) 数据字节已发送；收到 ACK
#define SMB_MTDBNACK 0x30           //(MT) 数据字节已发送；收到 NACK
#define SMB_MTARBLOST 0x38          //(MT) 竞争失败
#define SMB_MRADDACK 0x40           //(MR) 从地址+ R 已发送；收到 ACK
```

```
#define SMB_MRADDNACK 0x48      //(MR) 从地址+ W 已发送; 收到 NACK
#define SMB_MRDBACK 0x50        //(MR) 收到数据字节; ACK 已发送
#define SMB_MRDBNACK 0x58       //(MR) 收到数据字节; NACK 已发送
//---------------------------------------------------------------------
//全局变量
//---------------------------------------------------------------------
uchar  COMMAND;      //在 SMBus 中断服务程序中用于保存从地址+ R/W 位。
uchar  *WORD;
uchar  RECVBUF;
uchar  BYTE_NUMBER;
uchar  SUBADD;       //器件子地址
bit    SM_BUSY;      //该位在发送或接收开始时被置 1，操作结束后由中断服务程序清 0
bit    KEY_FLAG;
uchar  disp_buf[8]={0x00,0x02,0x00,0x0f,0x01,0x05,0x00,0x08};//8051F020
//---------------------------------------------------------------------
// 函数原型
//---------------------------------------------------------------------
void SYSCLK_Init (void);
void SMBus_ISR (void);
void SM_Send(uchar chip_select,uchar address,uchar *out_byte,uchar no);
uchar SM_Receive (uchar  chip_select, uchar address);
void ZLG7290_SendCmd(unsigned char Data1,unsigned char Data2);
void Send_DisBuf (unsigned char * displaybuf,unsigned char num);
void PORT_Init();
//---------------------------------------------------------------------
// 主程序
// 说明：按键值保存在 keytemp 中，按键按下后，应立即读键值，否则此值会消失，
//       导致再读键值时，键值为 0
//---------------------------------------------------------------------
void main (void)
{
   uchar keytemp;
    WDTCN = 0xde;                   //禁止看门狗定时器
    WDTCN = 0xad;
    SYSCLK_Init ();
   PORT_Init();
    SMB0CN = 0x44;                  //允许 SMBus 在应答周期发送 ACK
    SMB0CR = -240;                  //SMBus 时钟频率,该频率为 11.0592MHz,23Kbps
    EIE1 |= 2;                      //SMBus 中断允许
    IE|= 1;                         //INT0 使能
    TCON|=1;
    EA = 1;                         //全局中断允许
    SM_BUSY = 0;                    //为第一次传输释放 SMBus。
    Send_DisBuf (disp_buf,8);
    while (1)
        {
         if (KEY_FLAG)
            {
```

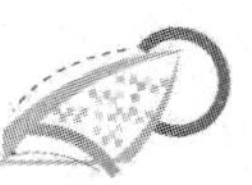

```
            KEY_FLAG=0;
            keytemp=SM_Receive (zlg7290r, 0x01);
            }
        }
}
//--------------------------------------------------------------------
// SYSCLK_Init
//--------------------------------------------------------------------
void SYSCLK_Init (void)
{
  int i;
  OSCXCN = 0x77;                   //外部晶振/2
  for (i=0; i < 256; i++) ;
  while (!(OSCXCN & 0x80)) ;
  OSCICN = 0x88;                   //外部晶振作为时钟源
}
//--------------------------------------------------------------------
// I/O配置
//--------------------------------------------------------------------
void PORT_Init()
{
  XBR0 = 0x07;             //通过交叉开关将SMBus 连到通用 I/O 引脚: P0.0,P0.1
  XBR1 = 0x04;             //INT0 配置到 P0.2
  XBR2   = 0x44;           //交叉开关使能
  P0MDOUT = 0xFF;          //推挽
  P1MDOUT = 0xFF;          //推挽
 }
//--------------------------------------------------------------------
// SMBus 发送显示代码
//--------------------------------------------------------------------
void Send_DisBuf (unsigned char * displaybuf,unsigned char num)
{
    unsigned char i;
    for(i=0;i<num;i++)
    {
        ZLG7290_SendCmd(0x60+i,*displaybuf);
        displaybuf++;
    }
}
//--------------------------------------------------------------------
// SMBus 发送单个显示代码
//--------------------------------------------------------------------
void ZLG7290_SendCmd(unsigned char Data1,unsigned char Data2)
{
 unsigned char Data[2];
    Data[0]=Data1;
    Data[1]=Data2;
    SM_Send(zlg7290w, 0x07, Data,2);
```

```
    while (SM_BUSY);
}
//------------------------------------------------------------------------
// SMBus send
//------------------------------------------------------------------------
void SM_Send(uchar chip_select,uchar address,uchar *out_byte,uchar no)
{
    while (SM_BUSY);                        //等待 SMBus 空闲
    SM_BUSY = 1;                            //占用 SMBus(设置为忙)
    SMB0CN = 0x44;                          //SMBus 允许，应答周期发 ACK
    COMMAND = (chip_select | WRITE);        //片选+ WRITE
    SUBADD = address;
    WORD = out_byte;                        //待写数据
    BYTE_NUMBER = no;                       //发送字节数
    STA = 1;                                //启动传输过程
}
//------------------------------------------------------------------------
// SMBus Receive
//------------------------------------------------------------------------
uchar SM_Receive (uchar  chip_select, uchar address)
{
    while (SM_BUSY);                        //等待总线空闲
    SM_BUSY = 1;                            //占用 SMBus(设置为忙)
    SMB0CN = 0x44;                          //允许 SMBus，应答周期发 ACK
    COMMAND = (chip_select | READ);         //片选+ READ
    SUBADD = address;
    STA = 1;                                //启动传输过程
    while (SM_BUSY);                        //等待传输结束
    return RECVBUF;
}
//------------------------------------------------------------------------
// SMBus 中断服务程序
//------------------------------------------------------------------------
void SMBUS_ISR (void) interrupt 7
{
switch (SMB0STA){                           //SMBus 状态码(SMB0STA 寄存器)
// 主发送器/接收器：起始条件已发送
// 在该状态发送的 COMMAND 字的 R/W 位总是为 0(W)
// 因为对于读和写操作来说都必须先写存储器地址
    case SMB_START:
    SMB0DAT = (COMMAND & 0xFE);             //装入要访问的从器件的地址
    STA = 0;                                //手动清除 START 位
    break;
//主发送器/接收器：重复起始条件已发送
// 该状态只应在读操作期间出现，在存储器地址已发送并得到确认之后
    case SMB_RP_START:
    SMB0DAT = COMMAND;                      //COMMAND 中应保持从地址+ R
    STA = 0;
```

```
    break;
// 主发送器: 从地址+ WRITE 已发送, 收到 ACK
    case SMB_MTADDACK:
    SMB0DAT = SUBADD;
    break;
// 主发送器: 从地址+ WRITE 已发送, 收到 NACK
// 从器件不应答, 发送 STOP + START 重试
    case SMB_MTADDNACK:
    STO = 1;
    STA = 1;
    break;
// 主发送器: 数据字节已发送, 收到 ACK
// 该状态在写和读操作中都要用到
    case SMB_MTDBACK:
        if (COMMAND & 0x01)                 //如果 R/W=READ, 发送重复起始条件
            {
            STA = 1;
            }
        else if (BYTE_NUMBER)
            {
            SMB0DAT = *WORD;                //如果 R/W=WRITE, 装入待写字节
            BYTE_NUMBER--;
            WORD++;
            }
        else
            {
            STO = 1;
            SM_BUSY = 0;                    //释放 SMBus
            }
    break;
// 主发送器: 数据字节已发送, 收到 NACK
// 从器件不应答, 发送 STOP + START 重试
    case SMB_MTDBNACK:
    STO = 1;
    STA = 1;
    break;
// 主发送器: 竞争失败
// 不应出现。如果出现, 重新开始传输过程
    case SMB_MTARBLOST:
    STO = 1;
    STA = 1;
    break;
// 主接收器: 从地址+ READ 已发送。收到 ACK
// 设置为在下一次传输后发送 NACK, 因为那将是最后一个字节(唯一)
    case SMB_MRADDACK:
    AA = 0;                                 //在应答周期 NACK。
    break;
```

```
// 主接收器：从地址+ READ 已发送，收到 NACK
// 从器件不应答，发送重复起始条件重试
    case SMB_MRADDNACK:
    STA = 1;
    break;
// 收到数据字节，ACK 已发送
// 该状态不应出现，因为 AA 已在前一状态被清 0。如果出现，发送停止条件
    case SMB_MRDBACK:
    STO = 1;
    SM_BUSY = 0;
    break;
// 收到数据字节，NACK 已发送
// 读操作已完成。读数据寄存器后发送停止条件
    case SMB_MRDBNACK:
    RECVBUF= SMB0DAT;
    STO = 1;
    SM_BUSY = 0;                                //释放 SMBus
    break;
// 在本应用中，所有其他状态码没有意义，通信复位
    default:
    STO = 1;                                    //通信复位
    SM_BUSY = 0;
    break;
    }
SI=0;                                           //清除中断标志
}
//------------------------------------------------------------------------
// INT0 中断服务程序
//------------------------------------------------------------------------
void INT0_ISR (void) interrupt 0
{
 KEY_FLAG=1;
}
```

3.5 内部 DAC 实现正弦波输出

C8051F020 有两个片内 12 位电压方式数/模转换器(DAC)。每个 DAC 的输出摆幅均为 0V 到(VREF-1LSB)，对应的输入码范围是 0x000 到 0xFFF。可以用对应的控制寄存器 DAC0CN 和 DAC1CN 使能/禁止 DAC0 和 DAC1。每个 DAC 的电压基准由 VREFD 引脚提供。DAC 原理框图如图 3.5.1 所示。

每个 DAC 都具有灵活的输出更新机制，允许无缝的满度变化并支持无抖动输出更新，适合于波形发生器应用。

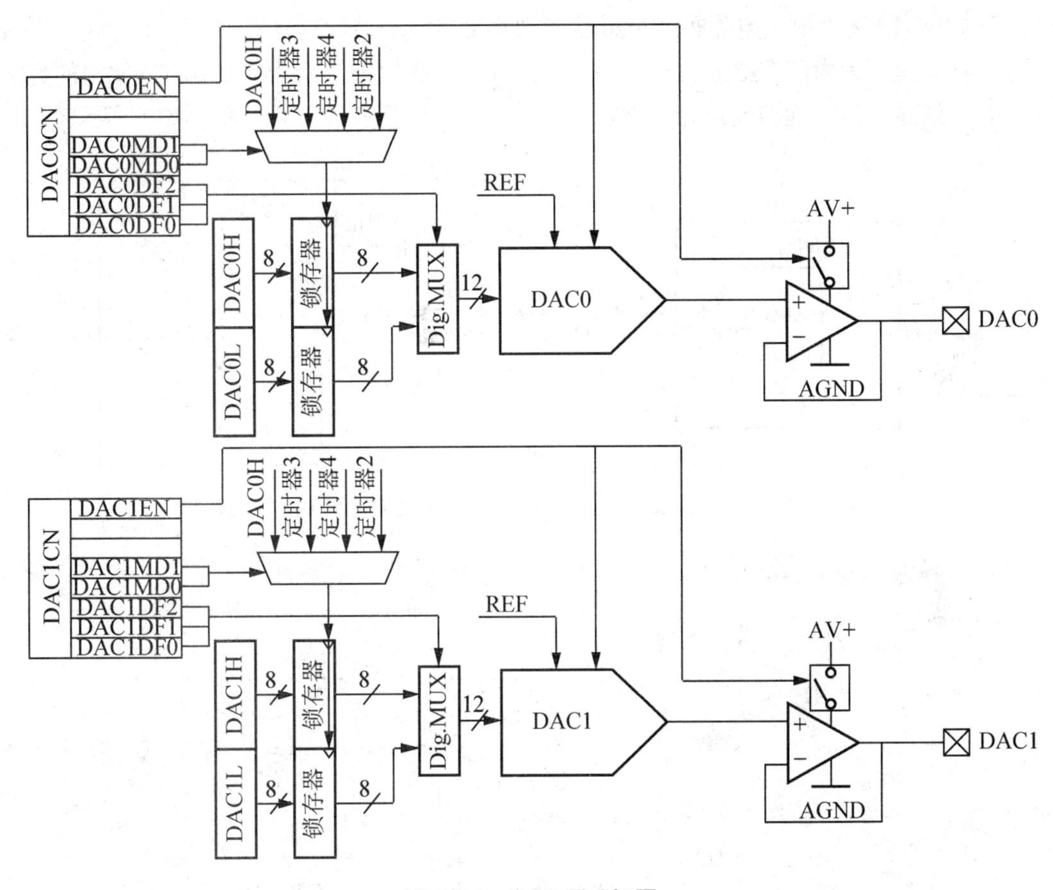

图 3.5.1　DAC 原理框图

1. 根据软件命令更新输出

在默认方式下(DAC0CN.[4:3]=00)，DAC0 的输出在写 DAC0 数据寄存器高字节(DAC0H)时更新。注意：写 DAC0L 时数据被保持，对 DAC0 输出没有影响，直到对 DAC0H 的写操作发生。如果向 DAC 数据寄存器写入一个 12 位数据字，则 12 位的数据字被写到低字节(DAC0L)和高字节(DAC0H)数据寄存器。在写 DAC0H 寄存器后数据被锁存到 DAC0。因此，如果需要 12 位分辨率，应在写入 DAC0L 之后写 DAC0H。DAC 可被用于 8 位方式，这种情况是将 DAC0L 初始化一个所希望的数值(通常为 0x00)，将数据只写入 DAC0H。

2. 基于定时器溢出的输出更新

在 ADC 转换操作中，ADC 转换可以由定时器溢出启动，不用处理器干预。与之类似，DAC 的输出更新也可以用定时器溢出事件触发。这一特点在用 DAC 产生一个固定采样频率的波形时尤其有用，可以消除中断响应时间不同和指令执行时间不同对 DAC 输出时序的影响。当 DAC0MD 位(DAC0CN.[4:3])被设置为 01、10 或 11 时，对 DAC 数据寄存器的写操作被保持，直到相应的定时器溢出事件(分别为定时器 3、定时器 4 或定时器 2)发生时 DAC0H:DAC0L 的内容才被复制到 DAC 输入锁存器，允许 DAC 数据改变为新值。

【例 3-5-1】本实例利用 C8051F020 内部 DAC0 实现正弦波信号输出，原理图如图 3.5.2 所示。参考电压为内部 VREF 信号，即正弦波峰值电压理论值为 2.4V。DAC0 输出的数字电压后，通过二阶低通滤波进行滤波，以实现光滑的波形曲线。程序代码如下所示。

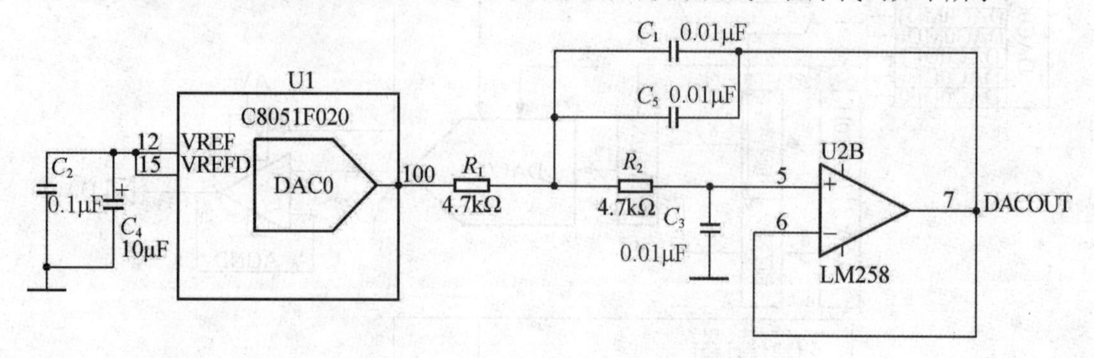

图 3.5.2　DAC0 输出正弦波电路原理图

```
#include <c8051f020.h>
//----------------------------------------------------------------------
// 16-bit SFR Definitions for 'F02x
//----------------------------------------------------------------------
sfr16 DP       = 0x82;          //data pointer
sfr16 TMR3RL   = 0x92;          //Timer3 reload value
sfr16 TMR3     = 0x94;          //Timer3 counter
sfr16 ADC0     = 0xbe;          //ADC0 data
sfr16 ADC0GT   = 0xc4;          //ADC0 greater than window
sfr16 ADC0LT   = 0xc6;          //ADC0 less than window
sfr16 RCAP2    = 0xca;          //Timer2 capture/reload
sfr16 T2       = 0xcc;          //Timer2
sfr16 RCAP4    = 0xe4;          //Timer4 capture/reload
sfr16 T4       = 0xf4;          //Timer4
sfr16 DAC0     = 0xd2;          //DAC0 data
sfr16 DAC1     = 0xd5;          //DAC1 data
//----------------------------------------------------------------------
// 全局常量
//----------------------------------------------------------------------
#define SYSCLK 22118400         //SYSCLK frequency in Hz
#define SAMPLERATED 100000L     //update rate of DAC in Hz
//#define SAMPLERATED 1000L     //update rate of DAC in Hz
#define phase_precision 65536  //range of phase accumulator
//----------------------------------------------------------------------
// 函数定义
//----------------------------------------------------------------------
void main (void);
void SYSCLK_Init (void);
void PORT_Init (void);
```

```
void Timer4_Init (int counts);
void Timer4_ISR (void);
//---------------------------------------------------------------------
// 全局变量
//---------------------------------------------------------------------
unsigned int Deltaphase;
char code SINE_TABLE[360] = {
0x80,0x82,0x84,0x86,0x88,0x8b,0x8d,0x8f,0x91,0x94,
0x96,0x98,0x9a,0x9c,0x9e,0xa1,0xa3,0xa5,0xa7,0xa9,
0xab,0xad,0xaf,0xb1,0xb4,0xb6,0xb8,0xba,0xbc,0xbe,
0xbf,0xc1,0xc3,0xc5,0xc7,0xc9,0xcb,0xcc,0xce,0xd0,
0xd2,0xd3,0xd5,0xd7,0xd8,0xda,0xdc,0xdd,0xdf,0xe0,
0xe2,0xe3,0xe4,0xe6,0xe7,0xe8,0xea,0xeb,0xec,0xed,
0xee,0xef,0xf0,0xf2,0xf3,0xf3,0xf4,0xf5,0xf6,0xf7,
0xf8,0xf9,0xf9,0xfa,0xfb,0xfb,0xfc,0xfc,0xfd,0xfd,
0xfe,0xfe,0xfe,0xff,0xff,0xff,0xff,0xff,0xff,0xff,
0xff,0xff,0xff,0xff,0xff,0xff,0xff,0xff,0xfe,0xfe,
0xfe,0xfd,0xfd,0xfc,0xfc,0xfb,0xfb,0xfa,0xf9,0xf9,
0xf8,0xf7,0xf6,0xf5,0xf4,0xf4,0xf3,0xf2,0xf1,0xf0,
0xee,0xed,0xec,0xeb,0xea,0xe8,0xe7,0xe6,0xe4,0xe3,
0xe2,0xe0,0xdf,0xdd,0xdc,0xda,0xd9,0xd7,0xd5,0xd4,
0xd2,0xd0,0xce,0xcd,0xcb,0xc9,0xc7,0xc5,0xc3,0xc2,
0xc0,0xbe,0xbc,0xba,0xb8,0xb6,0xb4,0xb2,0xb0,0xae,
0xab,0xa9,0xa7,0xa5,0xa3,0xa1,0x9f,0x9c,0x9a,0x98,
0x96,0x94,0x92,0x8f,0x8d,0x8b,0x89,0x86,0x84,0x82,
0x80,0x7d,0x7b,0x79,0x77,0x75,0x72,0x70,0x6e,0x6c,
0x69,0x67,0x65,0x63,0x61,0x5f,0x5c,0x5a,0x58,0x56,
0x54,0x52,0x50,0x4e,0x4c,0x4a,0x48,0x46,0x44,0x42,
0x40,0x3e,0x3c,0x3a,0x38,0x36,0x34,0x33,0x31,0x2f,
0x2d,0x2c,0x2a,0x28,0x27,0x25,0x24,0x22,0x21,0x1f,
0x1e,0x1c,0x1b,0x19,0x18,0x17,0x16,0x14,0x13,0x12,
0x11,0x10,0xf, 0xe, 0xd, 0xc, 0xb, 0xa, 0x9, 0x8,
0x7, 0x7, 0x6, 0x5, 0x5, 0x4, 0x3, 0x3, 0x2, 0x2,
0x1, 0x1, 0x1, 0x0, 0x0, 0x0, 0x0, 0x0, 0x0, 0x0,
0x0, 0x0, 0x0, 0x0, 0x0, 0x0, 0x0, 0x0, 0x1, 0x1,
0x1, 0x2, 0x2, 0x3, 0x3, 0x4, 0x4, 0x5, 0x6, 0x6,
0x7, 0x8, 0x9, 0xa, 0xa, 0xb, 0xc, 0xd, 0xe, 0xf,
0x10,0x12,0x13,0x14,0x15,0x16,0x18,0x19,0x1a,0x1c,
0x1d,0x1f,0x20,0x22,0x23,0x25,0x26,0x28,0x2a,0x2b,
0x2d,0x2f,0x30,0x32,0x34,0x36,0x38,0x39,0x3b,0x3d,
0x3f,0x41,0x43,0x45,0x47,0x49,0x4b,0x4d,0x4f,0x51,
0x53,0x55,0x58,0x5a,0x5c,0x5e,0x60,0x62,0x65,0x67,
0x69,0x6b,0x6d,0x70,0x72,0x74,0x76,0x78,0x7b,0x7d
};
//---------------------------------------------------------------------
```

```
// 主函数
//-------------------------------------------------------------------------
void main (void) {
   WDTCN = 0xde;                        //关闭 WDT
   WDTCN = 0xad;
   SYSCLK_Init ();
   PORT_Init ();
   REF0CN = 0x03;                       //启用内部的电压基准源
   DAC0CN = 0x97;                       //启用 DAC0 及 T4 定时更新

   Deltaphase=sizeof(SINE_TABLE);
   Deltaphase=1;

   Timer4_Init(SYSCLK/SAMPLERATED); //初始化 T4 为 DAC0 定时更新
   EA = 1;                              //开中断
   while (1);
}
//-------------------------------------------------------------------------
// SYSCLK_Init
//-------------------------------------------------------------------------
void SYSCLK_Init (void)
{
   int i;
   OSCXCN = 0x67;
   for (i=0; i < 256; i++) ;
   while (!(OSCXCN & 0x80)) ;
   OSCICN = 0x88;
}
//-------------------------------------------------------------------------
// PORT_Init
//-------------------------------------------------------------------------
void PORT_Init (void)
{
   XBR0     = 0x00;
   XBR1     = 0x00;
   XBR2     = 0x40;
}
//-------------------------------------------------------------------------
// Timer4_Init
//-------------------------------------------------------------------------
void Timer4_Init (int counts)
{
   T4CON = 0;                       //采用自动重载模式
   CKCON |= 0x40;                   //以 SYSCLK 作为时钟源
   RCAP4 = -counts;                 //设置重载值
```

```
    T4 = RCAP4;
    EIE2 |= 0x04;                  //使能 Timer4 中断
    T4CON |= 0x04;                 //启动 Timer4
}
//----------------------------------------------------------------------
void Timer4_ISR (void) interrupt 16 using 3
{
    static unsigned int temp;
    char code *table_ptr;
    T4CON &= ~0x80;                //清 T4 计数溢出标志位
    table_ptr = SINE_TABLE;        //将正弦波表格数组首地址赋给 table_ptr
    DAC0H = *(table_ptr + temp); //取正弦波表中的数据，以 Deltaphase 步长增加
    temp+=Deltaphase;              //增加步长
    if (temp>sizeof(SINE_TABLE))
          {
              temp=0;              //长度超数据表格长度，则清零
          }
}
```

第4章 综合电子系统设计典型实例

教学目标

本章为读者提供12个综合电子系统设计典型实例，旨在前面C8051F系列单片机基本原理学习基础上，进行分方向项目训练，提高学习者的综合电子系统设计能力，涵盖仪器仪表、测控技术、通信技术和电源技术等领域。通过对项目分析，给出了系统方案选择与论证，工作原理或系统原理，硬件和软件设计，数据测试与结果分析等；并完成了每个项目的实际调试，给出参考电路和部分项目软件源程序供参考。

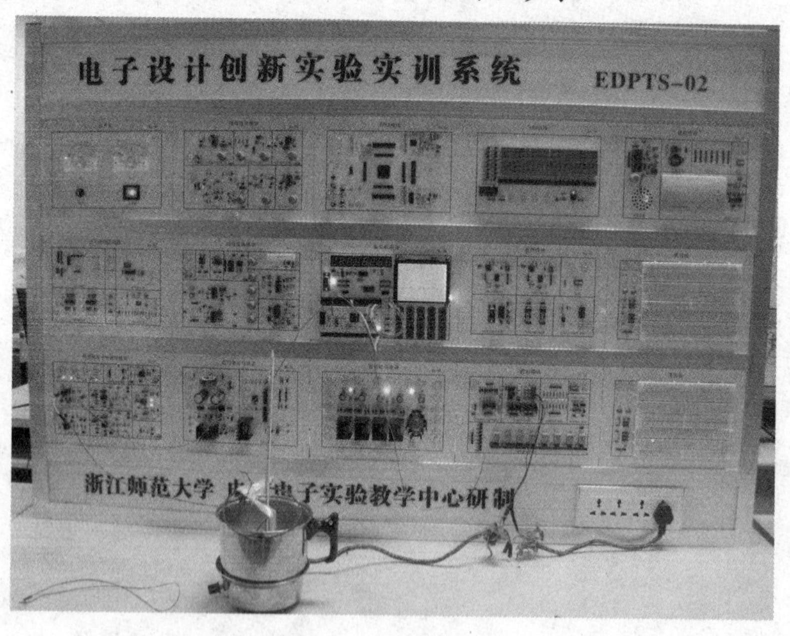

4.1　LCD 个人电子简历

4.1.1　设计目的

(1) 学习 LCD 液晶显示原理及控制。

(2) 学习人机界面设计，特别是用户菜单设计。

4.1.2　设计内容

设计一款基于 LCD 液晶显示的个人电子简历。

4.1.3　设计要求

(1) 可实现汉字、图形显示。

(2) 单片机与 LCM 接口可采用总线方式，也可采用 IO 方式。

(3) 界面显示内容可自动播放，也可通过键盘进行人工播放。

(4) 界面相关显示内容可由上位机设置，并通过串口下载显示。

(5) 其他(如采用触摸屏控制，采用菜单设计思想等)。

4.1.4　设计实例

1. 方案论证

方案一：采用单片机与 12864 点阵型液晶实现，其原理图如图 4.1.1 所示。

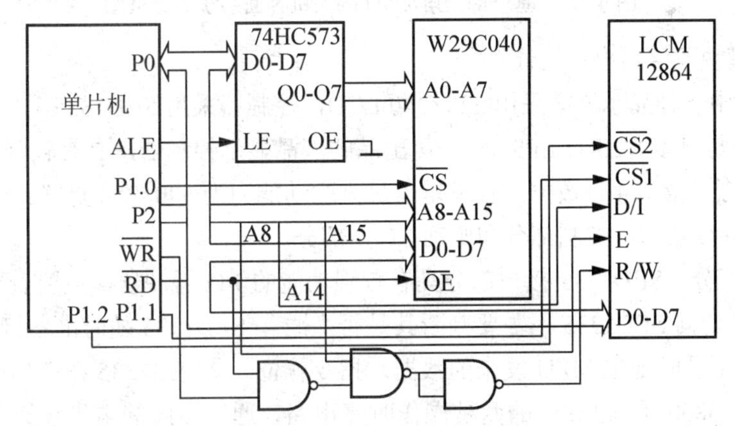

图 4.1.1　单片机和 LCM12864ZK 接口电路

LCM12864ZK 是具有串/并行接口，内部含有中文字库的图形点阵液晶显示模块，其内置的控制/驱动器采用中国台湾矽创电子公司生产的 ST7920，因而具有较强的控制显示功能。LCM12864ZK 的液晶显示屏为 128×64 点阵，可显示 4 行，每行 8 个汉字。该模块具有 2 MB 的中文字型 ROM(CGROM)，共提供 8192 个 16×16 点阵中文字型；同时，为了便于英文和其他常用字符的显示，具有 16KB 半宽字型 ROM(HCGROM)，提供 128 个 16×8

点阵的字母符号字型；另外，绘图显示画面还提供一个64×256点阵的绘图区域(GDRAM)及240点的ICONRAM，可以和文字画面混合显示，且内含CGRAM可提供4组软件可编程的16×16点阵造字功能。采用此方案的优点是成本低，缺点是显示信息内容少。

方案二：采用单片机与SED1335控制器实现320240液晶显示。其硬件连接与12864液晶显示类似。由于SED1335可实现320×240的分辨率，因此可显示的内容较多，比较符合个人简历的要求。因此本系统采用了此方案。

2. 电路设计

1) 系统硬件组成

本系统由单片机最小系统、液晶、触摸屏、键盘单元组成，实际应用中触摸屏和键盘只需二选一即可，原理框图如图4.1.2所示。触摸屏为通用的四线电阻式触摸屏，输出的X、Y坐标信息通过ADS7843采集获得，通过单片机协调处理，使得触摸屏信息与LCD显示相对应。LCD显示内容则通过单片机控制实现。键盘采用最小系统提供的键盘系统。

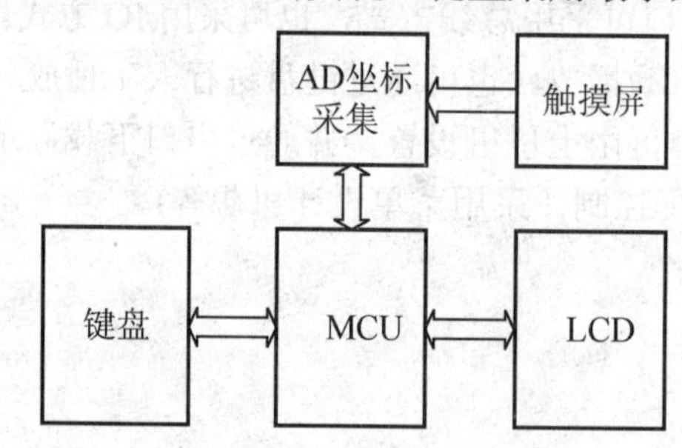

图4.1.2　基于触摸屏/LCD的人机界面系统原理框图

2) 液晶模块及接口电路设计

本项目其中一种显示方案采用320×240 LCD，控制器采用SED1335。

SED1335是日本SEIKO EPSON公司出品的液晶显示控制器，具有较强功能的I/O缓冲器，指令功能丰富，4位数据并行发送，最大驱动能力为640×256点阵。SED1335硬件结构可分为MPU接口、控制部分和驱动LCM部分。

(1) 接口部分。SED1335接口部分具有较强功能的I/O缓冲器，主要表现在以下两个方面：①MPU访问SED1335不需要判断其是否“忙”，SED1335随时准备接受MPU访问并在内部时序下及时地把MPU发来的数据、指令就位。②SED1335在接口处设置了适配8080系列和M6800系列MPU的两种操作时序电路，通过引脚的电平设置，可选择二者之一。

SED1335的接口部分由指令缓冲器、数据输入缓冲器、数据输出缓冲器和标志寄存器组成。这些缓冲器通道的选择是由引脚A0和读写信号联合控制的。忙标志寄存器是一个只读寄存器，它仅有一位“忙”标识位BF。BF=1表示控制器正在向显示模块传送有效数据，在传送完一行有效显示数据到下一行传送开始之间的间歇内BF=0。

(2) 控制部分。作为SED1335控制器的核心，控制部分由振荡器、功能逻辑电路、显

示 RAM 管理电路、字符库管理电路以及产生驱动时序的时序发生器组成。振荡器可以工作在 1～10MHz 之间，能够在很高的工作频率下迅速地解译 MPU 发来的指令代码，将其参数写到指定的寄存器中，触发相应的逻辑功能电路运行。控制部分可以管理 64KB 显示 RAM，管理内存的字符发生器及外扩的字符发生器 CGRAM 或 EXCGROM。

(3) 显示部分。SED1335 将 64KB 显示 RAM 分为以下几种显示特性区。

① 文本显示特性，此 RAM 区专用于文本方式显示，在访问 RAM 区中每个字节的数据都认为是字符代码。控制器将使用该字符代码确定字符库中字符的所在位置，然后将相应的字模数据传送至液晶显示屏模块上。在液晶屏上出现该字符的 8×8 点阵块，即文本显示 RAM 的 1 个字节对应显示屏上的 8×8 点阵。

② 图形显示模块，此 RAM 区专用于图形方式显示。在该显示 RAM 区中每个字节的数据直接被送到液晶模块上显示。每个位的电平状态决定显示屏上 1 个点显示状态，“1”为显示，“0”为不显示，所以图形显示 RAM 的 1 个字节对应显示屏上的 8×1 点阵。SED1335 中还有专门的寄存器来控制 2 种显示特性的显示区。可以用 1 种特性单独显示，也可以通过某种逻辑关系将两种显示特性合成显示，这些都是通过软件指令设置实现的。

③ SED1335 内嵌字符发生器 CGRAM，在此字符发生器中固化了 160 种 5×7 点阵字符的字模，此外还可以外扩字符发生器，可通过不同地址选通内外字符发生器。该控制器主要的引脚及其功能说明见表 4-1-1。

表 4-1-1　SED1335 的部分引脚功能

符　号	状态	名　称	功　能
DB0～DB7	三态	数据总线	可直接挂在 MPU 数据总线上
/CS	输入	片选信号	当 MPU 访问 SID13305 时，将其置为低电平
A0	输入	I/O 缓冲器选择信号	A0=1 写指令代码和读数据， A0=0 写数据、参数和读忙标志
$\overline{RD}$	输入	读操作信号 使能信号	适配 8080 系列 MPU 接口 适配 6800 系列 MPU 接口
$\overline{WR}$	输入	写操作信号 读/写选择信号	适配 8080 系列 MPU 接口 适配 6800 系列 MPU 接口
$\overline{RES}$	输入	硬件复位信号	当重新启动 SID13305 时还需用指令 SYSTEM SET
SEL1	输入	接口方式选择	SEL1，SEL2=00，8080 系列 SEL1，SEL2=10，6800 系列
SEL2	输入	接口方式选择	

SED1335 控制器的指令集见表 4-1-2。SED1335 控制器具有 13 条指令，多数指令带有参数，参数值可由用户根据所控制的液晶显示模块的特征和显示的需要来设置。

表 4-1-2　SED1335 控制器指令

功　能	指　令	代　码	说　明	参数值
系统控制	SYSTEMSET	40H	初始化，显示窗口设置	8
	SLEEPIN	53H	空闲状态设置	/
显示操作	DISPON/OFF	59H/58H	设置开关显示方式	1
	SCROLL	44H	设置显示区域	10
	CSRFORM	5DH	设置光标形状	2
	CGRAMADR	5CH	设置 CGRAM 起始地址	2
	CSRDIR	4CH～4FH	设置光标移动方向	/
	HDOTSCR	5AH	设置点单元水平移动量	1
	OVLAY	5BH	设置合成显示方式	1
绘制操作	CSRW	46H	设置光标地址	2
	CSRR	47H	读出光标地址	2
存储操作	MWRITE	42H	将数据写入显示缓冲区	/
	MREAD	43H	从显示缓冲区读出数据	/

SED1335 控制器是应用于 MPU 系统与液晶模块之间的控制电路，它接收来自 MPU 系统的指令与数据，并产生相应的时序及数据控制模块的显示。A0 为 LCD 控制寄存器的选择输入，分别选通指令输入缓冲器和数据输入缓冲器，类似于一般字符点阵 LCD 模块的 RS 或 D/I。MPU 把指令代码写入指令输入缓冲器内(即 A0=1)，指令的参数数据则随后通过数据输入缓冲器(A0=0)写入。带有参数指令代码的作用之一就是选通相应的参数寄存器，任一条指令的执行(除 SLEEPIN，CSRDIR，CSRR 和 MREAD 外)都产生在附属参数的输入完成之后。MPU 也可用写入的新参数与余下的旧参数有效地组合成新的参数组。需要注意的是，在实际使用指令时，如果该指令具有多个参数，则必须按顺序依次写入各个参数，不能随意省略。尤其在 MPU 操作 SED1335 及其控制的液晶显示模块时，必须首先写入 SYSTEMSET(40H)指令，如果该指令设置出现错误，则显示必定不正常。

这里，着重介绍 CPSDIR、CSRW 和 SCROLL 指令，三者配合使用，具有强大的作图功能。CPSDIR 指令的作用是规定光标地址指针自动移动的方向。SED1335 所控制的光标地址指针实际也是当前显示 RAM 的地址指针。当控制器执行完读写操作后，将自动修改光标地址指针。该指令有 4 个参数即 4C/4D/4E/4FH，分别表示修改的 4 个方向，这样就具有很强的作图功能，是很多液晶控制器所没有的。CSRW 指令设置当前光标地址。该地址具有 2 个功能：一是作为显示屏上光标显示的当前位置，二是作为显示缓冲区的当前地址指针。SCROLL 指令设置显示 RAM 区各显示区的起始地址以及所占的显示行数，通过对各个显示区的设置来显示屏管理显示区的结构。

针对单片机平台的硬件设计，SED1335 对于不同的微处理器有一跳线，用来选择 MPU

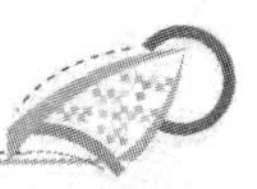

的类型是 MCS51 或 MC68000 单片机。这里，我们考虑到通用性，采用 51 内核单片机 C8051F020 控制 SED1335 来完成对液晶显示模块的控制，具体接口电路如图 4.1.3 所示，详细电路可参考“附录一 C8051F020 最小系统原理图”。

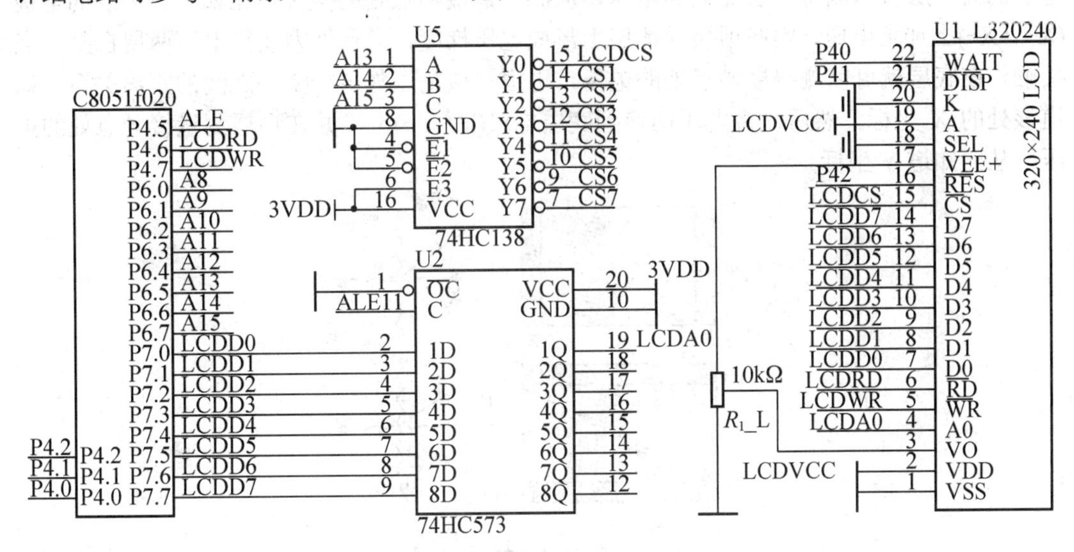

图 4.1.3　SED1335 控制器接口电路

C8051F020 高端口进行了总线扩展，液晶等挂载在总线上。液晶显示屏的 8 位数据线 D0～D7 接到 C8051F020 的外部数据总线 P7.0～P7.7 上，LCD 的读写操作信号直接由单片机的读写信号控制。LCD 的片选信号 CS 接 74HC138 的 CS0 上，LCD 的 A0 接 74HC573 的 LCDA0 上，所以 LCD 的写参数及显示数据地址为：0x1FFE，写指令代码地址为：0x1FFF。

除采用总线接口外，液晶也可以采用 IO 口来操作，此时只需将液晶相关接口直接与单片机 IO 口相连即可。最小系统已将所有接口留出。

3) 触摸屏工作原理及控制

典型触摸屏的工作部分一般由 3 部分组成，如图 4.1.4 所示：两层透明的阻性导体层、两层导体之间的隔离层、电极。阻性导体层选用阻性材料，如铟锡氧化物(ITO)涂在衬底上构成，上层衬底用塑料，下层衬底用玻璃。隔离层为黏性绝缘液体材料，如聚酯薄膜。电极选用导电性能极好的材料(如银粉墨)构成，其导电性能大约为 ITO 的 1000 倍。

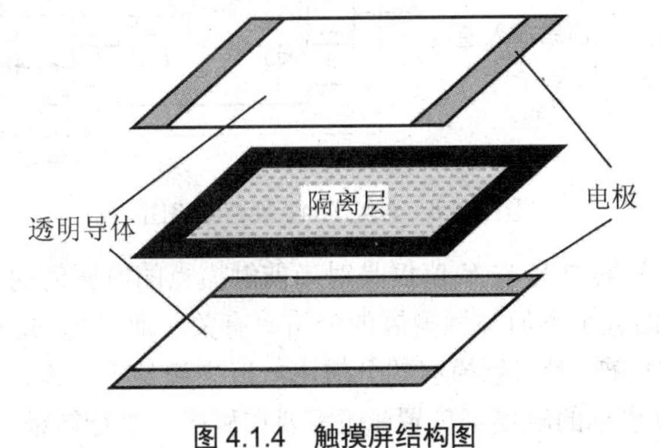

图 4.1.4　触摸屏结构图

触摸屏工作时，上下导体层相当于电阻网络，如图 4.1.5 所示。当某一层电极加上电压时，会在该网络上形成电压梯度。如有外力使得上下两层在某一点接触，则在电极未加电压的另一层可以测得接触点处的电压，从而知道接触点处的坐标。比如，在顶层的电极(X+，X−)上加上电压，则在顶层导体层上形成电压梯度，当有外力使得上下两层在某一点接触，在底层就可以测得接触点处的电压，再根据该电压与电极(X+)之间的距离关系，知道该处的 X 坐标。然后，将电压切换到底层电极(Y+,Y−)上，并在顶层测量接触点处的电压，从而知道 Y 坐标。

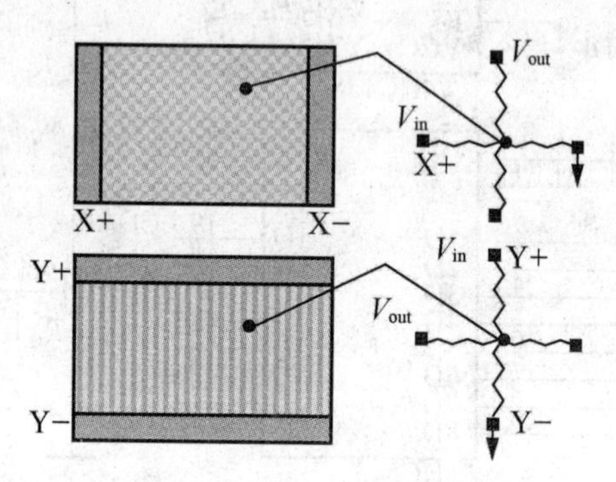

图 4.1.5　工作时的导体层

触摸屏用 BB 公司生产的芯片 ADS7843 进行控制，其完成两件事情：其一，是完成电极电压的切换；其二，是采集接触点处的电压值(即 A/D)。其硬件电路如图 4.1.6 所示。

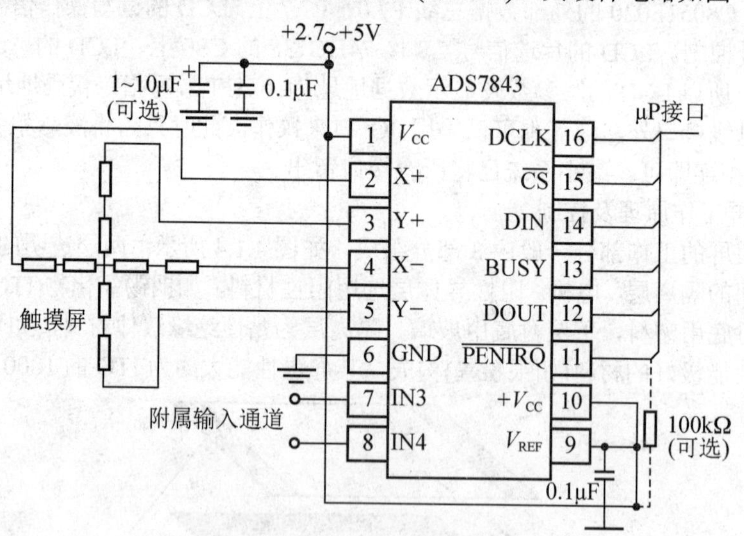

图 4.1.6　ADS7843 硬件电路图

ADS7843 送回控制器的 X 与 Y 值仅是对当前触摸点的电压值的 A/D 转换值，它不具有实用价值。这个值的大小不但与触摸屏的分辨率有关，而且也与触摸屏与 LCD 贴合的情况有关。并且，LCD 分辨率与触摸屏的分辨率一般来说是不一样，坐标也不一样，因此，如果想得到体现 LCD 坐标的触摸屏位置，还需要在程序中进行转换。假设 LCD 分辨率是 320×240，坐标原点在左上角，则转换公式如下所示。

xLCD=[320*(x-x2)/(x1-x2)]

yLCD=[240*(y-y2)/(y1-y2)]

如果坐标原点不一致，比如 LCD 坐标原点在右下角，而触摸屏原点在左上角，则还可以进行如下转换。

xLCD=320-[320*(x-x2)/(x1-x2)]

yLCD=240-[240*(y-y2)/(y1-y2)]

最后得到的值，便可以尽可能得使 LCD 坐标与触摸屏坐标一致，这样，更具有实际意义。

3. 软件设计

1) 菜单程序设计

菜单设计要根据具体的实际要求进行设计，如要显示的内容及实现功能的多少。通过研究可发现，菜单设计时有共同部分，如不管采用几级菜单，其所采用的数据结构类同，都以多层嵌套形式。现在对某个测试功能实现各方面的设置或查询为例进行说明。假设某测试功能各方面的设置或查询，可通过“向上”、“向下”、“回退”、“确认”4 个键或遥控器来实现对菜单的选择。具体功能：“向上”键：在本层菜单的项目中向上移动进行选择；“向下”键：在本层菜单的项目中向下移动进行选择；“回退”键：取消本层的菜单设置，返回上层菜单；“确认”键：确认本层的菜单设置，进入下级菜单。

可根据用户在菜单中的选择项对测点进行某些设置，或者进行某些特殊的显示，例如对某个测点的实时曲线显示等。

根据需求，首先建立一个结构，并定义一个结构变量 KbdTabStruct。结构变量就是把多个不同类型的变量结合在一起形成的一个组合型变量，构成一个结构的各个变量称为结构元素。该结构中共有 6 个结构元素，分别是 5 个字符型和 1 个指针变量，5 个字符型变量分别为当前及各个按键的索引号，也就是操作的状态号。最后 1 个指针变量指向需执行函数。这样就可以做一个结构数组，在结构数组里为每一个菜单项编制一个单独的函数，并根据菜单的嵌套顺序排好本菜单项的索引号，以及本级菜单项的上、下卷动的索引号和上、下级菜单的索引号。

具体程序如下所述(此外只讲原理，实例程序与下述程序有出入，具体参考附录源代码)。

```
typedef struct
{
uchar KeyStateIndex;          //当前状态索引号
uchar KeyDnState;             //按下向下键时转向的状态索引号
uchar KeyUpState;             //按下向上键时转向的状态索引号
uchar KeyCrState;             //接下回车键时转向的状态索引号
uchar KeyBackState;           //按下“退回”键时转向的状态索引号
void (*CurrentOperate)();     //当前状态应该执行的功能操作
} KbdTabStruct;
#define SIZE_OF_KEYBD_MENU 55           //菜单总长度
KbdTabStruct code KeyTab[SIZE_OF_KEYBD_MENU]=
```

```
{
{0, 0, 0, 1, 0, (*MainJob1)},
{1, 7.2, 8, 0, (*DspPoint)},                //第一层
{2, 1, 3, 8, 0, (*DspCurve)},               //第一层
{3, 2.4, 36, 0, (*DspKout)},                //第一层
{4, 3, 5, 50, 0, (*DisCloseDown)},          //第一层
{5, 4, 6, 8, 0, (*ModifyPoint) },           //第一层
{6, 5, 7, 52, 0, (*SetCloseDown) },         //第一层
{7, 6, 1, 0, 0, (*Cancel)},                 //第一层
┆
┆
{52, 53, 53, 0, 1, (*OkSetCloseDown1)},
{53, 52, 52, 0, 1, (*OkSetCloseDown2)},
{54, 0, 0, 0, 0, (*Disable)},
};
void GetKeylnput(void)
{
switch (status&0xf0)
{
case 0xe0: //回车键，找出新的菜单状态编号
┆
KeyFunclndex=KeyTab[KeyFuncIndex].KeyCrState;
┆
break;
case 0xb0: //向下键，找出新的菜单状态编号
KeyFuncIndex=KeyTab[KeyFuneIndex'].KeyDnState;
┆
break;
case 0xd0: //向上键，找出新的菜单状态编号
┆
KeyFunclndex=KeyTab[KeyFuncIndex].KeyUpState;
┆
break;
case 0x70: //回车键，找出新的菜单状态编号
┆
KeyFuncIndex=KeyTab[KeyFunelndex].KeyBackState;
┆
break;
case 0;
return; //错误的处理
break;
}
KeyFuncPtr=KeyTab[KeyFuncIndex].current()perate;
(*KeyFuncPtr)();            //执行当前按键的操作
}
```

2) 触摸屏程序设计

假设 ADS7843 的 DCLK 连接 P1.0，DCS 连接 P1.1，DOIN 连接 P1.2，DSBUSY 连接 P1.3， DOUT 连接 P1.4，DIRQ 连接 P0.0，则触摸屏相关子程序设计如下所述。

```
//------------------------------------------------------------------------
//SPI 开始
//------------------------------------------------------------------------
void spistar()
{
  DCLK=0;Delay(1);
  CS=1;Delay(1);
  DIN=1;Delay(1);
  DCLK=1;Delay(1);
  CS=0;Delay(1);
}
//------------------------------------------------------------------------
//SPI 写数据
//------------------------------------------------------------------------
void WriteCharTo7843(unsigned char num)
{
 unsigned char count=0;
 DCLK=0;
 Delay(1);
 for(count=0;count<8;count++)
     {
     if(num&0x80)
      { DIN=1; }
     else
      { DIN=0; }
      Delay(1);
     DCLK=0; Delay(1); //上升沿有效
     DCLK=1; Delay(1);
     num=num<<1;
      Delay(1);
     // DCLK=0;
     }
}
//------------------------------------------------------------------------
//SPI 读数据
//------------------------------------------------------------------------
unsigned int ReadFromCharFrom7843()
{
 unsigned char count=0;
 unsigned int Num=0;
 for(count=0;count<12;count++)
     {
     Num<<=1;
     DCLK=1;
     Delay(2);          //下降沿有效
     DCLK=0;Delay(1);
     //DOUT=1;
     if(DOUT) Num++;
     Delay(1);
```

```
    }
  for(count=0;count<4;count++)
    {
    DCLK=1;Delay(1);
    DCLK=0;Delay(1);
    }
 return(Num);
}
//------------------------------------------------------------------
//SPI 写数据，TP_Y，TP_X 为坐标值
//------------------------------------------------------------------
void AD7843(void)            //外部中断 0 用来接收键盘发来的数据
{
 Delay(1000);                //中断后延时以消除抖动，使得采样数据更准确
 spistar();                  //启动 SPI
 while(ADSBUSY);             //如果 ADSBUSY 信号不好使可以删除不用
 Delay(1);
 WriteCharTo7843(0x90);      //送控制字 10010000，即用差分方式读 Y 坐标
 while(ADSBUSY);
 Delay(1);
 DCLK=1;
 Delay(1);
 DCLK=0;
 Delay(1);
 TP_Y=ReadFromCharFrom7843();
 WriteCharTo7843(0xD0);      //送控制字 11010000，即用差分方式读 X 坐标
 while(ADSBUSY);
 Delay(1);
 DCLK=1;
 Delay(1);
 DCLK=0;
 Delay(1);
 TP_X=ReadFromCharFrom7843();
 CS=1;
}
```

3) 液晶显示程序设计

本节主要描述基于总线接口的液晶显示子程序。为使液晶能正常工作，工作前需要对液晶进行复位操作和初始化操作。液晶显示的主要结构程序如下所述。

```
  RSTLow                 //液晶复位
  Delay(65536);          //足够的延时确保 lcm 已经准备好
  RSTHigh
  Delay(32767);
  LcmInition();          //液晶初始化
  LcmClear();            //液晶清屏，若屏幕无内容，此句可省略
  Introduction();        //液晶显示，显示需要显示的内容
```

液晶初始化程序如下所述。

```
//------------------------------------------------------------------
/初始化子程序  对 SED1335 控制器进行初始化
//------------------------------------------------------------------
void LcmInition( void )
{
  uchar i;
uchar temp;
  WriteCommand(SystemSet);              //系统参数设置
  for (i=0;i<8;i++)
      {
        WriteData( ParaSysTable8[i] ); //将相关设置参数写入液晶，ParaSysTable8
//见头文件
        temp=ReadData( );
       }
  WriteCommand( Scroll );               //设定显示区域起始地址
  for (i=0;i<10;i++)
     {
      WriteData( ParaScrTableA[i] ); //将相关设置参数写入液晶，ParaScrTableA
//见头文件
     }
  WriteCommand( HdotScr );          //写入点位移指令代码
  WriteData( 0 );                   //写入 P1 参数
  WriteCommand( Ovlay );            //显示合成方式设置
  WriteData( 0x0d );                //0000 0100 显示一区图形,三区文本属性,二重"或"合成
  WriteCommand( DispOn );           //写入指令代码
  WriteData( 0x54 );                //显示 1～4 区开显示,光标关显示
}
```

液晶清屏程序如下所述。

```
//------------------------------------------------------------------
//清显示 32KB RAM 区(清屏)子程序
//------------------------------------------------------------------
void LcmClear( void )
{
 uint i1=32768;
 WriteCommand( CsrDirR );    //光标移动方向定义：自动右移
 WriteCommand( CsrW );       //光标 Locate,定位
 WriteData( 0 );             //写入参数 CSRL 设置参数光标指针低 8 位
 WriteData( 0 );             //写入参数 CSRH 设置参数光标指针高 8 位
 WriteCommand( mWrite );     //数据写入指令，代码 0x42
 while(i1--)
  {
  WriteData( 0x00 );         //写入数据 0
  }
}
```

液晶读写子程序如下所述。

```
#define LCDWRDATA XBYTE[0x1ffe]      /* 写参数及显示数据地址 */
#define LCDWRCMD  XBYTE[0x1fff]      /* 写指令代码地址       */
```

```
//-----------------------------------------------------------------
//写参数及显示数据子程序，入口参数：dataW，将数据 dataW 写入 SED1335
//-----------------------------------------------------------------
void WriteData( uchar DataW )
{
LCDWRDATA =DataW ;
}
//-----------------------------------------------------------------
//写指令代码子程序，入口参数：CommandByte，将指令 CommandByte 写入 SED1335
//-----------------------------------------------------------------
void WriteCommand( uchar CommandByte )
{
  LCDWRCMD=CommandByte;
}
//-----------------------------------------------------------------
//读参数及显示数据子程序，入口参数：dataW
//-----------------------------------------------------------------
uchar ReadData( )
{
 uchar DataR ;
DataR = LCDWRCMD ;
 return (DataR );
}
```

4) 个人简历菜单层次设计

实例中菜单总共分为 3 个层次，通过按键进行层次切换(注：实例中未采用触屏程序)。层次结构如图 4.1.7 所示。

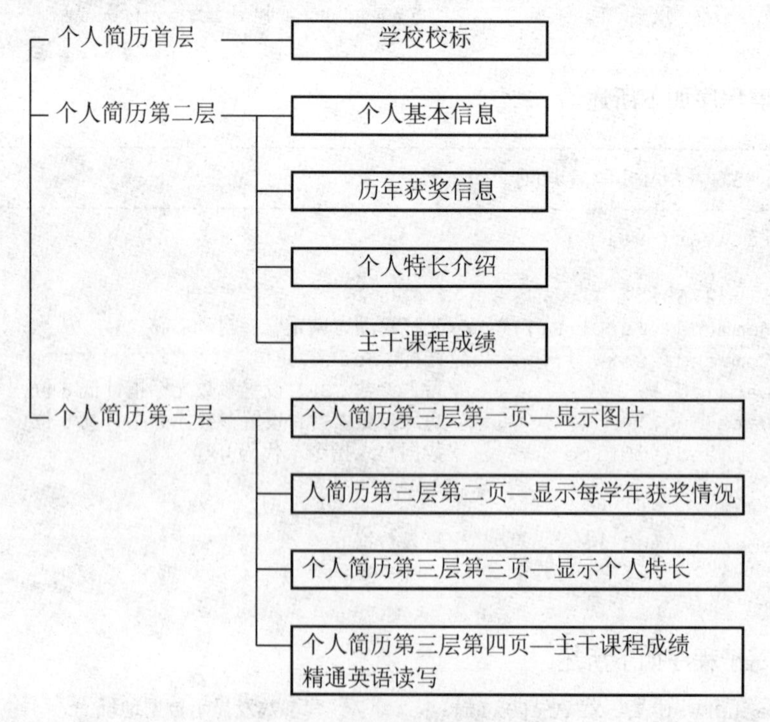

图 4.1.7　个人简历菜单层次图

4.2　16×64 LED 点阵显示器

4.2.1　设计目的

(1) 学习 LED 点阵动态扫描显示技术。
(2) 学习汉字取模软件的使用。

4.2.2　设计内容

设计一款 16×64 LED 点阵显示器，能滚动显示汉字和字符。

4.2.3　设计要求

1. 基本部分

(1) 分屏、左移显示“浙江师范大学”，每屏停留 2s，左移后能隔 5s 从头显示。
(2) 本机能存储至少 50 个汉字。
(3) 显示器的发光亮度在 1000～2500 流明之间(1800 流明是普通日光灯的标准)。
(4) 汉字变更时，不应有模糊不清楚的显示。

2. 发挥部分

(1) 能和 PC 即时通信。
(2) 显示内容可以通过键盘进行输入和修改。
(3) 增加分时显示或其他显示方式。
(4) 能定时显示和定时关机。
(5) 其他。

4.2.4　设计实例

1. 方案论证

1) 点阵模块显示方式

方案一：LED 点阵显示模块的显示方式采用静态显示。静态显示原理简单、控制方便，但硬件接线复杂。而且如果要显示的汉字越多，所需点阵显示屏块数越多，提高成本。

方案二：LED 点阵显示模块的显示方式采用动态显示。动态显示采用扫描的方式工作，由峰值较大的窄脉冲驱动，从上到下逐次不断地对显示屏的各行进行选通，同时又向各列送出表示图形或文字信息的脉冲信号，反复循环以上操作，就可显示各种图形或文字信息。这样降低了成本，且便于控制和改进。

通过比较，选用方案二。

2) 点阵显示屏驱动方式

方案一：可以用移位寄存器 74HC164 和译码器 74HC138 来实现 LED 点阵显示的行列控制，其特点是控制信号简单，级联方便，但是芯片数量更多，使电路更为复杂。

方案二：列驱动采用通用芯片 74LS595，其具有 8 位锁存、串-并移位寄存器和三态输出，可以用它的锁存功能实现硬件电路对数据的刷新。只是芯片的级联不太方便。

相比较而言，选择方案二。

2. 电路设计

1) 系统总体电路硬件设计

8×8 点阵 LED 内部结构如图 4.2.1 所示，8×8 点阵由 64 个发光二极管组成，且每个发光二极管是放置在行、列线的交叉点上，当对应的某一列置 1 电平，某一行置 0 电平，则相应的二极管就亮。

由于显示一个汉字需要 16×16 点阵，因此一个汉字需要将 4 块 8×8 拼接而成。本电路设计时能显示 4 个汉字，即需要 16×64 点阵。每块点阵的各行连接在一起，每块点阵的列连接在一起。因此总共需要 16+64 个控制端口，而单片机本身 IO 口有限，并且驱动能力不足，因此显示汉字时需要控制端口扩展及加装驱动电路。点阵显示器原理框图如图 4.2.2 所示。

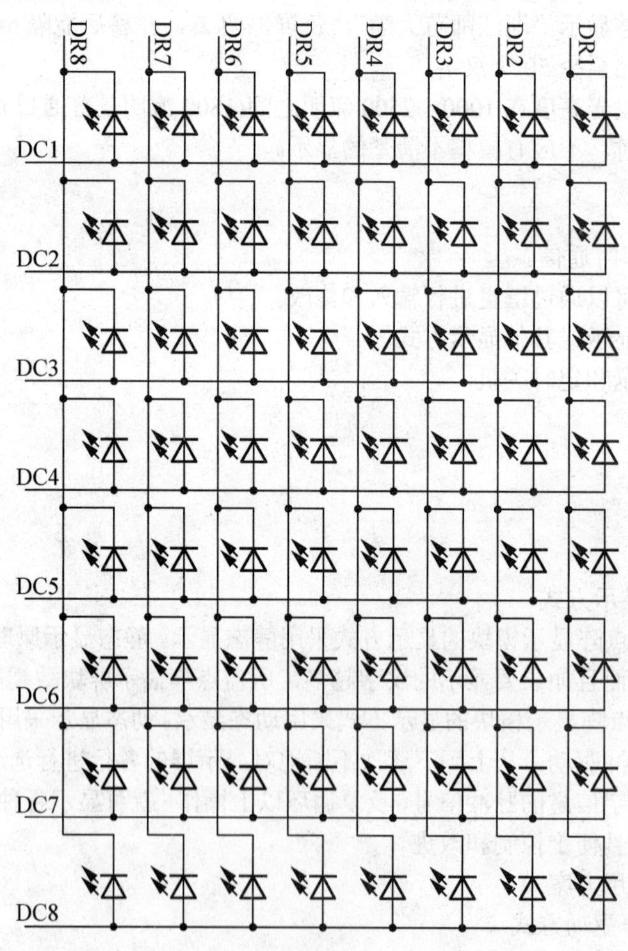

图 4.2.1　8×8 点阵 LED 内部结构图

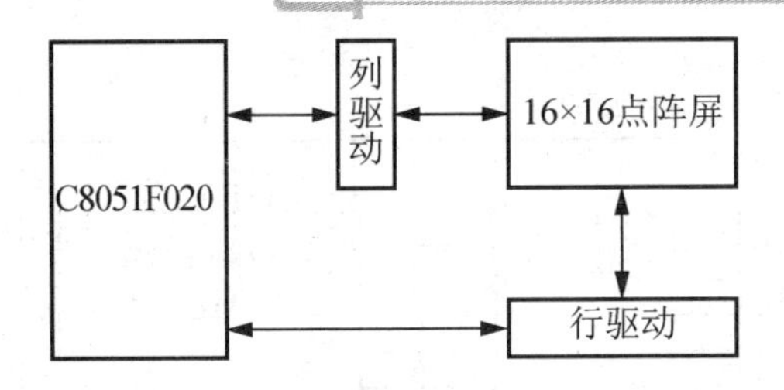

图 4.2.2　点阵显示器原理框图

2) 点阵屏列驱动电路设计

显示 4 个汉字总共需要 64 列驱动，即需要 64 个控制端口，直接用单片机控制显然无法完成，本系统采用 74HC595 实现列的驱动。

74HC595 是基于 SPI 总线的一款串并转换芯片，具有 8 位串入并出带锁存功能的移位寄存器，三态输出(高电平、低电平、高阻抗)功能，在 5V 供电时能够达到 30MHz 的时钟速度，每个并行输出端口均能承受 20mA 的灌电流和拉电流，在不用增加额外的扩流电路情况下即可驱动 LED。因此两片 74HC595 即可同时完成对一个汉字，即 16 列的控制和驱动。

表 4-2-1 为 74HC595 的管脚功能，图 4.2.3 为单个汉字显示的列驱动电路。C8051F020 单片机通过 SPI 接口与 74HC595 相连，74HC595 输出端口(H1～H16)连接点阵的列。

表 4-2-1　74HC595 的管脚功能描述

管脚号	管脚名称	管脚功能描述
1	Q_B	锁存器输出，三态
2	Q_C	锁存器输出，三态
3	Q_D	锁存器输出，三态
4	Q_E	锁存器输出，三态
5	Q_F	锁存器输出，三态
6	Q_G	锁存器输出，三态
7	Q_H	锁存器输出，三态
8	GND	电源地
9	SQ_H	串行输出，用于级联。无三态输出功能
10	Reset	低电平有效，当此管脚上出现低电平时，将复位内部的移位寄存器，但不影响 8 位锁存器的值
11	Shift Clk	移位寄存器时钟输入，上升沿将把 A 脚上的数据移入内部寄存器
12	Latch Clk	锁存时钟输入，上升沿将把内部移位寄存器的值锁存起来
13	Output Enable	低电平有效，将锁存器的输出映射到输出并行口(Q_A～Q_H)上。当输入高电平时，高阻态，同时本芯片的串行输出无效
14	A	串行数据输入，数据从这个管脚移进内部的 8 位串行移位寄存器
15	Q_A	锁存器输出，三态
16	VCC	电源正，2～6V DC

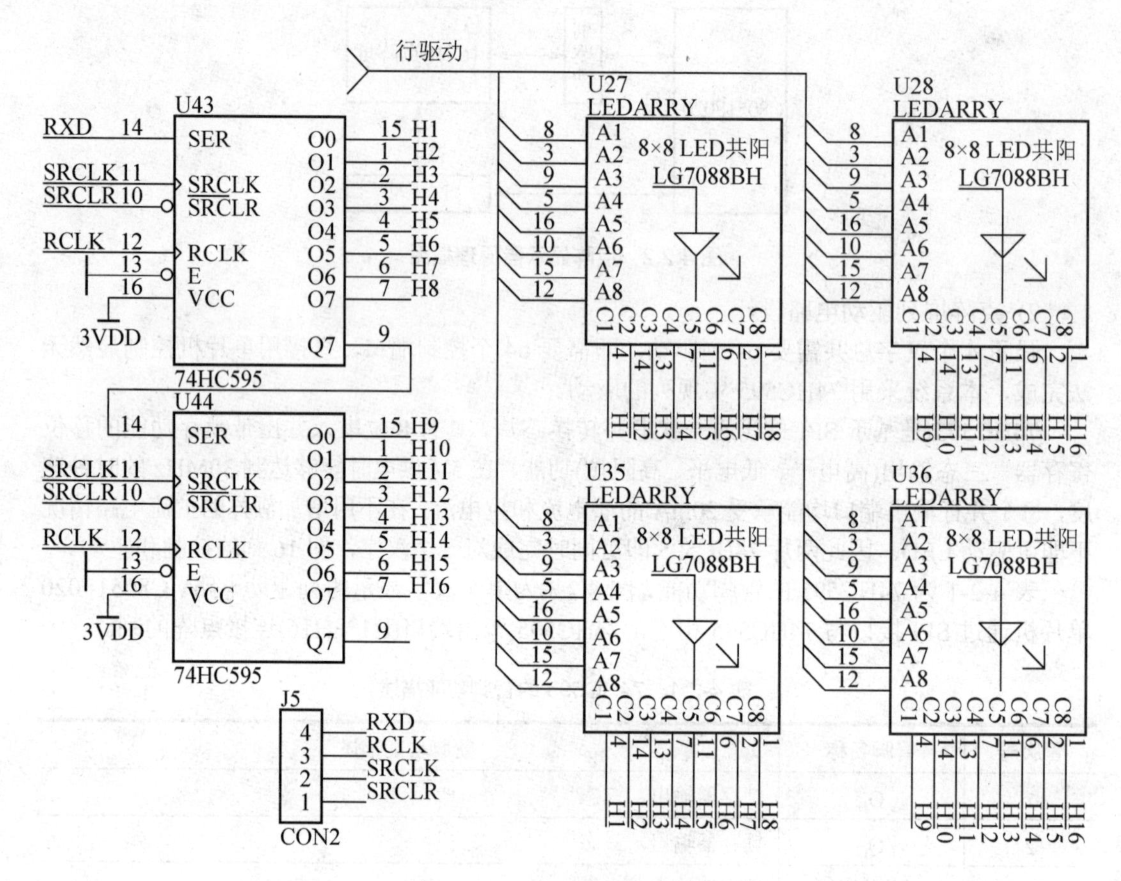

图 4.2.3　点阵屏列驱动电路

3) 点阵屏行驱动电路设计

显示一个汉字需要 16 行扫描，即需要 16 个控制端口，本系统采用 74HC154 实现控制端口扩展。74HC154 为 4-16 译码器，单片机通过 4 个 IO 口即可实现对 16 行的控制。采用动态扫描时，某一时刻最多同时点亮点阵内部 16 个 LED，若每个 LED 流过的电流以 10mA 计算，则需要 160mA，超过了 74HC154 的输出口拉电流能力，因此采用 8550 晶体管进行扩流，其原理如图 4.2.4 所示。

3. 汉字显示原理

LED 点阵屏汉字显示原理与 UCDOS 中的汉字显示原理相同，即每个汉字由 16×16 点阵组成，总共 256 个点。例如，显示一个“中”字，可以把“中”字拆分成小方格，如图 4.2.5 所示，黑色即为“中”对应的位置。假设黑色的代表 1，其他的代表 0。从左到右，从上到下，可将 16×16 点阵表示为：

```
0x01, 0x00, 0x01, 0x00, 0x01, 0x04, 0x7F, 0xFE,
0x41, 0x04, 0x41, 0x04, 0x41, 0x04, 0x41, 0x04,
0x7F, 0xFC, 0x41, 0x04, 0x01, 0x00, 0x01, 0x00,
0x01, 0x00, 0x01, 0x00, 0x01, 0x00, 0x01, 0x00
```

即一个汉字可用 32 字节表示。若 32 字节中，对应 1 的位表示亮，0 表示暗，则将 32 字节对应送入点阵屏，就可显示出汉字。

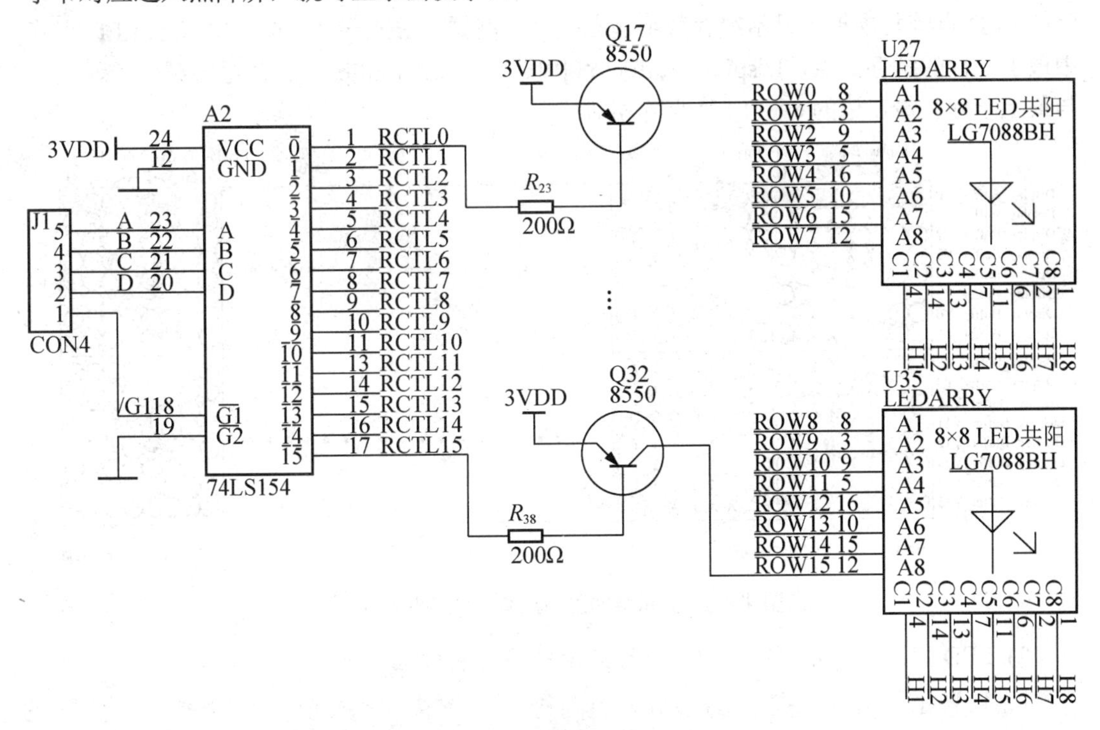

图 4.2.4　点阵屏行驱动电路

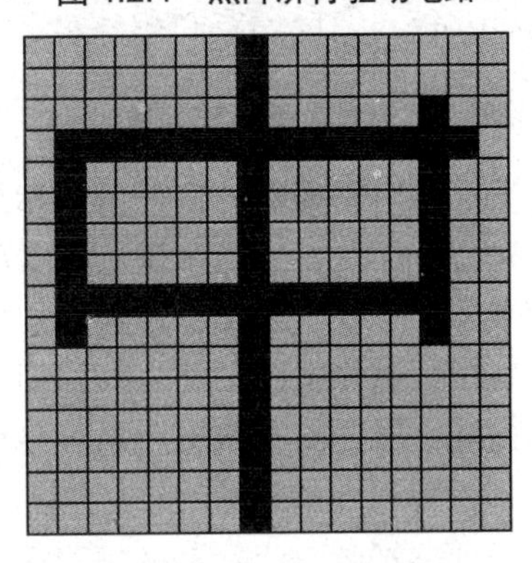

图 4.2.5　16×16 汉字点阵

4. 点阵显示关键算法一

点阵 LED 显示采用动态扫描显示方式，这种显示方式巧妙地利用了人眼的视觉暂留特性。将连续的几帧画面高速地循环显示，只要帧速率高于 24 帧/s，人眼看起来就是一个完整的，相对静止的画面。

本节只讲述显示算法原理之一，配套程序实例未采用此方法。

1) 显示缓存技术与映射关系

本设计是采用软件算法来实现 LED 显示屏的动态显示及移动。为此，在单片机内部的外扩数据存储器区(xdata 区)开辟一个连续编址的 8 位宽动态显示缓冲区 Display_Buffer，使显示缓冲区的每个字节与 LED 点阵模块的每行 8 个点一一对应，如图 4.2.6 所示。将实际的 LED 点阵与虚拟的显示缓存数组建立映射。例如：Display_Buffer_Y0 表示 LED 点阵中最上一行的缓存数组，Display_Buffer_Y0[0]即 Display_Buffer_Y0 数组的第一个元素，与最上一行，最左边的 8 列 LED 点阵相对应。

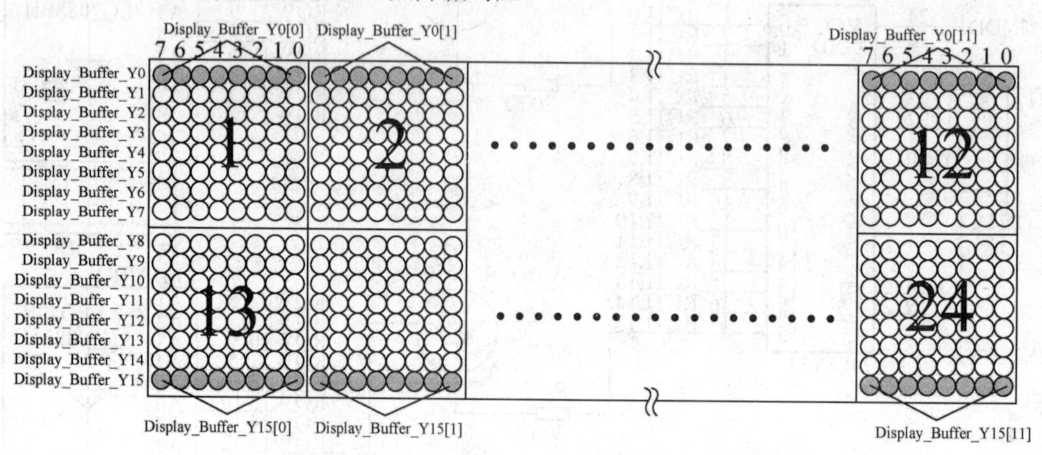

图 4.2.6 显示缓冲区与点阵模块的映射关系

2) LED 点阵与显示缓冲区见建立连续编址映射的算法

```
unsigned char xdata Display_Buffer_Y0[14] _at_ 0x0000;
unsigned char xdata Display_Buffer_Y1[14] _at_ 0x000e;
unsigned char xdata Display_Buffer_Y2[14] _at_ 0x001c;
……………//Y3-Y14 省略
unsigned char xdata Display_Buffer_Y15[14] _at_ 0x00d2;
```

算法中将 Display_Buffer_Yn[]数组存放在片内外部数据存储器中。各行数组中的第 0 到 11 号元素是显示缓冲区，第 12、13 号元素是字模点阵缓冲区。经过这样的映射处理，极大地简化了动态扫描的算法难度，同时也简化了各种移动算法的实现。要更新某行的列数据，只需将该行对应的缓存数组数据逐字节地移入列数据锁存器 74HC595 即可。

若要进行移动，只需将每行显示缓存的各数组元素首尾相接的进行逐位移动即可。

3) 动态显示算法

```
void LED_Scan()
{
HC595_OE_Disable();      //设置 74HC595 的输出为高阻态，强行关闭显示
Write_HC595_12Byte(Display_Buffer_Y0);//向列 74HC595 移入第 0 行缓冲区 12 字节数据
Select_Y0() ;            //选通第 0 行，使第 0 行的行线上获得正电压
HC595_OE_Enable();       //设置 74HC595 的输出为开漏，第 0 行开始显示
Delay_mS(delay_time);    //延时一小段时间，使肉眼能看到 LED 发光
HC595_OE_Disable();      //关闭显示，避免尾影出现
 ……      第 1～15 行扫描过程如上，仅送入 74HC595 的缓冲区指针不同。
}
```

4) 动态显示移动算法

```
void Shift_Left_One_bit(void)
{
 bit temp;                                    //位临时变量
unsigned char CNT;                            //移动次数
 for(CNT=0;CNT<12;CNT++)                      //第一行缓冲区的移动
{
Display_Buffer_Y0[CNT]<<=1;                   //当前数组元素左移动一位
temp=Display_Buffer_Y0[CNT+1] & 0x80;         //保存下一数组元素的最高位
Display_Buffer_Y0[CNT]|=temp;                 //将下一数组元素的最高位添加进当前数组元
                                                素的最低位

}
    ……        第 1～15 行移动算法同上，省略。
}
```

5. 点阵显示关键算法二

本节讲述左移显示的另一算法，配套程序实例也采用了此方法。以显示“中”字为例，通过字模提取软件“畔畔字模提取软件”提取“中”字对应的点阵数组，选择“反色操作”，取模顺序为 ABCD，如图 4.2.7 所示。

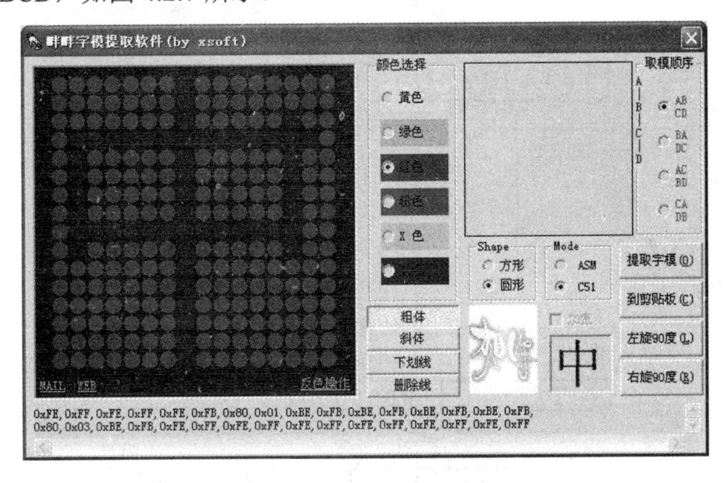

图 4.2.7　“中”字软件提取

提取结果为如下所述。

```
    0xFE,0xFF,0xFE,0xFF,0xFE,0xFB,0x80,0x01,0xBE,0xFB,0xBE,0xFB,0xBE,0xFB,0
xBE,0xFB,
    0x80,0x03,0xBE,0xFB,0xFE,0xFF,0xFE,0xFF,0xFE,0xFF,0xFE,0xFF,0xFE,0xFF,0
xFE,0xFF
```

将“中”字左移一列的示意图，如图 4.2.8 所示。

以第 10 行为列，左移前为“0xBE,0xFB”，用二进制表示如图 4.2.9 所示。向左移一列后，需要提取显示的字节为：“0111 1101”。为获得“0111 1101”，可将前一字节“1011 1110”左移一位，将后一字节“1111 1011”右移 8-1 位，将移位后两者进行“或”操作得到结果，如图 4.2.10 所示。

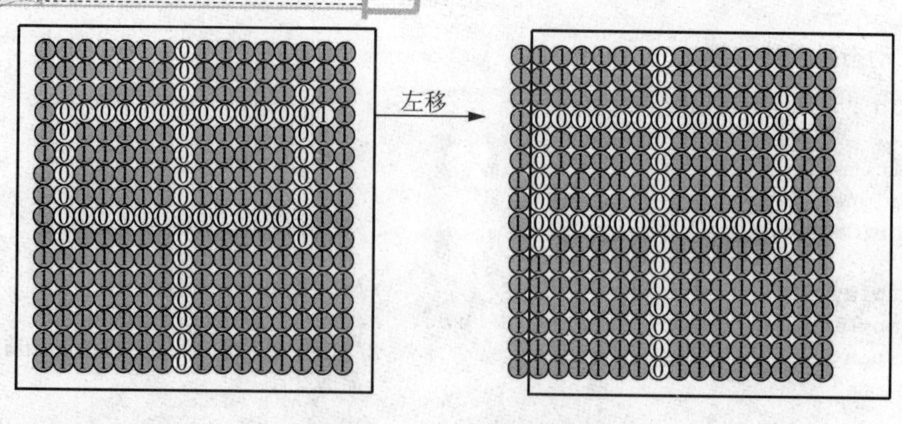

图 4.2.8 “中”左移示意图

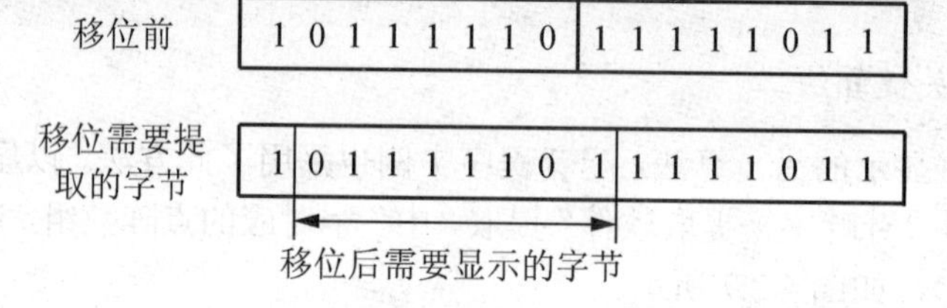

图 4.2.9 “中”左移

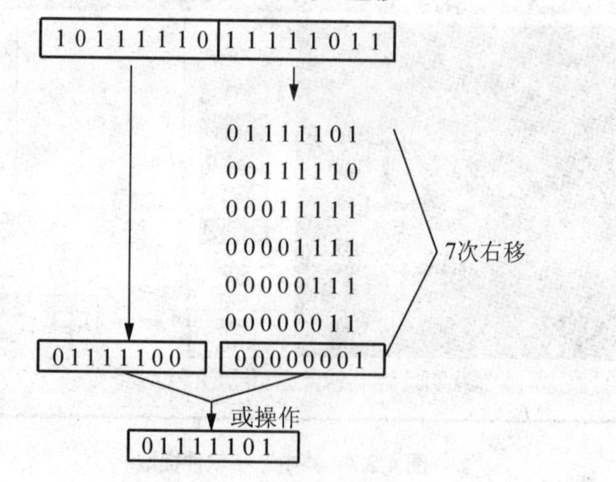

图 4.2.10 移位过程图

总结上述方法，即：将一行点阵数据中相邻两个字节，把前面一个字节向左移动 n 位，后一个字节向右移动 $(8-n)$ 位，然后两个字节相或，程序表示如下所述。

```
 uchar two_onebyte(uchar h1,uchar h2)        //h1 为前一字节，h2 为后一字节
{
uchar temp,tempcol;
    if(col<8) tempcol=col;                      //col 为列
    else tempcol=col-8;
    temp=(h1>>tempcol)|(h2<<(8-tempcol));   //获取需要显示的字节
    return temp;
}
```

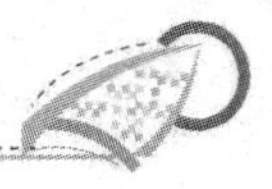

此方法的对应代码参考附录 6。此程序将要显示的汉字存储在程序存储器中。移位显示时只需要很少数据存储器即可完成相应的功能，节约了内存开销。

4.3　程控宽带放大器

4.3.1　设计目的

(1) 了解放大电路输入阻抗、通频带、有效值等参数的概念及测量方法。
(2) 了解程控放大器的工作原理及其应用。
(3) 了解 AGC 电路的原理、设计及调试方法。
(4) 学习 C8051F 单片机在本系统中的应用技术。
(5) 提高综合电路设计能力和调试技术。

4.3.2　设计内容

设计并制作一个宽带放大器，其宽带放大器幅频特性测试框图如图 4.3.1 所示。

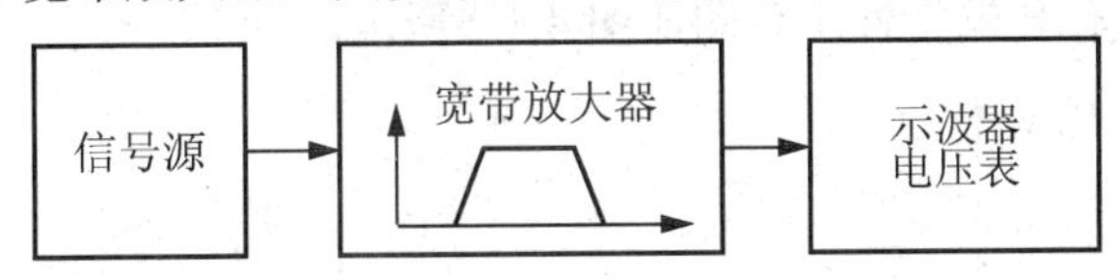

图 4.3.1　宽带放大器幅频特性测试框图

4.3.3　设计要求

1. 基本部分

(1) 输入阻抗≥1kΩ；单端输入，单端输出；放大器负载电阻 600Ω。
(2) 3dB 通频带 10kHz～6MHz，在 20kHz～5MHz 频带内增益起伏≤1dB。
(3) 最大增益≥40dB，增益调节范围 10～40dB(增益值 6 级可调，步进间隔 6dB，增益预置值与实测值误差的绝对值≤2dB)，需显示预置增益值。
(4) 最大输出电压有效值≥3V，数字显示输出正弦电压有效值。
(5) 自制放大器所需的稳压电源。

2. 发挥部分

(1) 最大输出电压有效值≥6V。
(2) 最大增益≥58dB(3 通频带 10kHz～6MHz，在 20kHz～5MHz 频带内增益起伏≤1dB)，增益调节范围 10～58dB(增益值 9 级可调，步进间隔 6dB，增益预置值与实测值误差的绝对值≤2dB)，需显示预置增益值。
(3) 增加自动增益控制(AGC)功能，AGC 范围≥20dB，在 AGC 稳定范围内输出电压有效值应稳定在 4.5V≤V_o≤5.5V 内(详见说明 3)。
(4) 输出噪声电压峰-峰值 V_{ON}≤0.5V。

(5) 进一步扩展通频带、提高增益、提高输出电压幅度、扩大 AGC 范围、减小增益调节步进间隔。

(6) 其他。

3. 设计说明

(1) 基本部分第(3)项和发挥部分第(2)项的增益步进级数对照表见表 4-3-1。

表 4-3-1　增益步进级数对照表

增益步进级数	1	2	3	4	5	6	7	8	9
预置增益值/dB	10	16	22	28	34	40	46	52	58

(2) 发挥部分第(4)项的测试条件为：输入交流短路，增益为 58dB。

(3) AGC 电路常用在接收机的中频或视频放大器中，其作用是当输入信号较强时，使放大器增益自动降低；当信号较弱时，又使其增益自动增高，从而保证在 AGC 作用范围内输出电压的均匀性，故 AGC 电路实质是一个负反馈电路。发挥部分第(4)项中涉及的 AGC 功能的放大器的折线化传输特性示意图如图 4.3.2 所示。

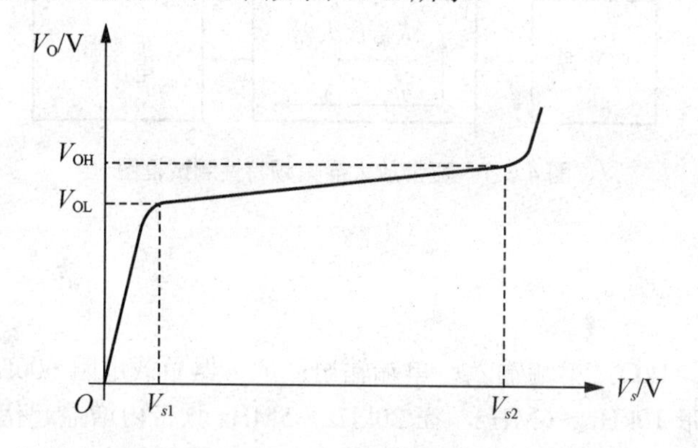

图 4.3.2　AGC 功能的放大器的折线化传输特性

本题定义：AGC 范围=20log｜V_{S2}/V_{S1}｜～20log｜V_{OH}/V_{OL}｜(dB)；要求输出电压稳定在 4.5V≤V_O≤5.5V 范围内，即 V_{OL}≥4.5V、V_{OH}≤5.5V，(电压均为有效值)；要求输出电压有效值稳定在 4.5V≤V_o≤5.5V 范围内，即 V_{OL}≥4.5V、V_{OH}≤5.5V。

4.3.4　设计实例

本设计利用可变增益宽带放大器 AD603 来提高增益和扩大 AGC 控制范围，通过软件补偿减小增益调节的步进间隔和提高准确度。输入部分采用高速电压反馈型运放 OPA642 作跟随器提高输入阻抗，并且在不影响性能的条件下给输入部分加了保护电路。使用了多种抗干扰措施以减少噪声并抑制高频自激。功率输出部分采用分立元件制作，通频带为 1kHz～20MHz，最小增益 0dB,最大增益 80dB。增益步进 1dB，60dB 以下预置增益与实际增益误差小于 0.2dB。不失真输出电压有效值达 9.5V，输出 4.5～5.5V 时 AGC 控制范围为 66dB。其结构框图如图 4.3.3 所示。

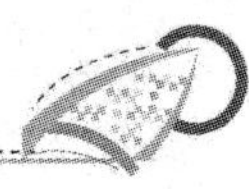

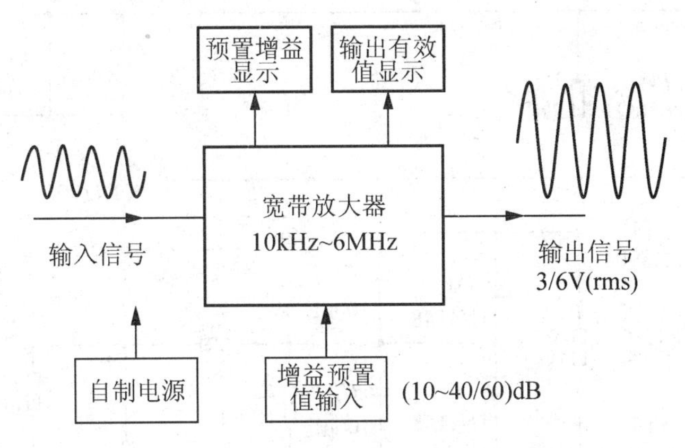

图 4.3.3　宽带放大器系统级结构框图

1. 方案选择与论证

1) 增益控制部分

方案一　采用场效应管作 AGC 控制，可以达到很高的频率和很低的噪声，但温度、电源等的漂移将会引起分压比的变化，用这种方案很难实现增益的精确控制和长时间稳定。

方案二　采用集成可变增益放大器 AD603 作增益控制。AD603 是一款低噪声、精密控制的可变增益放大器，温度稳定性高，最大增益误差为 0.5dB，满足题目要求的精度，其增益(dB)与控制电压(V)呈线性关系，因此可以很方便地使用 D/A 输出电压控制放大器的增益。本设计采用本方案。

2) 功率输出部分

根据要求，放大器通频带从 10kHz 到 6MHz，单纯用音频或射频放大的方法来完成功率输出，要做到 6V 有效值输出难度较大，而用高电压输出的运放来做又很不现实，因为市面上很难买到宽带功率运放。本项目采用分立元件功率输出电路，如图 4.3.4 所示。

3) 测量有效值部分

方案一：利用高速 ADC 对电压进行采样，将一周期内的数据输入单片机并计算其均方根值，即可得出电压有效值。此方案具有抗干扰能力强、设计灵活、精度高等优点，但调试困难，高频时采样难且计算量大，增加了软件难度。

方案二：对信号进行精密整流并积分，得到正弦电压的平均值，再进行 ADC 采样，利用平均值和有效值之间的简单换算关系，计算出有效值显示。只用了简单的整流滤波电路和单片机就可以完成交流信号有效值的测量。但此方法对非正弦波的测量会引起较大的误差。

方案三：采用集成有效值变换芯片，直接输出被测信号的有效值。这样可以实现对任意波形的有效值测量。

综上所述，我们采用方案三，变换芯片选用 AD637。AD637 是有效值变换芯片，它可测量的信号有效值可高达 7V，精度优于 0.5%，且外围元件少，频带宽，对于一个有效值为 1V 的信号，它的 3dB 带宽为 8MHz，并且可以对输入信号的电平以 dB 形式指示，该方案硬件、软件简单，精度也很高，但不适用于高于 8MHz 的信号。

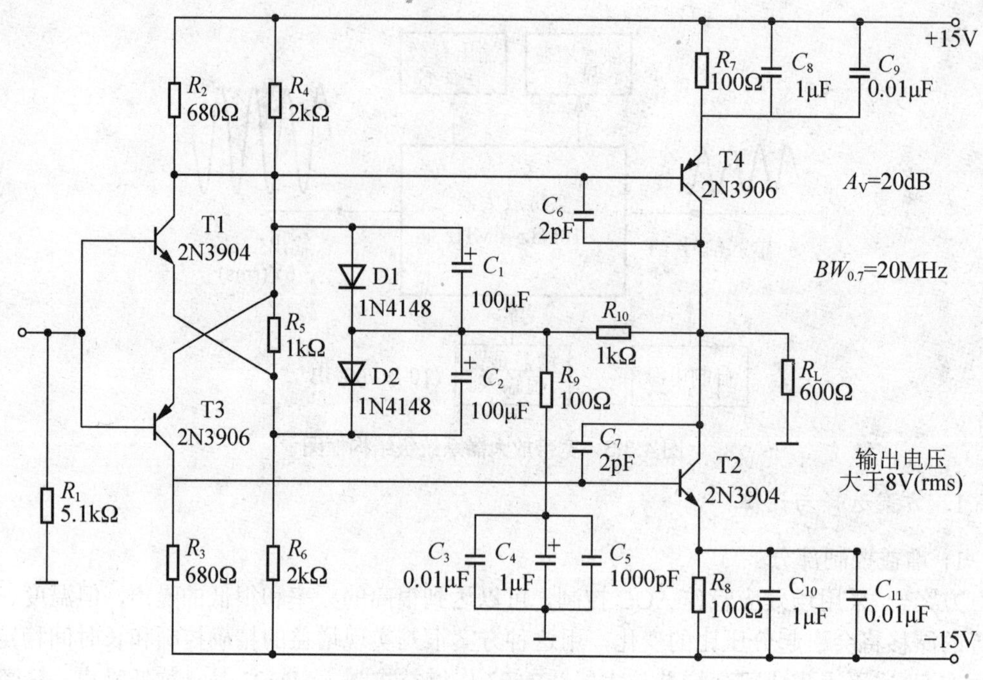

图 4.3.4 分立元件功率输出电路

此方案硬件易实现，并且 8MHz 以下时候测得的有效值的精度可以保证，在题目要求的通频带 10kHz～6MHz 内精度较高。8MHz 以上输出信号可采用高频峰值检测的方法来测量。

4) 自动增益控制(AGC)

利用单片机根据输出信号幅度调节增益。输出信号检波后经过简单 2 级 RC 滤波后由单片机采样，截止频率为 100Hz。由于放大器通频带低端在 1kHz，当工作频率为 1kHz 时，为保证在增益变化时输出波形失真较小，将 AGC 响应时间设定为 10ms，用单片机定时器 0 来产生 10ms 中断进行输出有效值采样，增益控制电压也经过滤波后加在可变增益放大器上。AGC 控制范围理论上可达 0～80dB，实际上由于输入端加了保护电路，在不同输出电压时 AGC 范围不一样，输出在 4.5～5.5V 时 AGC 范围约为 70dB，而当输出为 2～2.5V 时 AGC 范围可达 80dB。

2. *系统各单元电路原理及测试*

本实训平台具有本项目的大部分单元电路，以独立单元的形式分别调试，读者可在熟悉各单元后，自己设计整体电路，进行统调。

1) AD620 仪表放大器单元电路测试

AD620 仪表放大电路是由 3 个放大器共同组成，如图 4.3.5 所示，其中的电阻 R 与 R_x 需在放大器的电阻适用范围内(1～10kΩ)。由固定的电阻 R，可以调整 R_x 来调整放大的增益值，其关系式如式(4-3-1)所示，须注意避免每个放大器的饱和现象(放大器最大输出为其工作电压±Vcc)。

$$V0=(1+2R/R_x)(V_1-V_2) \tag{4-3-1}$$

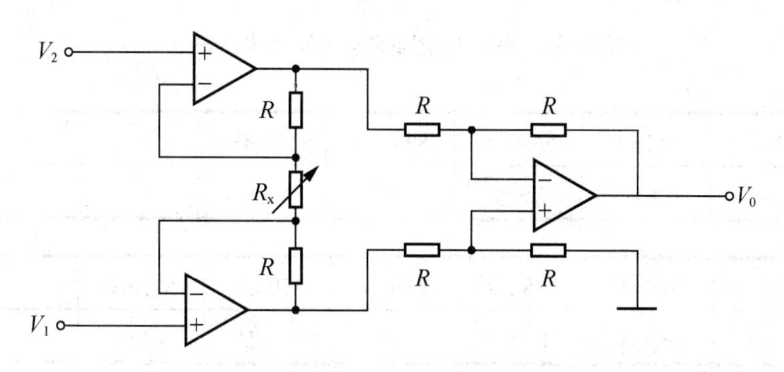

图 4.3.5　AD620 仪表放大电路内部结构图

仪表放大器 AD620 一共有 8 个引脚。其中 1、8 脚要跨接一电阻来调整放大倍率(作用同式(4-3-1)中的 R_x)，4、7 脚接正负对称的工作电压。输入信号由 2、3 脚进入，6 脚输出放大后的电压值。5 脚是参考基准，如果接地则 6 脚输出即为相对地的电压。AD620 的放大增益关系式如式(4-3-2)、式(4-3-3)所示，由此二式即可推算出各种增益所要使用的电阻值 R_g。

$$G=49.4\text{k}\Omega/R_g+1 \tag{4-3-2}$$

$$R_g=49.4\text{k}\Omega/(G-1) \tag{4-3-3}$$

实训平台原理图如图 4.3.6 所示。

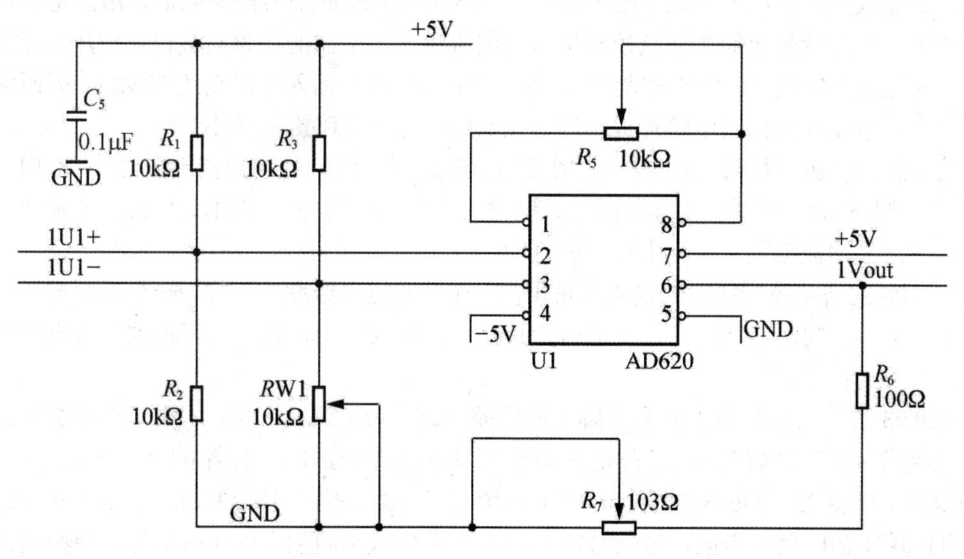

图 4.3.6　AD620 实训电路原理图

电路信号测试。

(1) 放大倍数测试。在本电路中 R_5 用来调节放大倍数(见公式(4-3-2))，RW_1 用来调节输入电压的大小 U_{in}(即 1U1+和 1U1−之间的电压)，测量不同 R_5 时，输入输出电压之间的对应关系，见表 4-3-2。

表 4-3-2　不同 R_5 阻值时输入输出电压关系

R_5=1.006kΩ

输入电压(U_{in})	40.1mV	56.4mV	82.4mV	113mV			
输出电压($1V_{out}$)	1.84V	2.67V	3.99V	4.14V			

R_5 = 5kΩ

输入电压(U_{in})	80.5mV	138mV	297mV	350mV	571mV		
输出电压($1V_{out}$)	865mV	1.45V	3.2V	3.78V	4.15V		

R_5 =9.62kΩ

输入电压(U_{in})	82.5mV	139mV	193mV	350mV	570mV	676mV	
输出电压($1V_{out}$)	481mV	811mV	1.14V	2.13V	3.48V	4.14V	

(2) 测量负载变化时，输出电压的变化情况。

在表 4-3-2 的基础上，当输出电压较大时(如约 3V)，改变 R_7 大小，观测输出电压是否有变化。

2) AD603 程控放大单元电路测试

实训平台 AD603 单元电路如图 4.3.7 所示。AD603 由无源输入衰减器、增益控制界面和固定增益放大器 3 部分组成。图中加在梯型网络输入端的信号经衰减后，由固定增益放大器输出，衰减量是由加在增益控制接口的电压决定。增益的调整与其自身电压值无关，而仅与其差值 VG 有关，由于控制电压 GPOS/GNEG 端的输入电阻高达 50MΩ，因而输入电流很小，致使片内控制电路对提供增益控制电压的外电路影响减小。

当 5 脚和 7 脚短接时，AD603 的增益为 40Vg+10，这时的增益范围在-10～30dB。当 5 脚和 7 脚断开时，其增益为 40Vg+30，这时的增益范围为 10～50dB。如果在 5 脚和 7 脚接上电阻，其增益范围将处于上述两者之间。

AD603 的增益控制接口的输入阻抗很高，在多通道或级联应用中，一个控制电压可以驱动多个运放；同时，其增益控制接口还具有差分输入能力，设计时可根据信号电平和极性选择合适的控制方案。

AD603 的放大倍数由 1 脚和 2 脚上的压差决定，为了调试方便，本实验板把 2 脚接地(RW_2 不起作用)，放大倍数由 1 脚电压决定，即通过调整 RW_3，来调节放大倍数。实验板把 5 脚和 7 脚相连，AD603 的增益为 40Vg+10，其增益范围在-10～30dB，带宽为 90Mbps。

(1) 调节 RW_3 至适当值，用信号发生器在 3 脚输入不同频率的正弦信号，观测输出信号(保证不失真的前提下)，记录放大倍数和带宽，见表 4-3-3。

(2) 调节 RW_3，观测放大倍数变化范围。

3) 分立元件功率输出单元电路测试

本项目设计了一款基于晶体管搭建起来的两级放大电路，如图 4.3.8 所示，其最大的优点是在使信号得到放大的同时，也使得功率得到了放大，可作为末级放大电路使用。

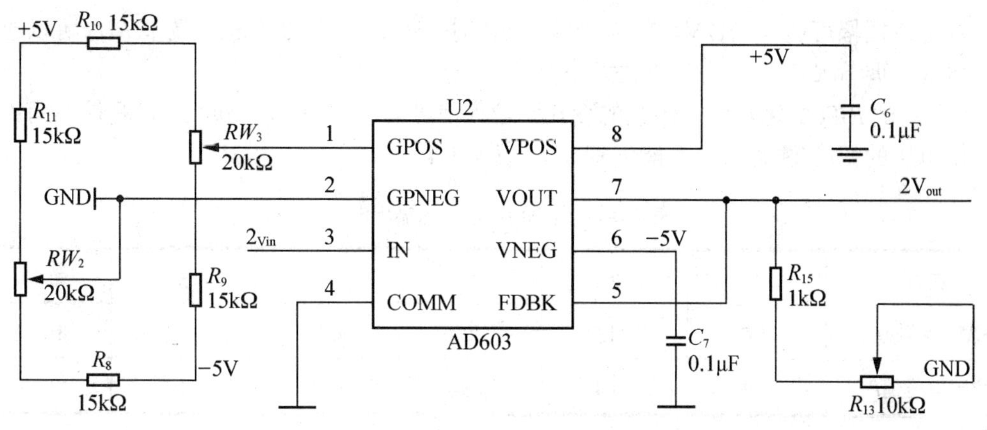

图 4.3.7 AD603 实训电路原理图

表 4-3-3 测量放大电路的幅频特性

序　　号	1	2	3	4	5		6	7	8
输入信号频率	100kHz	300kHz	600kHz	1MHz	2MHz	5MHz	8MHz	15MHz	20MHz
输入信号幅度/V	1.44	1.44	1.44	1.44	1.44	1.44	1.44	1.44	1.44
最大输出信号幅度/V	4.56	4.48	3.92	3.84	3.60	3.08	2.80	2.16	1.48

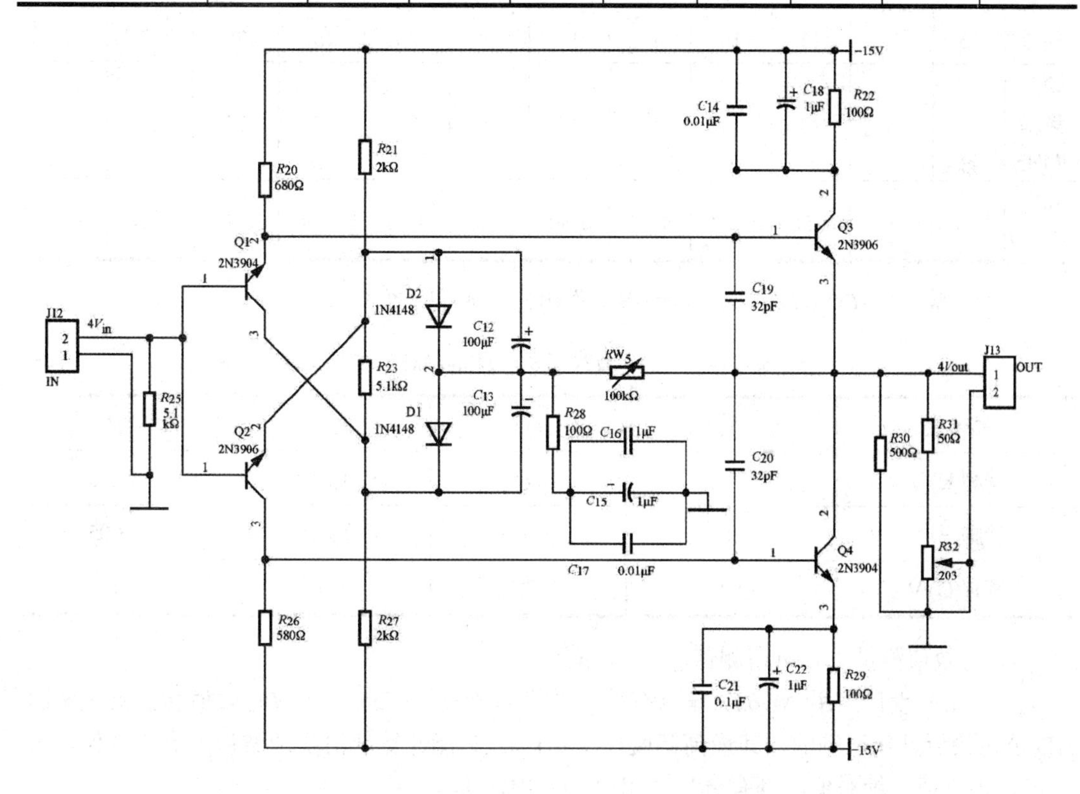

图 4.3.8 分立元件功率输出单元电路原理图

本电路摆幅可达(+/−)12V，放大倍数 20dB 时，带宽大于 20Mbps。调节 RW_5 可以改变放大倍数，调节 $R32$ 可以调节负载大小。

(1) 测试 RW_5 变化时放大倍数的变化。输入信号频率 1MHz，幅度 1V，测量不同 RW_5 时输出电压的幅度(注意信号不能失真)，见表 4-3-4。

表 4-3-4　不同 RW_5 值的输出电压

次数	1	2	3	4	5	6
RW_5(大致值)	2kΩ	1.5kΩ	1kΩ	500Ω	200Ω	100Ω
输出电压值/V	11.6	10.4	8.64	5.60	3.04	2.20

(2) 测量幅频特性、带宽(输入信号为正弦波，V_{pp}=1.0V)，见表 4-3-5 所示。

表 4-3-5　测量放大电路的幅频特性

序号	1	2	3	4	5	6	7	8	9	10	11	12
输入频率	100Hz	500Hz	1kHz	1.5kHz	2kHz	5kHz	10kHz	50kHz	100kHz	500kHz	1MHz	3MHz
输出幅度/V	1.04	1.14	1.3	1.40	1.58	1.84	1.92	1.96	1.96	2.0	2.0	1.96
序号	13	14	15	16	17	18	19	20	21	22	23	24
输入频率/MHz	5	8	10	11	12	15	20	21	22	23	24	25
输出幅度/V	1.86	1.64	1.56	1.54	1.50	1.50	1.60	1.60	1.58	1.50	1.44	1.34

(3) 测量 Q1　Q2　Q3　Q4 的静态工作电压，见表 4-3-6。

表 4-3-6　Q1、Q2、Q3、Q4 的静态工作点

晶体管	Q1	Q2	Q3	Q4
管脚(E)/V	−0.61	0.62	13.74	−13.65
管脚(B)/V	0	0	13.11	−13.05
管脚(C)/V	13.29	−13.12	0	0

4) 有效值测量单元电路测试

本电路的设计采用 AD637 作为有效值转换的核心。AD637 集成有效值转换器是美国 AD 公司最近几年研制的，其最高精度优于 0.1%。它能计算任何复杂波形的真有效值、平均值、均方值、绝对值，具有分贝输出(0～60dB)功能。

电路设计中我们为保证真有效值的转换效果，利用了 AD637 高精度外部调整的功能，在 4 脚端设计一个输出失调调节，同时在 6 脚设计一个标尺系数调节，这可以最大减少总误差。本部分电路具体如图 4.3.9 所示。

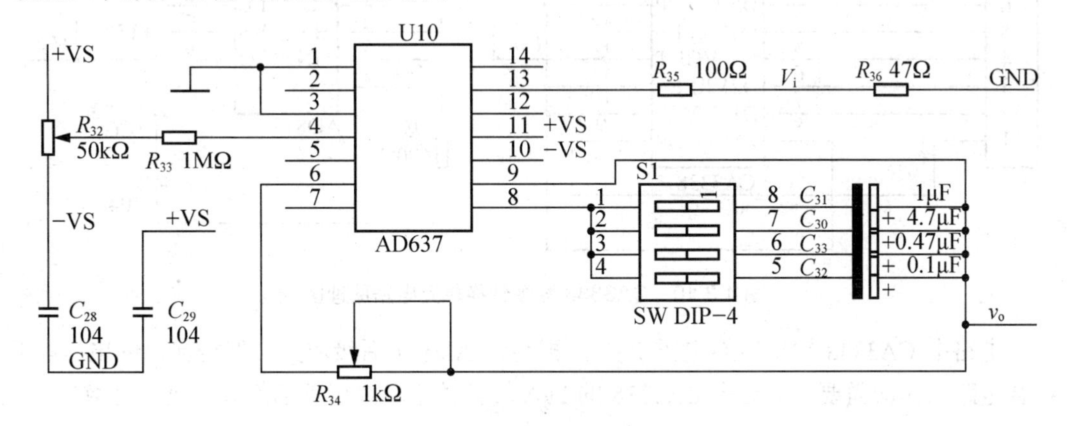

图 4.3.9　有效值测量单元电路原理图

8 脚和 9 脚之间的平均电容 C_{AV} ($C31$ 或 $C30$ 或 $C33$ 或 $C32$)是 AD637 的关键外围元件。尽管增加 C_{AV} 的容量可减小纹波电压产生的交流误差，但稳定时间也相应增加，使测量时间延长。图中 C_{AV} 的 4 个参考电容供实验时选择使用以便比较不同的效果。

电路的输入电压由 13 脚输入，由 9 脚得到输出有效值电压，即

$$V_o=\sqrt{V_{in}^{\ 2}}$$

有效值测试：测量不同信号源信号幅度时对应的有效值(频率选 50Hz)，测试时，首先调节 R_{34}，使之处于中间位置，另外，测试时注意观测 R_{32} 对输出的影响。)实验数据见表 4-3-7。

表 4-3-7　不同输入信号的输出有效值测量

输入信号幅度	100mV	500mV	1V	1.5V	2V	3V	4V	5V
输出有效值	58.6mV	173.5mV	0.35V	0.50V	0.68V	0.97V	1.32V	1.7V

5) D/A 数模转换单元电路测试

数控放大用到的 D/A 转换电路，可以由单片机提供，本实训平台设计了 CA3338 单元电路。CA3338 是 HARRIS 公司推出的采用 CMOS 工艺制成的高速数模转换器，最高工作频率可达 50MHz。它可以采用单电源+5V 供电，并且能产生“轨对轨”的输出。其内部采用改进的 R-2R 梯形电阻网络，对高 3 位进行 3 位至 7 位的线性热编码来驱动 7 位加权电阻，这样，减少了由于输出电压值的改变产生的寄生电压。

电路中 CA3338 通过 D0～D7 接受单片机的转换数据，并且将它转换成对应的模拟电压由 V_{OUT} 输出。

本单元电路原理如图 4.3.10 所示。

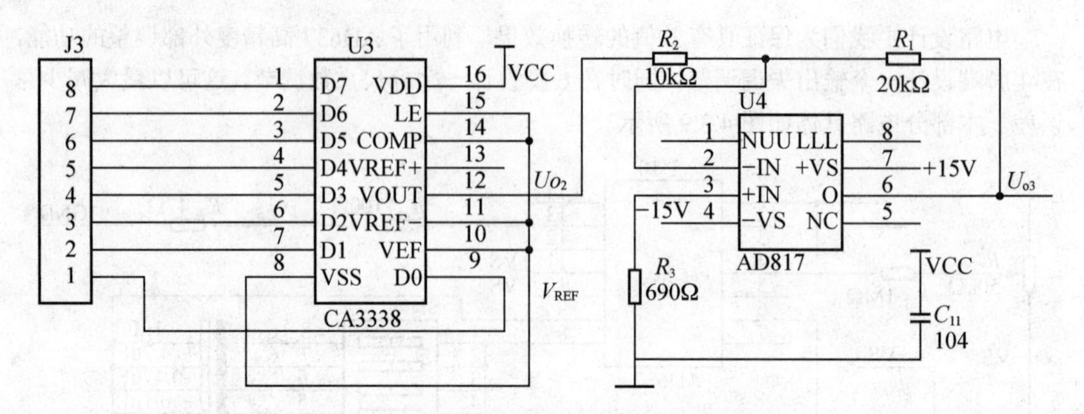

图 4.3.10　CA3338 数模转换单元电路原理图

电路中 CA3338 输出转换电压 V_{OUT}，再经过 AD817 后级放大，使得输出的电压能够符合电路工作的需要。电路中 CA3338 的 D/A 转换关系可以用下面的公式进行计算

$$V_{OUT} = (DATE/256)\times 5.0\ (V)$$

3. 抗干扰措施

系统前级输入缓冲和增益控制部分增益最大可达 60dB，因此抗干扰措施必须要做得很好才能避免自激和减少噪声。设计时应注意如下抗干扰措施。

(1) 将输入部分和增益控制部分装在屏蔽盒中，避免级间干扰和高频自激。

(2) 电源隔离，各级供电采用电感隔离，输入级和功率输出级采用隔离供电，各部分电源通过电感隔离，输入级电源靠近屏蔽盒就近接上 1000μF 电解电容，盒内接高频瓷片电容，通过这种方法可避免低频自激。

(3) 所有信号耦合用电解电容两端并接高频瓷片电容以避免高频增益下降。

(4) 构建闭路环。在输入级，将整个运放用较粗的地线包围，可吸收高频信号减少噪声。在增益控制部分和后级功率放大部分也都采用此方法。在功率级，此法可以有效地避免高频辐射。

(5) 数模隔离。数字部分和模拟部分之间除了电源隔离之外，还将各控制信号用电感隔离。

(6) 使用同轴电缆，输入级和输出级使用 BNC 接头，输入级和功率级之间用同轴电缆连接。

4.4 模拟滤波器

4.4.1 设计目的

(1) 了解滤波的意义、原理及滤波器组成。

(2) 掌握 ICL8038 函数发生器的工作原理。

(3) 掌握 AD9851 专用函数发生器芯片产生波形的方法。

(4) 掌握椭圆滤波器的原理及其实现。

(5) 掌握用集成芯片 LTC1068 进行程控滤波的方法。

4.4.2　设计内容

设计并制作一个产生信号源并对其进行滤波的系统，如图 4.4.1 所示。

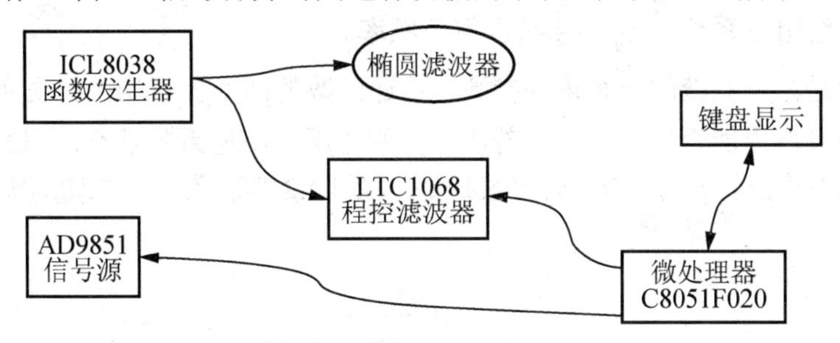

图 4.4.1　信号源与滤波器系统框图

4.4.3　设计要求

(1) ICL8038 函数发生器产生正弦波形，幅度 2.2～2.5V，频率 3～100kHz，频率可调。

(2) 四阶椭圆低通滤波器：带内起伏≤1dB，−3dB 通带为 50kHz，要求放大器与低通滤波器在 200kHz 处的总电压增益小于 5dB，−3dB 通带误差不大于 5%。

(3) AD9851 信号源：产生 1Hz～70MHz 任意正弦波信号，频率步进 1Hz、频率可调。

(4) LTC1068 程控滤波器：实现四阶 Butterworth 高通、低通、带通滤波器，中心频率范围 4～300kHz，中心频率可调。

4.4.4　设计实例

1. 引言

滤波技术是通信和测试领域的重要环节，滤波网络的理论逼近问题，早在 20 世纪的三四十年代就已解决，但滤波器的综合技术，由于其网络元件参数的实际选择和调试的困难，一直没有得到长足的发展。近年来虽然有开关电容式专用集成滤波芯片问世，但电路噪声不尽人意。 因此对 RC 有源滤波器优化综合技术的研究，在信号处理、数据采集和实时工控等领域，有着积极的实际意义。

所谓优化综合，指的或者是其实现电路较简洁；或者是网络参数易确定，调试方便；抑或是滤波器有确定的截止频率解析式，且有较好的精度。

2. 各类滤波器优化综合技术

1) 二阶 Butterworth RC 有源滤波器优化综合技术

Butterworth 滤波网络，又称“最平坦幅频特性”滤波网络。式(4-4-1)是二阶 Butterworth 归一化传递函数。

$$H(s)=\frac{1}{s^2+\sqrt{2}s+1} \tag{4-4-1}$$

以 $s=s/w_0$ 代入上式得

$$H(s/w_0)=\frac{1}{s^2+\sqrt{2}s+1}=\frac{\omega_0^2}{s^2+\sqrt{2\omega_0}s+\omega_0^2}=\frac{\omega_0^2}{s^2+2\xi\omega_0 s+\omega_0^2} \tag{4-4-2}$$

式中：ξ 为系统阻尼系数，ω_0 为系统固有角频率。

阻尼系数是二阶系统的一个重要参数，传递函数的两个极点均由阻尼系数所表征，它对系统在整个频域内能否稳定工作起着决定性的作用。阻尼系数越小，在 s 平面内越靠近虚轴，系统越不稳定。ξ 为 0.707 时滤波最好。图 4.4.2 为一常见的二阶有源低通滤波器原理图。

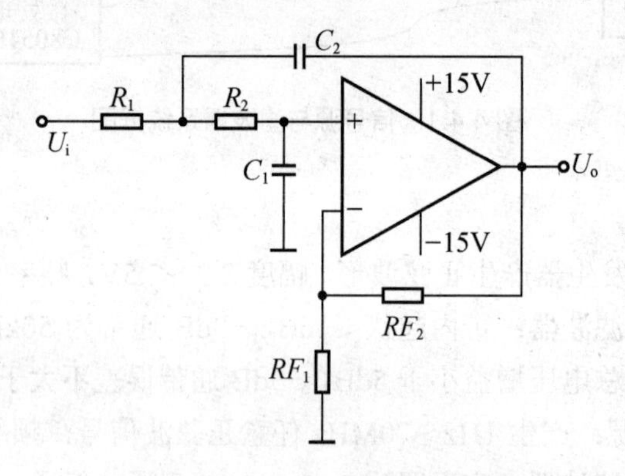

图 4.4.2　有源二阶低通滤波器原理图

其传递函数为

$$H(s)=\frac{K_0/R_1R_2C_1C_2}{s^2+(\frac{1}{R_1C_2}+\frac{1}{R_2C_2}+\frac{1-K_0}{R_2C_1})s}+\frac{1}{R_1R_2C_1C_2}=\frac{K_0\varpi_0^2}{s^2+2\xi\omega_0 s+\omega_0^2} \tag{4-4-3}$$

式中：K_0 为电路直流增益；ξ 为电路阻尼率；$\omega_0=2\pi f_0$ 为电路固有频率。

$$K_0=1+RF_2/RF_1 \tag{4-4-4}$$

$$\xi=\frac{1}{2}\left[\sqrt{\frac{R_2C_1}{R_1C_2}}+\sqrt{\frac{R_1C_1}{R_2C_2}}-(K_0-1)\sqrt{\frac{R_1C_2}{R_2C_1}}\right] \tag{4-4-5}$$

$$\omega_0=1/\sqrt{R_1R_2C_1C_2} \tag{4-4-6}$$

以 $s=\mathrm{j}\omega$ 代入式(4-4-3)，求得其幅频特性

$$|H(\mathrm{j}\omega)|=\frac{K_0\omega_0^2}{\sqrt{(\omega_0^2-\omega^2)^2+(2\xi\omega_0\omega)^2}}=\frac{K_0}{\sqrt{(1-\lambda^2)^2+(2\xi\lambda)^2}} \tag{4-4-7}$$

式中：$\lambda=\omega/\omega_0=f/f_0$ 为频率比；$\lambda=1$ 时的频率称为截止频率。

由式(4-4-7)可得，当 $\xi=1/\sqrt{2}$ 时，其幅频特性最为平坦。当各种信号频率小于滤波器

截止频率时，才能“无失真”地传输，即幅度不会放大或衰减。当 $C_1 = C_2 = C$，$RF_1 = RF_2 = RF$，即 $K_0 = 2$ 时，由式(4-4-3)、式(4-4-4)、式(4-4-5)有

$$\xi = \frac{1}{2}\sqrt{R_2 / R_1} \tag{4-4-8}$$

$$f_0 = \frac{1}{2\pi C\sqrt{R_1 R_2}} \tag{4-4-9}$$

令式(4-4-6) $\xi = 1/\sqrt{2}$，得 $R_2 = 2R_1 = 2R$，则有

$$f_0 = \frac{1}{2\sqrt{2}\pi CR} \tag{4-4-10}$$

由上式可知，当 C 为定值时，电路截止频率 f_0 与 R 成反比。因此只要电阻按 $R_2 = 2R_1 = 2R$ 的比例关系线性改变，还可实现滤波器截止频率的线性跟踪滤波。

2) 四阶椭圆低通滤波器优化综合技术

通带波纹 1dB，A=10，四阶椭圆滤波器传递函数

$$H(s) = \frac{0.1(s^2 + 4.158\,26)(s^2 + 1.264\,12)}{(s^2 + 0.103\,23s + 1.009\,97)(s^2 + 0.800\,53s + 0.583\,84)} \tag{4-4-11}$$

将式(4-4-11)记为

$$H_4(s) = \frac{0.1(s^2 + 1.158\,26)}{(s^2 + A_1 s + B_1)} \cdot \frac{s^2 + 1.264\,12}{s^2 + A_2 s + B_2} \tag{4-4-12}$$

$$H_4(s) = 0.1\left[H_{\mathrm{H1}}(s) + H_{\mathrm{L1}}(s)\right] \cdot \left[H_{\mathrm{H2}}(s) + H_{\mathrm{L2}}(s)\right] \tag{4-4-13}$$

将 $s = s/\omega_0$ 代入式(4-4-13)得

$$H_{\mathrm{H1}}(s) = \frac{0.1s^2}{s^2 + A_1 s + B_1} = \frac{0.1s^2}{s^2 + A_1\omega_0 s + B_1\omega_0^2} \tag{4-4-14}$$

$$H_{\mathrm{L1}}(s) = \frac{0.415826}{s^2 + A_1 s + B_1} = \frac{0.415826\omega_0^2}{s^2 + A_1\omega_0 s + B_1\omega_0^2} \tag{4-4-15}$$

$$H_{\mathrm{H2}}(s) = \frac{s^2}{s^2 + A_2 s + B_2} = \frac{s^2}{s^2 + A_2\omega_0 s + B_2\omega_0^2} \tag{4-4-16}$$

$$H_{\mathrm{L2}}(s) = \frac{1.26412}{s^2 + A_2 s + B_2} = \frac{1.26412\omega_0^2}{s^2 + A_2\omega_0 s + B_2\omega_0^2} \tag{4-4-17}$$

式(4-4-11)是两个高通与低通之和的积，就电路而言就是两个低通与高通之和的级联，主要困难有如下几方面。

(1) 4 个分母多项式的阻容器件个数较多，参数很难保证一致性。

(2) 两个传递函数的 Q 值和角频率不同，调试困难，从而影响幅频特性。图 4.4.3 为一款实现电路。

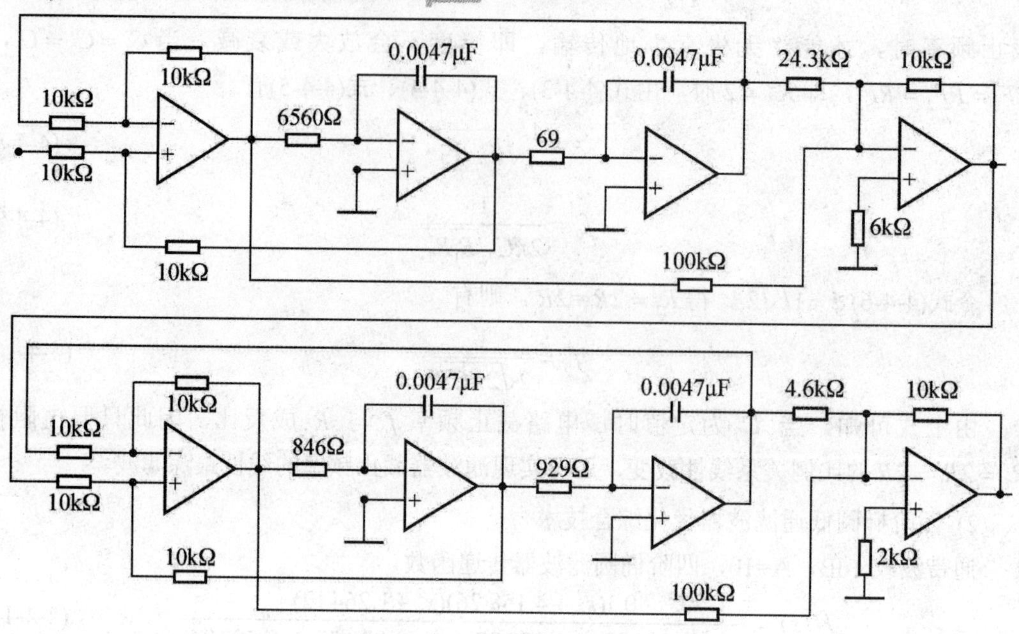

图 4.4.3　四阶 50kHz 椭圆滤波器原理图

分贝幅频特性，如图 4.4.4 所示。

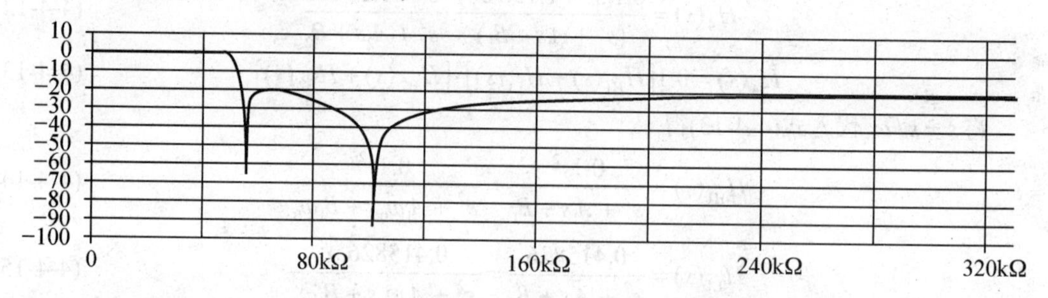

图 4.4.4　四阶 50kHz 椭圆滤波器分贝幅频特性

3. 硬件设计

1) LTC1068 程控滤波器

LTC1068 系列产品在单个芯片里有 4 个时钟可调的滤波器积木块，包含了 4 个对称的、低噪声、高精度的二阶滤波器。一个外部时钟用来调整每个滤波器的中心频率。LTC1068 系列产品不同之处在于时钟频率与中心频率的比值。例如：LTC1068-200 型，时钟频率/中心频率=200；LTC1068-50 型，时钟频率/中心频率=50 等。可用外部电阻能够改变钟频率对中心频率的比值。LTC1068 可用来设计四重二阶、双四阶或八阶滤波器。

在 Windows 平台下设计的软件工具有 FilterCAD。用 FilterCAD 进行设计非常简单，FilterCAD 软件界面如图 4.4.5 所示。

对于 LTC1068-25 芯片，用 FilterCAD 设计的四阶 Butterworth 滤波器原理图如图 4.4.6 所示，只要改变输入 CMOS 或 TTL 方波频率 CLK(CLK>100kHz)，就可得到设计的滤波器的中心频率为 F_o=CLK/25，此种滤波方法非常简单，用 C8051F020 产生可编程的 CLK，

就可以达到程控滤波器的目的。

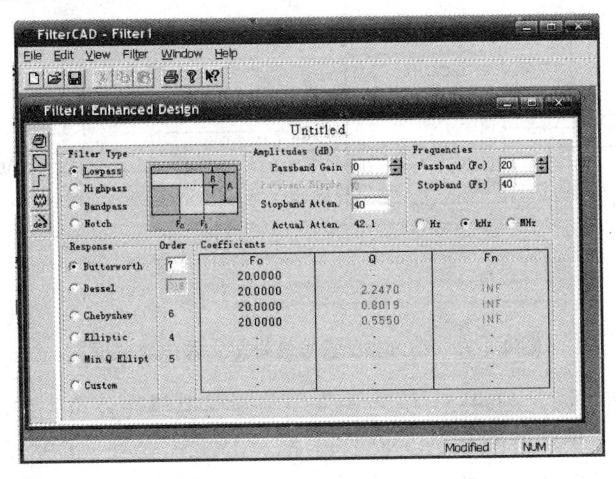

图 4.4.5　FilterCAD 软件界面图

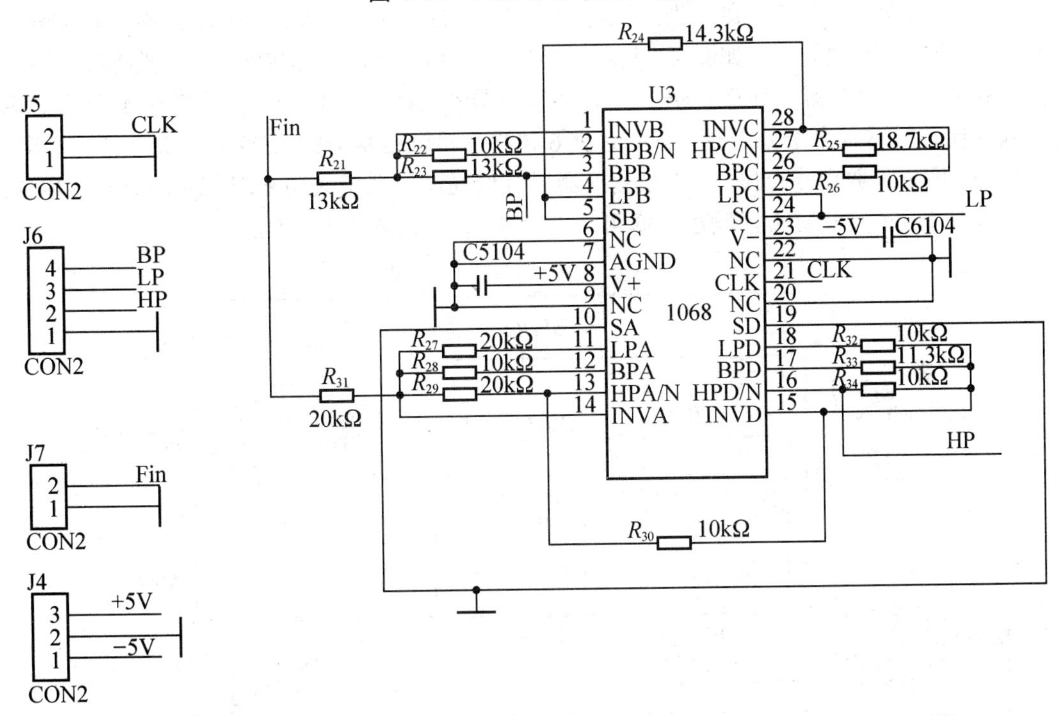

图 4.4.6　LTC1068 程控滤波器电路图

2) 信号源

(1) ICL8038 函数信号发生器。ICL8038 精密函数发生器是采用肖特基势垒二极管等先进工艺制成的单片集成电路芯片，具有电源电压范围宽、稳定度高、精度高、易于用等优点，外部只需接入很少的元件即可工作，可同时产生方波、三角波和正弦波，其函数波形的频率受内部或外电压控制，可被应用于压控振荡和 FSK 调制器。

为了产生测试信号，设计的信号发生器电路原理如图 4.4.7 所示。

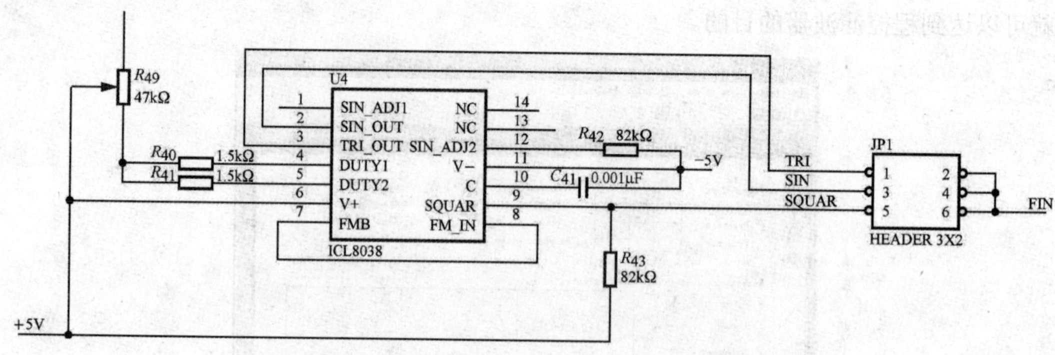

图 4.4.7 ICL8038 函数信号发生器电路原理图

(2) AD9851 信号源。AD9851 信号源采用美国模拟器件公司先进的 DDS 直接数字频率合成技术生产的高集成度产品 AD9851 芯片。AD9851 是在 AD9850 的基础上，做了一些改进以后生成的具有新功能的 DDS 芯片。AD9851 相对于 AD9850 的内部结构，只是多了一个 6 倍参考时钟倍乘器，当系统时钟为 180MHz 时，在参考时钟输入端，只需输入 30MHz 的参考时钟即可。如图 4.4.8(AD9851 内部结构)所示，AD9851 是由数据输入寄存器、频率/相位寄存器、具有 6 倍参考时钟倍乘器的 DDS 芯片、10 位的模/数转换器、内部高速比较器这几个部分组成。其中具有 6 倍参考时钟倍乘器的 DDS 芯片是由 32 位相位累加器、正弦函数功能查找表、D/A 变换器以及低通滤波器集成到一起。这个高速 DDS 芯片时钟频率可达 180MHz，输出频率可达 70 MHz，分辨率为 0.04Hz。

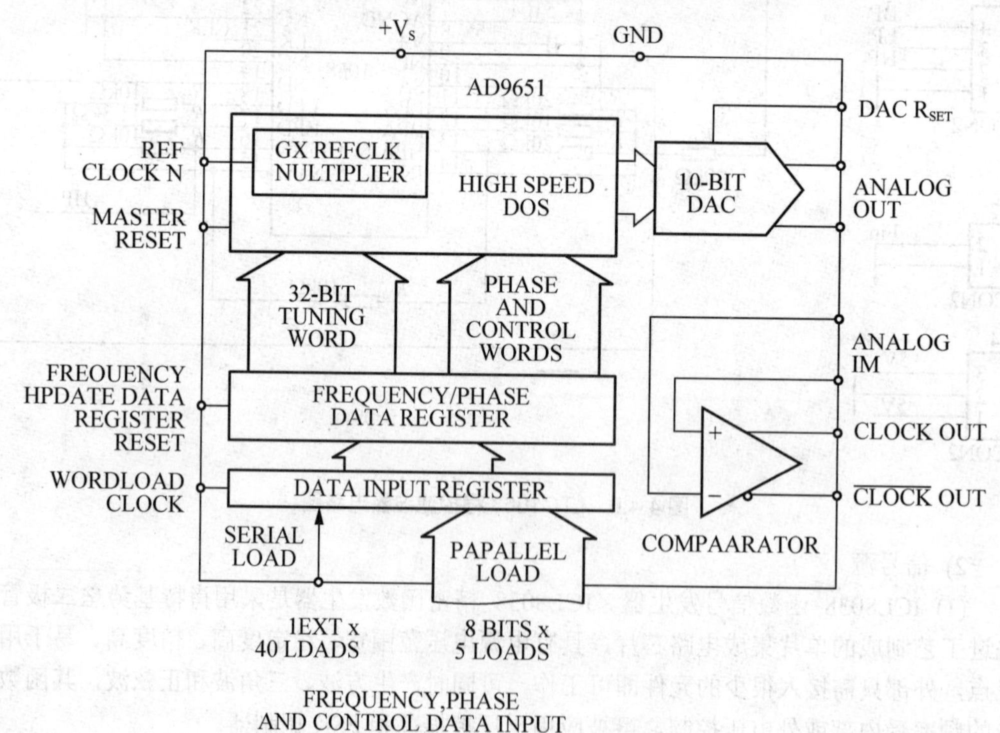

图 4.4.8 AD9851 内部结构图

本系统设计的 AD9851 信号源电路如图 4.4.9 所示。

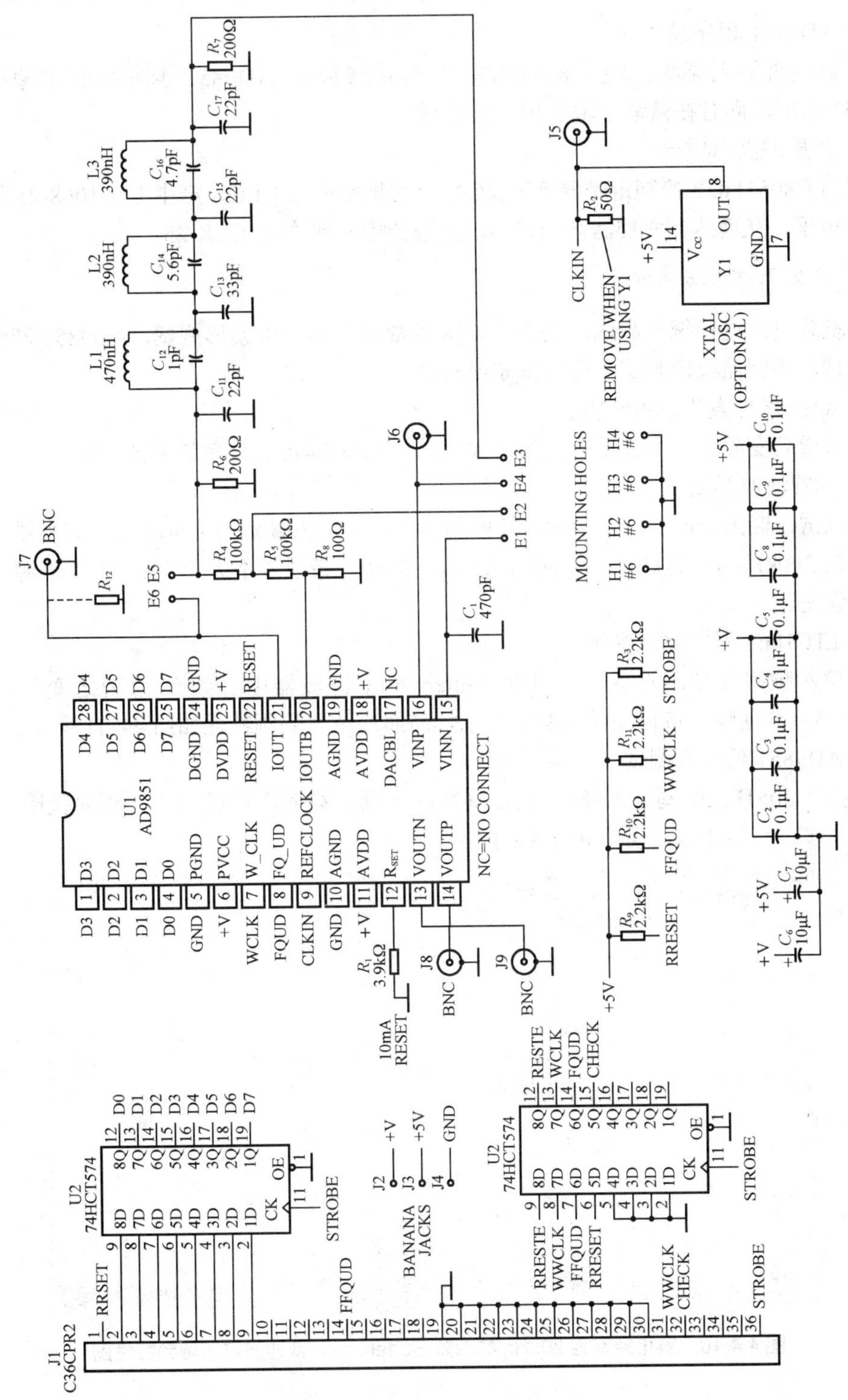

图 4.4.9　AD9851 信号源电路图

4. 软件设计

1) AD9851 程序设计

读取键盘输入频率，经 C8051F020 处理后转换成 AD9851 频率控制字输出控制 AD9851 输出，同时在液晶上输出相对应的频率。

2) 程控滤波器设计

利用 C8051F020 控制定时器阵列(PCA)中的频率输出 CLK，产生 LTC1068-25 输入的 CMOS 电平，从而达到程控滤波的目的，滤波器中心频率 f_0=CLK/25。

5. 数据测试与结果分析

整机联机后进行统一测试，包括：8038 函数发生器产生波形测试，AD9851 产生正弦波形测试，椭圆滤波器测试，程控滤波器测试。

1) 8038 函数发生器波形测试

调节滑动变阻器，得到正弦波形，幅度在(±2.2～2.4)V，频率 3～150kHz。

2) 椭圆滤波器测试

经测试，椭圆低通滤波器指标：带内起伏≤1dB，−3dB 通带为 47kHz，放大器与低通滤波器在 200kHz 处的总电压增益小于 5dB，−3dB 通带误差不大于 5%。误差来源于元器件值的误差。

3) LTC1068 程控滤波器测试

随输入频率 CLK 的不同，四阶 Butterworth 滤波器中心频率 f_0 随之变化，满足 f_0=CLK/25，低通幅频特性如图 4.4.10 所示，高通滤波器幅频特性如图 4.4.11 所示。

4) AD9851 信号源测试

根据 C8051F020 写 AD9851 的控制字的不同，得到不同的频率，频率范围 1Hz～70MHz，步进可达 1Hz，误差 0.01%之内。

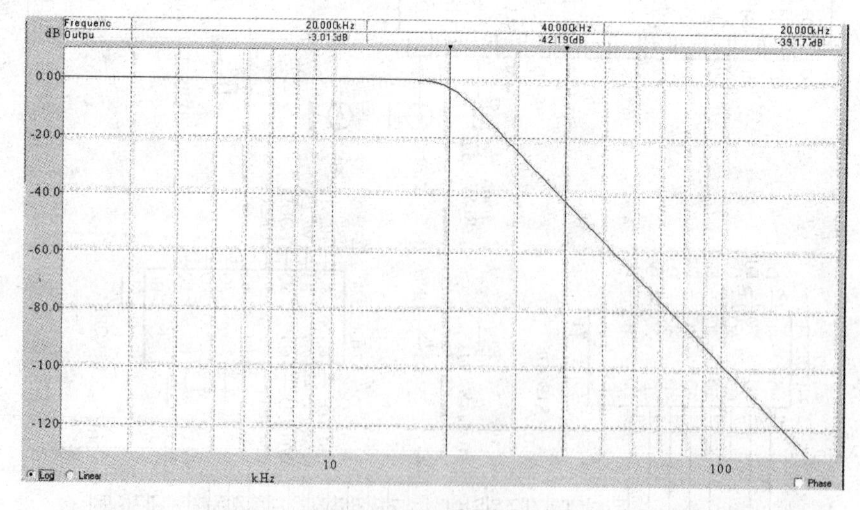

图 4.4.10　截止频率为 20kHz 的四阶 Butterworth 低通滤波器幅频特性图

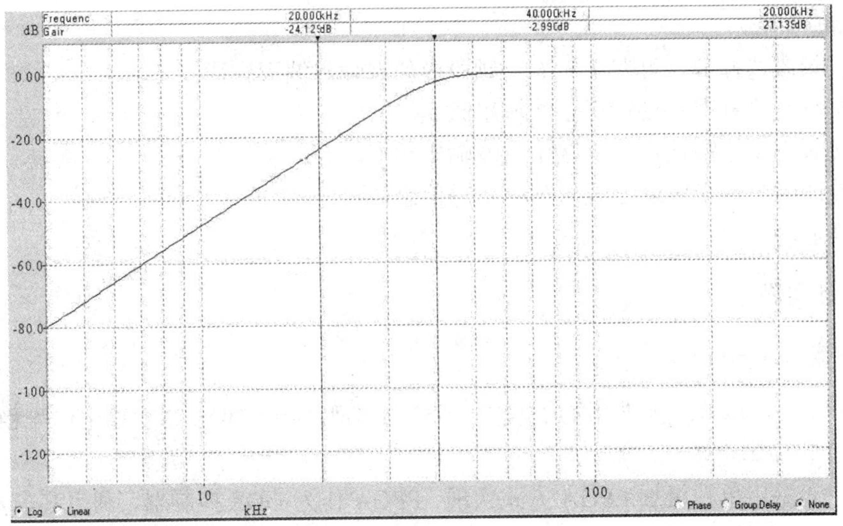

图4.4.11　截止频率为20kHz的四阶Butterworth高通滤波器幅频特性图

4.5　DDS函数信号发生器

4.5.1　设计目的

(1) 熟悉DDS函数信号发生器的结构和基本原理。

(2) 熟悉FPGA的基本应用技术。

(3) 学会使用单片机和FPGA为核心设计制作DDS函数信号发生器。

(4) 学会高速高精度D/A芯片的基本应用技术。

(5) 掌握综合电子系统装调技术。

4.5.2　设计内容

设计一个基于FPGA的DDS函数信号发生器，该DDS函数信号发生器能够输出正弦波、方波以及三角波等波形；输出频率可调，最高输出频率20MHz。基于FPGA的DDS函数信号发生器结构如图4.5.1所示。

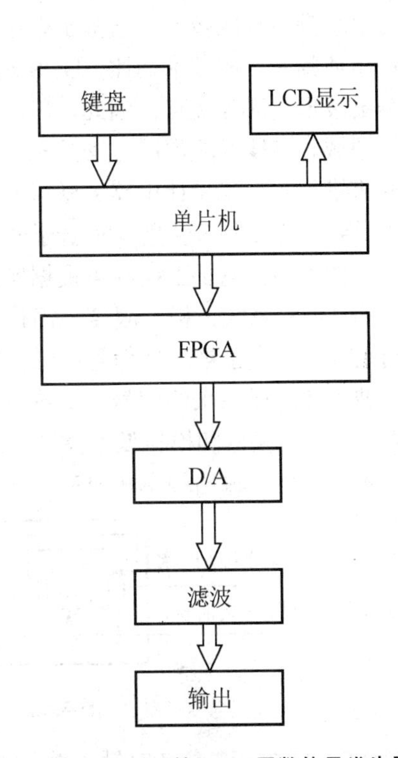

图4.5.1　基于FPGA的DDS函数信号发生器结构图

4.5.3　设计要求

(1) 按波形选择键，可分别输出正弦

波、方波和三角波。

(2) 按频段选择键，可在1～16个频段内任选输出波形频段。

(3) 按频率设置键能设置正弦波输出频率。

(4) 按频率步进键能步进增减正弦波输出频率。

(5) 能即时显示当前输出波形与频率等信息。

(6) 其他功能。

4.5.4 设计实例

1. 方案选择与论证

方案一：采用单片机加专用DDS芯片为核心实现，专用DDS芯片输出信号稳定可靠，但不够灵活、成本也较高。

方案二：采用单片机加FPGA方式实现，FPGA作为DDS控制器，利用其丰富的内部资源，并行处理数据，具有高密度、高速度、多功能、低功耗、设计灵活方便、可反复编程等特点。

综上所述，在此选用方案二。

2. 系统原理

直接数字频率合成(Direct Digital Synthesizer，DDS)是一种从相位概念出发直接合成所需波形的数字频率合成技术，它基于奈奎斯特采样定理理论和现代器件生产技术。与第二代基于锁相环频率合成技术相比，DDS具有频率切换时间短、频率分辨率高、相位可连续变化和输出波形灵活等优点，因此，广泛应用于教学、科研、通信、雷达、自动控制和电子测量等领域。该技术的常用方法是利用性能优良的DDS专用器件，“搭积木”式设计电路。这种“搭积木”式设计电路方法虽然直观，但DDS专用器件价格较贵，输出波形单一，使用受到一定限制，特别不适合于输出波形多样化的应用场合。随着高速可编程逻辑器件FPGA的发展，电子工程师可根据实际需求，在单一FPGA上开发出性能优良的具有任意波形的DDS系统，极大限度地简化设计过程并提高效率。由奈奎斯特采样定理理论可知，当采样频率大于被采样信号的最高频率两倍时，通过采样得到的数字信号可通过一个低通滤波器还原成原来的信号。DDS信号发生器，主要由相位累加器、相位寄存器、波形存储器、D/A转换器和模拟低通滤波器组成，如图4.5.2所示。f_R为参考时钟，K为输入频率控制字，其值与输出频率相对应。改变输入控制字K，就能改变输出频率值。

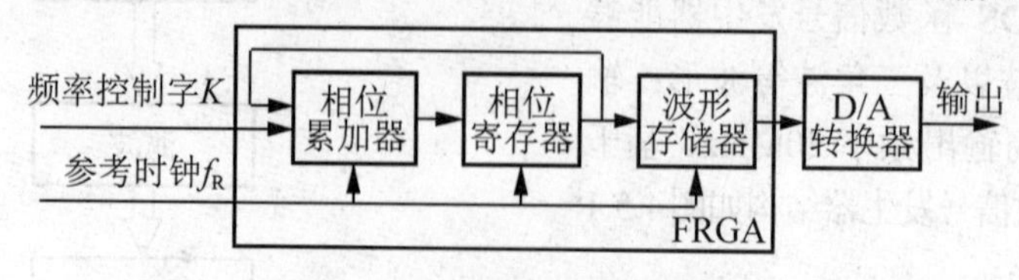

图4.5.2 DDS信号发生器

由图4.5.2可知，在参考时钟f_R的控制下，频率控制字K与相位寄存器的输出反馈在相位累加器中完成加运算，并把计算结果寄存于相位寄存器，作为下一次加运算的一个输

入值。相位累加器输出高位数据作为波形存储器的相位采样地址值，查找波形存储器中相对应单元的电压幅值，得到波形二进制编码，实现相位到电压幅值的转变。波形二进制编码再通过 D/A 转换器，把数字信号转换成相应的模拟信号。低通滤波器可进一步滤除模拟信号中的高频成分，平滑模拟信号。在整个过程中，当相位累加器产生一次溢出时，DDS 系统就完成一个周期输出任务。频率控制字 K 与输出波形频率的函数表达关系式为

$$f_{\text{o}} = (K/2^N)f_{\text{R}}$$

式中：K 为频率控制字；f_{R} 为参考时钟，N 为累加器的位宽值。当 K=1 时，可得 DDS 的最小分辨率为

$$\Delta f_{\text{o}} = f_{\text{R}}/2^N$$

为了得到较小分辨率，在实际工程设计中，N 一般取值较大，本设计 N 取 10 位。由于 DDS 的最大输出频率受奈斯特采样定理限制，所以最大输出频率为

$$f_{\max}=fR/2$$

DDS 系统的核心是相位累加器，它由一个累加器和一个 N 位相位寄存器组成。每来一个时钟脉冲 f_{R}，相位寄存器以步长 M 增加。相位寄存器的输出与相位控制字相加，其结果作为正(余)弦查找表地址。当相位累加器累加满量程，就会产生一次溢出，完成一个周期性的动作，这个周期就合成信号的一个周期，累加器的溢出频率也就是 DDS 的合成信号频率。在原理框图中，正(余)弦查找表由 ROM 构成，内部存有一个完整周期正(余)弦波的数字幅度信息，每个查找表的地址对应 正(余)弦波幅度信号，同时输出到数模转换器(DAC)输入端，DAC 输出的模拟信号经过低通滤波器(LPF)，可以得到一个频谱纯净的正(余)弦波。

3. 软硬件设计

本设计方案采用 Altera 公司的 Cyclone 系列 EP1C6T144C6 芯片。

1) 累加器模块

由于累加器的位数与输出波形的最低频率、波形的采样点数有关，并且跟晶振一起决定最高频率的大小以及最高频率时的采样点数，故在条件允许的情况下位数越多越好，晶振也是越快越好。本设计加法器为 12 位，系统时钟为 40MHz。

2) 数据存储模块

数据存储模块主要存的是正弦波的采样点，因为三角波、锯齿波可以由累加器产生的数据变换一下直接产生，而方波、矩形波可以由锯齿波跟一数值比较得到。正弦波是中心对称波形，而半周期又是轴对称图形，故只要存储 1/4 周期波形即可。如果条件允许，为程序简单也可存储整一个周期波形，本设计中采用了存储整一个周期波形的方法，正(余)弦查找表 ROM 为 4096×12Bit。

3) 控制接口

在本设计中，由 FPGA 构成的 DDS 在外置单片机系统的控制下工作，FPGA 与单片机之间的通信接口由 3 位使能端与 8 位数据口组成，具体见表 4-5-1。

表 4-5-1 控制接口

接口	1	2	3	4	5	6	7	8	9	10	11
信号	D0	D1	D2	D3	D4	D5	D6	D7	K	R	W

W 为波形选择使能，当 W 为 0 时，D0D1=00 为正弦波；D0D1=10 为三角波；D0D1=01 为方波。

R 为频段选择使能，当 R 为 0 时，从 D0D1D2D3=0000 至 D0D1D2D3=1111 共分为 16 个频段。

K 为频率控制字使能，当 K 为 0 时，改变 D0～D7 的值即可改变输出信号频率。

4) 软件设计

用 VHDL 写的 DDS 代码如下。

```
library ieee;
use ieee.std_logic_1164.all;
use ieee.std_logic_unsigned.all;
entity DDS is
 generic(ACCWidth : Integer := 10);       --相位累加器的长度 2^N (2^ACCWidth)
 port (
 CLK:  in std_logic;            --系统时钟 FClK
 STEP: in std_logic_vector(ACCWidth-1 downto 0);    --步进,即相位累加器的累
                                                    --加增量,控制输出频率
                                                    --2^M 频率控制字
 CHOICE:  in std_logic_vector(1 downto 0); --波形选择信号  "00":正弦;
                                           --"01":三角波;  "10":方波;
                                           --"11":不输出(恒为低电平)
-- DAOUT : out std_logic_vector(7 downto 0);    --8 位 DA 输出模拟信号,直通方
                                                --式,如需时钟控制则要修改
 DAOUTX: out std_logic_vector(7 downto 0);
 DAOUTY: out std_logic_vector(7 downto 0)
 );
end;
architecture DDS of DDS is
signal ACC:std_logic_vector(ACCWidth-1 downto 0):=(others =>'0');
signal DAOUT:std_logic_vector(7 downto 0);
begin
 process(CLK,STEP)
 begin
  if(CLK'event and CLK='1') then
   ACC<=ACC+STEP;
  end if;
 end process;
 process(CHOICE,ACC)
 begin
  case CHOICE is
   when "00"=>   --正弦
```

```
case ACC(ACCWidth-1 downto ACCWidth-8) is
                    when "00000000" => DAOUT <= "10000000";
                    when "00000001" => DAOUT <= "10000011";
                    when "00000010" => DAOUT <= "10000110";
                    when "00000011" => DAOUT <= "10001001";
                    when "00000100" => DAOUT <= "10001101";
                    when "00000101" => DAOUT <= "10010000";
                    when "00000110" => DAOUT <= "10010011";
                    when "00000111" => DAOUT <= "10010110";
                    when "00001000" => DAOUT <= "10011001";
                    when "00001001" => DAOUT <= "10011100";
                    when "00001010" => DAOUT <= "10011111";
                    when "00001011" => DAOUT <= "10100010";
                    when "00001100" => DAOUT <= "10100101";
                    when "00001101" => DAOUT <= "10101000";
                    when "00001110" => DAOUT <= "10101011";
                    when "00001111" => DAOUT <= "10101110";
                    when "00010000" => DAOUT <= "10110001";
                    when "00010001" => DAOUT <= "10110100";
                    when "00010010" => DAOUT <= "10110111";
                    when "00010011" => DAOUT <= "10111010";
                    when "00010100" => DAOUT <= "10111100";
                    when "00010101" => DAOUT <= "10111111";
                    when "00010110" => DAOUT <= "11000010";
                    when "00010111" => DAOUT <= "11000100";
                    when "00011000" => DAOUT <= "11000111";
                    when "00011001" => DAOUT <= "11001010";
                    when "00011010" => DAOUT <= "11001100";
                    when "00011011" => DAOUT <= "11001111";
                    when "00011100" => DAOUT <= "11010001";
                    when "00011101" => DAOUT <= "11010100";
                    when "00011110" => DAOUT <= "11010110";
                    when "00011111" => DAOUT <= "11011000";
                    when "00100000" => DAOUT <= "11011011";
                    when "00100001" => DAOUT <= "11011101";
                    when "00100010" => DAOUT <= "11011111";
                    when "00100011" => DAOUT <= "11100001";
                    when "00100100" => DAOUT <= "11100011";
                    when "00100101" => DAOUT <= "11100101";
                    when "00100110" => DAOUT <= "11100111";
                    when "00100111" => DAOUT <= "11101001";
                    when "00101000" => DAOUT <= "11101010";
                    when "00101001" => DAOUT <= "11101100";
                    when "00101010" => DAOUT <= "11101110";
                    when "00101011" => DAOUT <= "11101111";
                    when "00101100" => DAOUT <= "11110001";
                    when "00101101" => DAOUT <= "11110010";
                    when "00101110" => DAOUT <= "11110100";
                    when "00101111" => DAOUT <= "11110101";
```

```
when "00110000" => DAOUT <= "11110110";
when "00110001" => DAOUT <= "11110111";
when "00110010" => DAOUT <= "11111001";
when "00110011" => DAOUT <= "11111010";
when "00110100" => DAOUT <= "11111010";
when "00110101" => DAOUT <= "11111011";
when "00110110" => DAOUT <= "11111100";
when "00110111" => DAOUT <= "11111101";
when "00111000" => DAOUT <= "11111110";
when "00111001" => DAOUT <= "11111110";
when "00111010" => DAOUT <= "11111111";
when "00111011" => DAOUT <= "11111111";
when "00111100" => DAOUT <= "11111111";
when "00111101" => DAOUT <= "11111111";
when "00111110" => DAOUT <= "11111111";
when "00111111" => DAOUT <= "11111111";
when "01000000" => DAOUT <= "11111111";
when "01000001" => DAOUT <= "11111111";
when "01000010" => DAOUT <= "11111111";
when "01000011" => DAOUT <= "11111111";
when "01000100" => DAOUT <= "11111111";
when "01000101" => DAOUT <= "11111111";
when "01000110" => DAOUT <= "11111111";
when "01000111" => DAOUT <= "11111110";
when "01001000" => DAOUT <= "11111110";
when "01001001" => DAOUT <= "11111101";
when "01001010" => DAOUT <= "11111100";
when "01001011" => DAOUT <= "11111011";
when "01001100" => DAOUT <= "11111010";
when "01001101" => DAOUT <= "11111010";
when "01001110" => DAOUT <= "11111001";
when "01001111" => DAOUT <= "11110111";
when "01010000" => DAOUT <= "11110110";
when "01010001" => DAOUT <= "11110101";
when "01010010" => DAOUT <= "11110100";
when "01010011" => DAOUT <= "11110010";
when "01010100" => DAOUT <= "11110001";
when "01010110" => DAOUT <= "11101110";
when "01010111" => DAOUT <= "11101100";
when "01011000" => DAOUT <= "11101010";
when "01011001" => DAOUT <= "11101001";
when "01011010" => DAOUT <= "11100111";
when "01011011" => DAOUT <= "11100101";
when "01011100" => DAOUT <= "11100011";
when "01011101" => DAOUT <= "11100001";
when "01011110" => DAOUT <= "11011111";
when "01011111" => DAOUT <= "11011101";
when "01100000" => DAOUT <= "11011011";
```

4. 数据测试与结果分析

系统测试结果见表 4-5-2，系统输出波形如图 4.5.3 所示。

表 4-5-2　测试结果

设置值/Hz	12	188	378	48828	97656	3076172	12402344
实测值/Hz	12	188	376	48830	97655	3076085	12402438

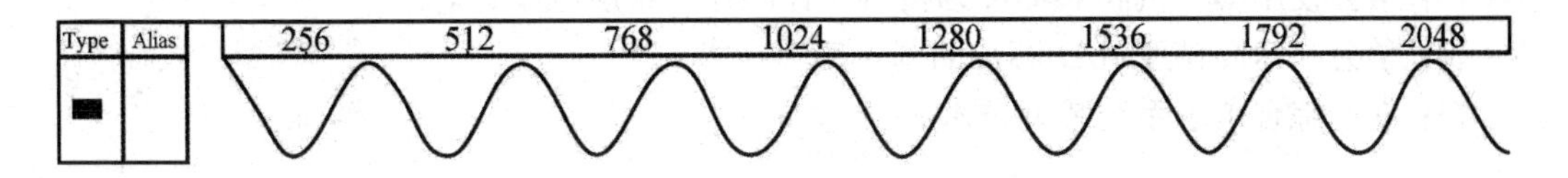

(a)由DDS硬件合成的正弦波形

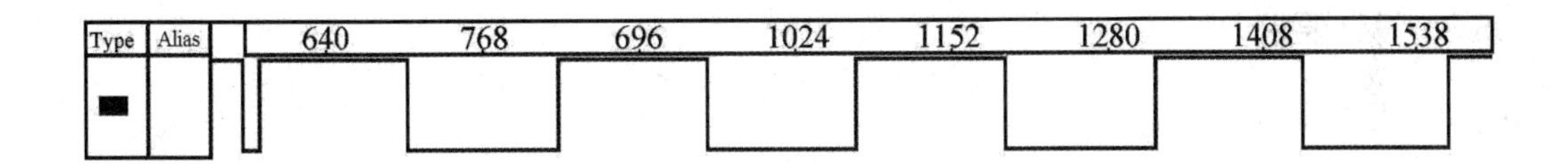

(b)由DDS硬件合成的矩形波形

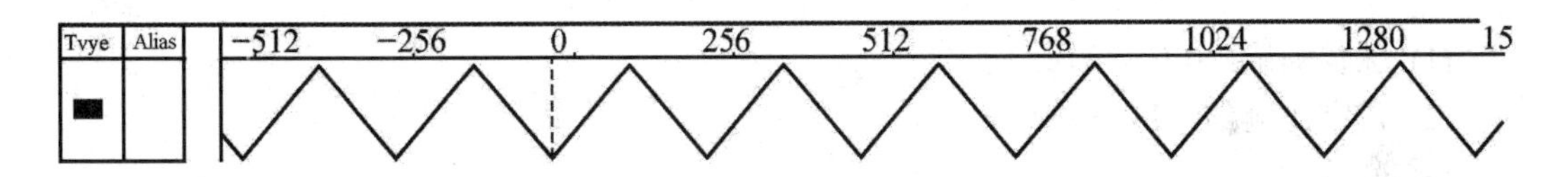

(c)由DDS硬件合成的三角波形

图 4.5.3　输出波形

5. 结论

DDS 信号发生器的核心部分是直接数字频率合成(DDS)。直接数字频率合成是一个开环系统，无任何反馈环节，其频率转换时间主要由频率控制字状态改变所需的时间及各电路的延时时间所决定，转换时间很短。DDS 输出频率的分辨率和频点数随着位累加器的位数的增长而呈指数增长。分辨率可达μHz。DDS 在改变频率时只需改变频率控制字(即累加器累加步长)，而不需改变原有的累加值，故改变频率时相位是连续的。DDS 的相位噪声主要取决于参考源的相位噪声，用 DDS 可以很好地实现变频、跳频系统。

通过设计，可以加强运用 FPGA 设计数字系统的能力，熟练 FPGA 开发软件的使用，提高 VHDL 语言的编程能力。

4.6 等精度频率计

4.6.1 设计目的

(1) 掌握等精度频率计的工作原理及其设计方法。
(2) 熟悉 FPGA 的基本应用技术。
(3) 学会使用单片机和 FPGA 为核心设计制作等精度频率计。
(4) 学会高速高精度 A/D 芯片的基本应用技术。
(5) 掌握综合电子系统装调技术。

4.6.2 设计内容

设计并制作一种利用 FPGA 实现等精度频率测量的数字式频率计，并给出实现代码。

4.6.3 设计要求

1. 基本要求

(1) 测量范围：0.1Hz～100MHz。
(2) 测量精度：在测量范围内相对误差恒为 0.01%。

2. 发挥部分

(1) 脉宽测量：0.1μs～1s。
(2) 占空比测量：1%～99%。
(3) 其他。

4.6.4 设计实例

1. 系统总体方案比较与论证

方案一：外置单片机加 FPGA 方式，由单片机控制 FPGA 的测频操作，从 FPGA 读取测频数据作相应运算，再将结果送至显示器显示。该方式 FPGA 的测频模块的设计相对简单，但硬件电路较为复杂。

方案二：纯 FPGA 方式，利用 SOPC 技术将所有功能在一块 FPGA 芯片上实现。该方式在大大减小硬件复杂度的同时还提高了稳定性，并且可应用 EDA 软件仿真、调试，可以充分利用软件代码，提高开发效率，缩短研发周期，降低研发成本。具有实现方法灵活，调试方便，修改容易等特点。

比较以上两种方案，本设计采用后者。

2. 单元电路论证与设计

1) 等精度测频单元

等精度测频，按定义式 $F=N/T$ 进行测量，但闸门时间随被测信号的频率变化而变化。

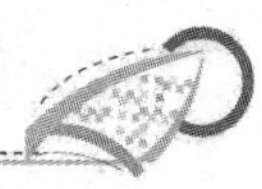

如图 4.6.1 所示，被测信号 F_x 经放大整形形成时标 T_x，将时标 T_x 经编程处理后形成时基 T_R。用时基 T_R 开闸门，累计时标 T_x 的个数，则有公式可得 $F_x=1/T_x=N/T_R$。此方案闸门时间随被测信号的频率变化而变化，其测量精度将不会随着被测信号频率的下降而降低。

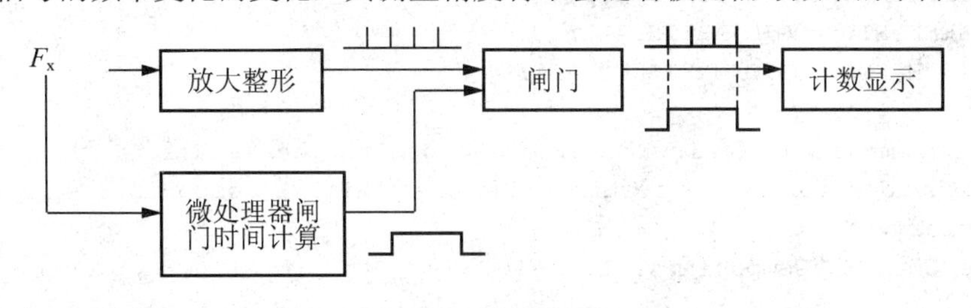

图 4.6.1　等精度测频

2) 频率计算单元

测频方案中用到了定义式 $F=N/T$，即要用到除法运算。利用 FPGA 实现二进制除法运算，一种方法是采用逼近法，这种方法速度低、准确性不高。另一种方法是采取被除数与除数的倒数相乘的方法，即将除数作为寄存器的地址，其倒数的小数部分作为寄存器的内容，通过一次寄存器寻址来计算除数的倒数。这种方法在一个时钟周期内即可完成一个完整的除法运算，虽然速度较高，但对于多字节除法运算，不仅程序复杂，而且占用资源较多。根据频率计的实际情况，本设计采用串行除法运算，利用多个时钟周期完成一个完整的除法运算，从而兼顾了频率计对速度和资源两方面的要求。

本设计采用循环式除法运算，循环原理可以用下面的公式表示。

$$\omega[j+1]=r\omega[j]-dq^{j+1} \tag{1}$$

式(4-6-1)中，$\omega[j]$ 为第 j 步的余数，$\omega[0]$ 为被除数；d 为除数；q^{j+1} 为第 j+1 步所得的商；r 为与移位步长有关的常数，在此取为 16。

由式(4-6-1)可知，在数字串行除法运算中，减法运算是必不可少的部分。数字串行 BCD 码的减法运算是将 P 位的 BCD 码分为 P 个宽为 4 的二进制数，然后从低位开始相减，在 P 个时钟周期内完成减法操作。如果输入的操作数位数为 8，那么串行 BCD 码减法器可以在 8 个时钟周期内完成 8 位 BCD 码减法运算。

数字串行减法的控制也比较简单，1 位 BCD 码减法运算完成，进行移位操作，并且移位次数加 1，然后通过采用 start 信号指示新计算周期。当移位次数为 n 时，输出移位寄存器完成串/并转换，输出结果。设计者可以根据实际情况，通过选择不同的 n，提高设计的灵活性。本设计选择 n=8。

本设计在提高速度的同时，节省了资源。实验证明，采用 100MHz 的工作频率，实现一个 8 位 BCD 码串行减法运算，耗用的资源却小于实现 2 位 BCD 码并行减法运算所耗用的资源。

3. 各单元软件设计

本设计硬件采用 Altera 公司的 Cyclone 系列 EP1C6T144C6 芯片实现，相应单元设计在 Altera 公司提供的 QuartusII 开发平台上完成，以下为各单元的硬件描述语言代码。

1) 顶层

```
library IEEE;
use IEEE.STD_LOGIC_1164.ALL;
use IEEE.STD_LOGIC_ARITH.ALL;
use IEEE.STD_LOGIC_UNSIGNED.ALL;

-- Uncomment the following lines to use the declarations that are
-- provided for instantiating Xilinx primitive components.
--library UNISIM;
--use UNISIM.VComponents.all;

entity djdplj_top is
    Port (rst,clk:in std_logic;
          dc,das:in std_logic;
          rs,wr,e:out std_logic;
          lcd_data:inout std_logic_vector(7 downto 0));
end djdplj_top;

architecture Behavioral of djdplj_top is

component cepin is
    Port (bz:in std_logic;
          dc:in std_logic;
         cnt:=0;clkk<=not clkk;
        else
            cnt:=cnt+1;
        end if;
    end if;
end process;
process(clk,rst)
variable cnt:integer range 0 to 3200000;
begin
    if rst='0' then
        cnt:=0;
    elsif rising_edge(clk) then
        if cnt<=10000 then
            cnt:=cnt+1;
            rst1<='1';
        elsif cnt<=20000 then
            cnt:=cnt+1;
            rst1<='0';
        else
            cnt:=30000;
            rst1<=rst;
        end if;
    end if;
```

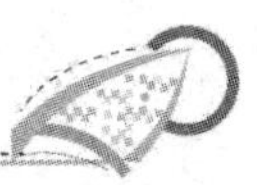

```
end process;
process(das,dc)
begin
    if das='0' then
        dcl<=dc;
    end if;
end process;

end Behavioral;
```

2) 除法

```
library IEEE;
use IEEE.STD_LOGIC_1164.ALL;
use IEEE.STD_LOGIC_ARITH.ALL;
use IEEE.STD_LOGIC_UNSIGNED.ALL;


entity div is
    Port (clk,rst:in std_logic;
             bei,chu:in std_logic_vector(31 downto 0);
             shang:out std_logic_vector(31 downto 0);
             dian:out integer range -10 to 10 );
end div;

architecture Behavioral of div is
type ss is array (1 to 8) of std_logic_vector(3 downto 0);
signal s:ss;
signal a,b:std_logic_vector(31 downto 0);
signal n:integer range -10 to 10;
signal c:integer range 0 to 8;
signal k:integer range 1 to 7;
signal d:integer range 0 to 1;

begin
process(clk,k,n,c,s,bei,chu,a,b,rst)
variable cnt:integer range 0 to 31;
variable m:std_logic_vector(3 downto 0);

begin
    if rst='0' then
    k<=5;n<=7;c<=8;cnt:=0;m:="0000";s<=(("0000"),("0000"),("0000"),("00
00"),("0000"),("0000"),("0000"),("0000"));
        shang<=(others=>'0');
    elsif rising_edge(clk) then
    case k is
        when 1=>if b(31 downto 28)=0 then
                        b<=b(27 downto 0)&"0000";
```

```
                    if n<10 then
                        n<=n+1;
                    else
                        k<=5;
                        n<=7;
                    end if;
                else
                    k<=2;
                end if;
        when 2=>if a<b then
                    b<="0000"&b(31 downto 4);
                    n<=n-1;
                else
                    if n=0 then
                        k<=5;
                        n<=7;
                    else
                        k<=3;
                    end if;
                end if;
            end if;
        when 5=>a<=bei;
                b<=chu;
                shang<=s(8)&s(7)&s(6)&s(5)&s(4)&s(3)&s(2)&s(1);
                k<=6;
                dian<=n;
                n<=7;
                m:="0000";
                c<=8;
                cnt:=0;
        when 6=>if a(31 downto 28)=0 then
                    a<=a(27 downto 0)&"0000";
                    if n>=0 then
                        n<=n-1;
                    else
                        n<=7;
                        k<=5;
                    end if;
                else
                    k<=1;
                end if;

        when others=>k<=5;
        end case;
        end if;
    end process;
    end Behavioral;
```

3) 测频

```
library IEEE;
use IEEE.STD_LOGIC_1164.ALL;
use IEEE.STD_LOGIC_ARITH.ALL;
use IEEE.STD_LOGIC_UNSIGNED.ALL;

--  Uncomment the following lines to use the declarations that are
--  provided for instantiating Xilinx primitive components.
--library UNISIM;
--use UNISIM.VComponents.all;

entity cepin is
   Port (bz:in std_logic;
              dc:in std_logic;
              rst,cl:in std_logic;
              bzclk,dcclk:out std_logic_vector(31 downto 0));
end cepin;

architecture Behavioral of cepin is
signal ena:std_logic;
signal bzclk1,dcclk1,bzq,dcq:std_logic_vector(31 downto 0);
begin

process(rst,bzclk1,dcclk1)
begin
    if rst'event and rst='1' then
        bzclk<=bzclk1;
        dcclk<=dcclk1;
    end if;
end process;

process(ena,bz,bzq,dcq)
begin
    if bz'event and bz='1' then
        if ena='0' then
            bzclk1<=bzq;
            dcclk1<=dcq;
        end if;
    end if;
end process;

bz1:process(bz,rst,ena)
begin
    if rst='1' then
        bzq<=(others=>'0');
    elsif rising_edge(bz) then
```

```
            if ena='1' then
                if bzq(3 downto 0)<9 then
                    bzq(3 downto 0)<=bzq(3 downto 0)+1;
                else
                    bzq(3 downto 0)<="0000";
                    if bzq(7 downto 4)<9 then
                        bzq(7 downto 4)<=bzq(7 downto 4)+1;
                    else
                        bzq(7 downto 4)<="0000";
                        if bzq(11 downto 8)<9 then
                            bzq(11 downto 8)<=bzq(11 downto 8)+1;
                        else
                            bzq(11 downto 8)<="0000";
                                end if;
    end process dc1;

    process(dc,rst,cl)
    begin
        if rst='1' then
            ena<='0';
        elsif rising_edge(dc) then
            ena<=cl;
        end if;
    end process;

    end Behavioral;
```

4. 测试数据及测试结果分析

将 YB1620 函数信号发生器接至频率计的信号输入端，读取频率计的显示数据。实测结果数据汇总参见表 4-6-1，由表可知本设计的频率计测量精度远高于 0.01%的设计要求。

表 4-6-1 实测结果

信号类型	Vpp	f_0 实际值	f_x 测量值	最大相对误差/%	信号类型	Vpp	f_0 实际值	f_x 测量值	最大相对误差/%
正弦波	20mV	1.0000Hz	/	/	正弦波	20mV	1.00025kHz	/	/
方波			1.0001Hz	0.0099	方波			1.0002kHz	0.0049
三角波			/	/	三角波			/	/
正弦波	20mV	100.026 kHz	/	/	正弦波	20mV	1.20043MHz	/	/
方波			100.0268kHz	0.0008	方波			1.2004MHz	0.0025
三角波			/	/	三角波			/	/

续表

信号类型	Vpp	f_0 实际值	f_x 测量值	最大相对误差/%	信号类型	Vpp	f_0 实际值	f_x 测量值	最大相对误差/%
正弦波	40mV	9.99729Hz	9.9974Hz	0.0011	正弦波	40mV	10.0018kHz	10.0018kHz	0.0000
方波			9.9973Hz	0.0001	方波			10.0020kHz	0.0019
三角波			9.9975Hz	0.0021	三角波			10.0021kHz	0.0029
正弦波	40mV	100.002kHz	100.0031kHz	0.0010	正弦波	40mV	1.00001MHz	1.0000MHz	0.0010
方波			100.0028kHz	0.0008	方波			1.0000MHz	0.0010
三角波			100.0026kHz	0.0006	三角波			1.0001MHz	0.0000
正弦波	50mV	30.0021Hz	30.0030Hz	0.0003	正弦波	50mV	29.9960kHz	29.9950MHz	0.0033
方波			30.0029Hz	0.0029	方波			29.9962kHz	0.0007
三角波			30.0034Hz	0.0046	三角波			29.9967kHz	0.0023
正弦波	50mV	30.003kHz	300.0038kHz	0.0002	正弦波	50mV	1.30049MHz	1.3004MHz	0.0069
方波			300.0035kHz	0.0001	方波			1.3005MHz	0.0007
三角波			300.0040kHz	0.0003	三角波			1.3005MHz	0.0007
正弦波	1V	4.99925Hz	4.9993Hz	0.0010	正弦波	1V	50.0026kHz	50.0024kHz	0.0004
方波			4.9992Hz	0.0010	方波			50.0026kHz	0.0000
三角波			4.9992Hz	0.0010	三角波			50.0026kHz	0.0000
正弦波	1V	500.051kHz	500.0504kHz	0.0001	正弦波	1V	1.10000MHz	1.0999MHz	0.0090
方波			500.0512kHz	0.0001	方波			1.1001MHz	0.0090
三角波			500.0523kHz	0.0002	三角波			1.0999MHz	0.0090

4.7　自动控制升降旗系统

4.7.1　设计目的

(1) 熟悉步进电机的结构和基本原理。
(2) 熟悉步进电机的基本应用及细分技术。
(3) 学会使用以单片机和步进电机为核心设计制作自动控制升降旗系统。
(4) 学会语音芯片基本应用，并掌握语音分段录放技术。
(5) 掌握综合电子系统装调技术。

4.7.2　设计内容

设计一个自动控制升降旗系统，该系统能够自动控制升旗和降旗。升旗时，在旗杆的最高端自动停止；降旗时，在最低端自动停止。自动控制升降旗系统机械模型示意图如图 4.7.1 所示。

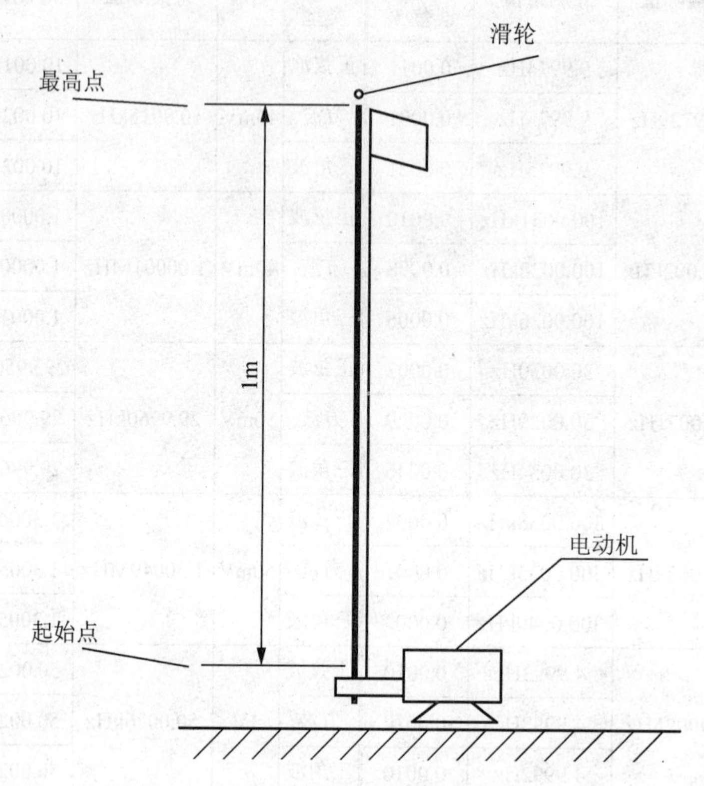

图 4.7.1　自动控制升降旗系统机械模型示意图

4.7.3　设计要求

1. 基本部分

(1) 按下上升按键后，国旗匀速上升，同时流畅地演奏国歌，上升到最高端时自动停止上升，国歌停奏；按下下降按键后，国旗匀速下降，降旗的时间不放国歌，下降到最低端时自动停止。

(2) 能在指定的位置上自动停止。

(3) 为避免误动作，国旗在最高端时，按上升键不起作用；国旗在最低端时，按下降键不起作用。

(4) 升降旗的时间均为 46s，与国歌的演奏时间相等。升旗演奏国歌，同时，旗从旗杆的最下端上升到顶端；降旗不演奏国歌，同时，旗从旗杆的最上端下降到底端。

(5) 能及时数字显示旗帜所在的高度，以 cm 为单位，误差不大于 2cm。

2. 发挥部分

增设一个开关，由开关控制是否是半旗状态，该状态由一发光二极管显示。

(1) 半旗状态(根据《国旗法》)。升旗时，按上升键，奏国歌，国旗从最低端上升到最

高端之后，国歌停奏，然后自动下降到总高度的 2/3 高度处停止；降旗时，按下降键，国旗先从 2/3 高度处上升到最高端，再自动从最高端下降到底端之后自动停止，国歌停奏。

(2) 不论旗帜是在顶端还是在底端，关断电源之后重新合上电源，旗帜所在的高度数据显示不变。

(3) 要求升降旗的速度可调整，在旗杆高度不变的情况下，升降旗时间的调整范围是 30～120s，步进 1s。此过程国歌停奏。

(4) 其他功能。

4.7.4　设计实例

1. 方案选择与论证

1) 单片机的选择与论证

方案一：采用 MCS-51 单片机。MCS-51 单片机的优点是学习型单片机，价格低廉，控制简单；缺点是运行速度低，功能单一，RAM、ROM 空间小。

方案二：采用 C8051F340 单片机。C8051F340 单片机是完全集成的混合信号片上系统型 MCU，具有片内上电复位、VDD 监视器、电压调整器、看门狗定时器和时钟振荡器的 C8051F340 器件，是真正能独立工作的片上系统。该系列器件使用 Silicon Labs 的专利 CIP-51 微控制器内核。CIP-51 与 MCS-51TM 指令集完全兼容，CIP-51 采用流水线结构，与标准的 8051 结构相比指令执行速度有很大的提高，并且具有丰富的 I/O 口资源，满足设计要求。所以综上所述在此选用方案二。

2) 电机的选择与论证

方案一：采用普通的直流电机。普通直流电动机具有优良的调速特性，调速平滑、方便，调整范围广，过载能力强，能承受频繁的冲击负载，可实现频繁的无级快速启动、制动和反转。

方案二：采用步进电机。步进电机的一个显著特点是具有快速的启停能力，如果负荷不超过步进电机所能提供的动态转矩值，就能够立即使步进电机启动或反转；另一个显著特点是转换精度高，可通过程序输出 PWM 波实现步进电机的四分之一或八分之一细分，正转反转控制灵活。所以在本设计中选择方案二。

3) 电机驱动方案的选择与论证

方案一：采用继电器对电动机的开或关进行控制，通过控制开关的切换速度实现对电机运行速度的调整。这个电路的优点是电路结构简单，其缺点是继电器的响应时间长，易损坏，寿命短，可靠性不是很高。

方案二：采用集成驱动芯片 L298。L298 是恒压恒流双 H 桥集成电机芯片，利用该芯片是实现驱动步进电机的一种简单方法，可实时控制四相电机，且输出电流可达到 2A，可精确控制步距和速度，利用该方法设计的步进电机驱动系统具有硬件结构简单，软件编程容易的特点。所以综上所述采用方案二。

4) 语音部分方案的选择与论证

方案一：采用语音芯片 ISD1760。ISD1760 芯片是一片单片优质语音录放电路，具有长达 60s 的存储时间，可处理多达 255 段以上语音信息，具有 MCU 串行控制模式(SPI 协议)，音质好，电压范围宽，应用灵活。该芯片提供多项新功能，包内置专利的多信息管理系统，新信息提示(vAlert)，双运作模式(独立&嵌入式)，以及可定制的信息操作指示音效。芯片内部包含有自动增益控制、麦克风前置扩大器、扬声器驱动线路、振荡器与内存等的全方位整合系统功能。

方案二：采用语音芯片 ISD2560，它具有抗断电、音质好，无须专用的开发系统等优点，但其没有 SPI 接口，只能并行控制，使用复杂。综上所述选用方案一。

5) 人机交互界面选择与论证

方案一：采用 LED 数码管显示。LED 显示具有硬件电路结构简单，调试方便，软件实现相对容易等优点，但耗电大，体积大，也无法显示丰富的内容。

方案二：采用 Nokia5110 液晶屏显示。LCD 液晶屏因具有功耗低，显示内容丰富、清晰，显示信息量大，显示速度较快，界面友好等特点而得到了广泛的应用。所以在此选用方案二。

6) 无线模块的选择与论证

方案一：采用无线模块 NRF24L01，NRF24L01 是一款工作在 2.4～2.5GHz 频段的单片无线收发器芯片，可通过 SPI 接口进行频道的选择和协议的设置等。但其使用不方便，编程复杂。

方案二：采用 315M 无线收发模块。该数据发射模块的工作频率为 315MHz，采用声表谐振器 SAW 稳频，频率稳定度极高，当环境温度在-25～+85℃变化时，频飘仅为 3ppm/℃。特别适合多发一收无线遥控及数据传输系统，且其使用简单，做好了编码解码，有手持式无线遥控器，只需单片机的一个输入口即可使用。所以在此选用方案二。

2. 系统原理

1) 系统总体设计

基于上述方案论证分析，本系统主要由单片机 C8051F340 作为主控制的核心处理器，外加电机驱动电路、无线收发电路、语音播放电路、液晶显示、按键操作模块、电源电路。本系统的结构框图如图 4.7.2 所示。

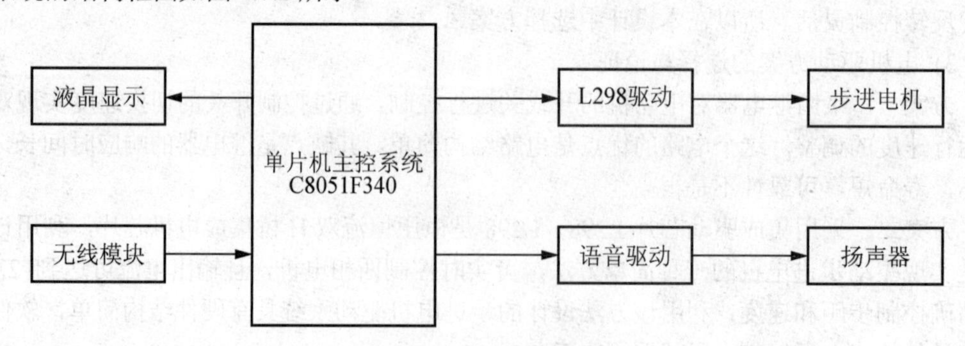

图 4.7.2　系统结构框图

2) 步进电机细分

在步进电机的驱动技术中，细分驱动具有良好的控制效果。步进电机通过细分驱动器

的驱动，其步距角变小了，如驱动器工作在 10 细分状态时，其步距角只为“电机固有步距角”的十分之一，也就是说：当驱动器工作在不细分的整步状态时，控制系统每发一个步进脉冲，电机转动 7.5°；而用细分驱动器工作在 10 细分状态时，电机只转动了 1.5°，这就是细分的基本概念。细分功能完全是由驱动器靠精确控制电机的相电流所产生的，与电机无关。

步进电机细分后有如下优点。

(1) 消除了电机的低频振荡：低频振荡是步进电机(尤其是反应式电机)的固有特性，而细分是消除它的唯一途径，如果步进电机有时要在共振区工作(如走圆弧)，选择细分驱动器是唯一的选择。

(2) 提高了电机的输出转矩：尤其是对三相反应式步进电机，其力矩比不细分时提高 30%～40%。

(3) 提高了电机的分辨率：由于减小了步距角，提高了步距的均匀度，“提高电机的分辨率”是不言而喻的。

步进电机细分的实现主要通过细分驱动芯片及 PWM 波的精确控制。在此我们选用日电电子有限公司的电机控制 ASSP 芯片 MMC-1，用于两相四线步进电机，配合程序 PWM 波的精确控制，实现步进电机的细分。

3) 限位原理

该结构中，总共有两个限位开关。限位开关安装位置如图 4.7.3 所示，一个置于顶端，一个置于底端，并且两个限位开关共同连接在单片的同一个中断口上，只要有一个开关发生了闭合，就会引起单片机的中断。然后单片机就会结合自身的标志位来进行判断，是因为上升触发中断，还是下降引起了中断。如果是上升，则单片机就会让步进电机进行逆转，让小旗进行下降，直到其降至旗杆 2/3 处停止。当按下向下的按键的时候，程序设定小旗先上升到顶端再下降到底端，这样一个完整的半旗过程就完成了。(该过程的重要的一部分是程序采用了标志设定法，设定如半旗标志，顶端标志，底端标志等)。

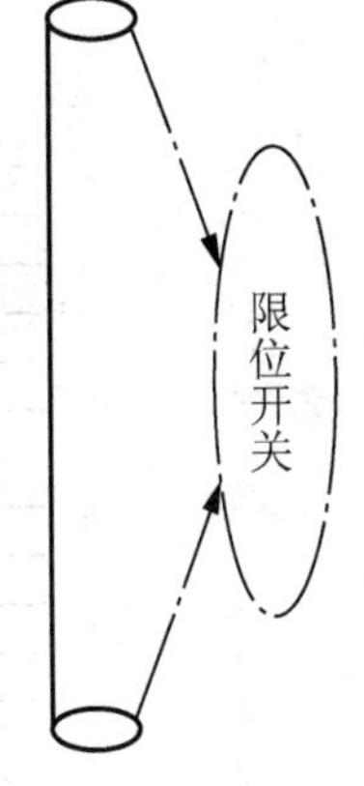

图 4.7.3　旗杆结构

3. 软硬件设计

在本设计中核心控制器选用 C8051F340 单片机，配合外围电路实现整个系统的各项功能。电机驱动电路采用 H 桥集成芯片 L298 驱动步进电机工作，语音电路主要包括 ISD1760 语音电路和 LA4102 功放组成，进行国歌的录制和播放功能。

1) C8051F340 单片机最小系统

在本设计中选用 C8051F340 单片机作为核心控制器，外接液晶、键盘等电路实现系统的各项功能。单片机最小系统原理图如图 4.7.4 所示。

2) 步进电机驱动电路

在本设计中电机驱动电路由集成驱动芯片 L298 构成，并结合 PWM 波进行调速。可采用光耦隔离提高抗干扰能力。其电路原理图如图 4.7.5 所示。

3) 语音播放电路

在本设计中语音模块电路选用 ISD1760 语音芯片，ISD1760 芯片是一片单片优质语音录放电路，具有长达 60s 的存储时间，可处理多达 255 段以上语音信息。在此采用整段录音，然后调取录音地址，达到语音播报功能。采用功率放大器 LA4102 作为语音放大模块。具体的语音播放电路原理图如图 4.7.6 所示。

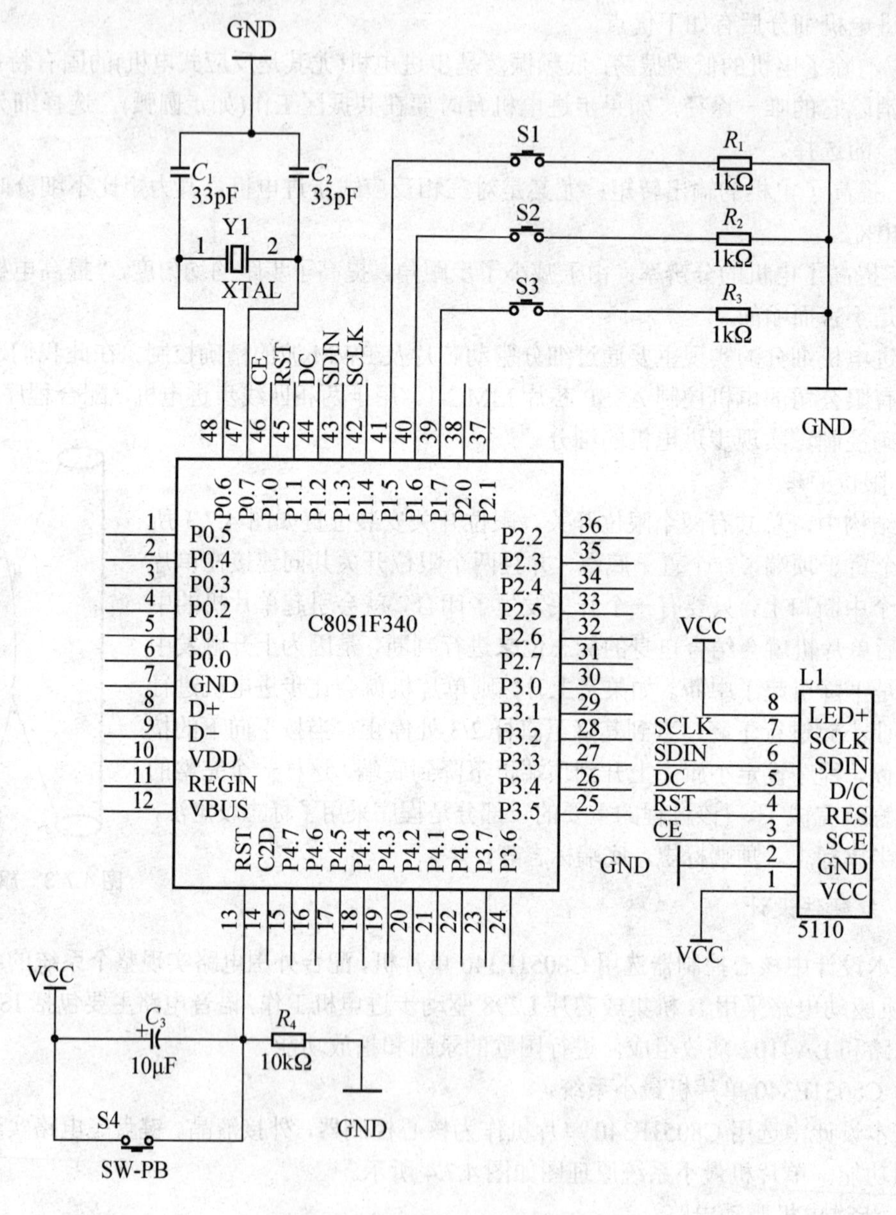

图 4.7.4 C8051F340 最小系统图

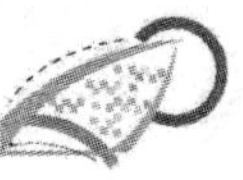

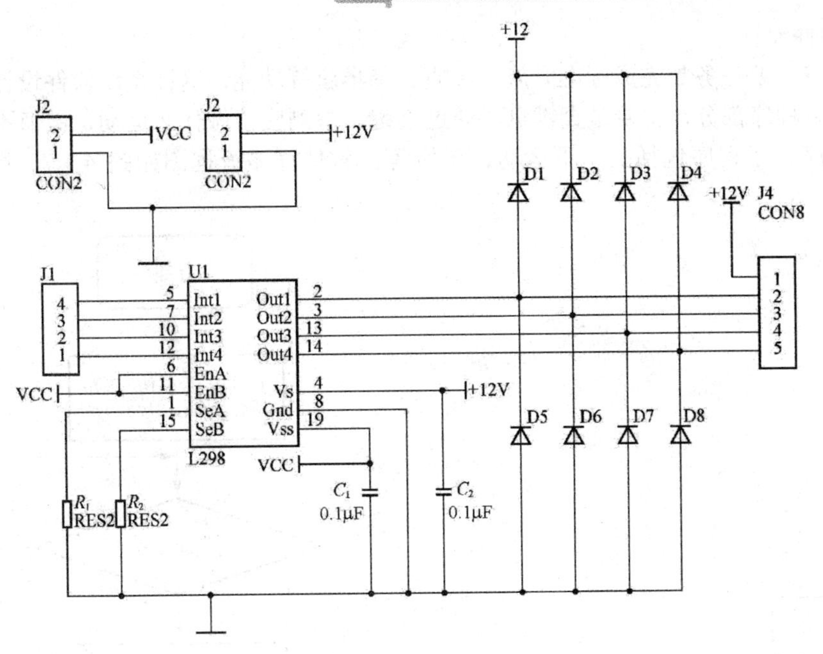

图 4.7.5　电机驱动系统电路原理图

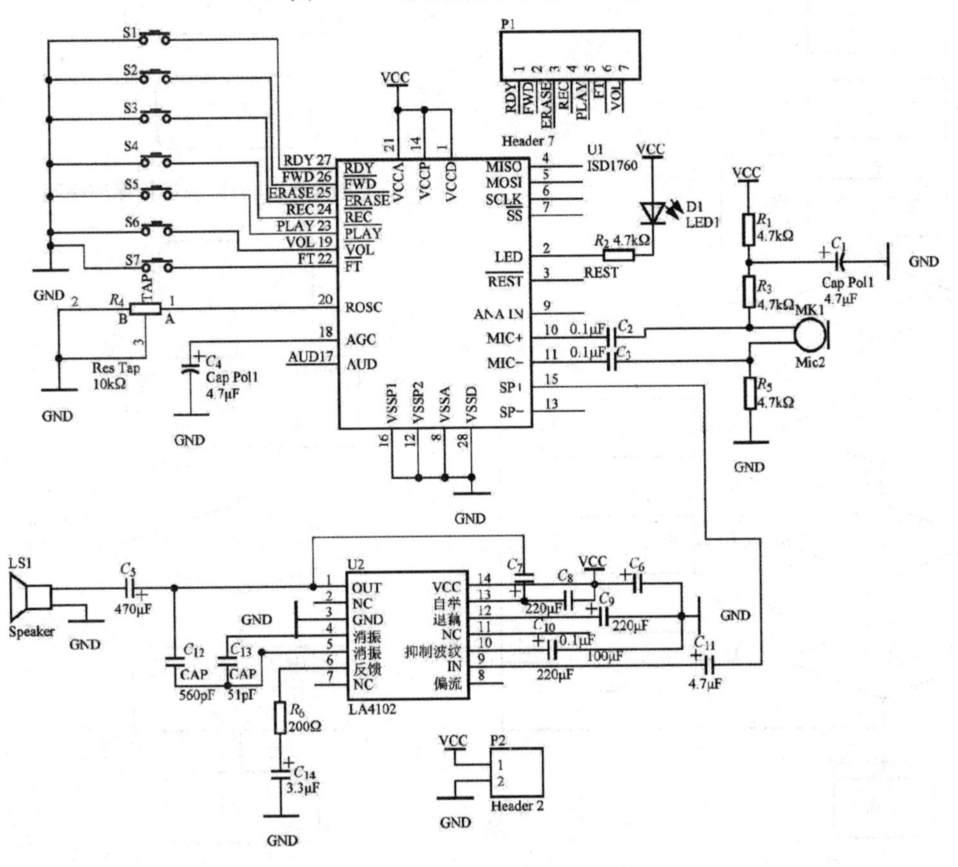

图 4.7.6　语音电路

4) 软件设计

本系统主要任务是完成标准升旗、降旗、降半旗等功能，这样系统软件设计就可以分块完成。主程序部分，主要是查键盘，通过查键，检测应该做什么运动，键值不同调用不同的子程序。子程序包括上、下运动、半旗等。软件程序流程图如图 4.7.7、图 4.7.8 和图 4.7.9 所示。

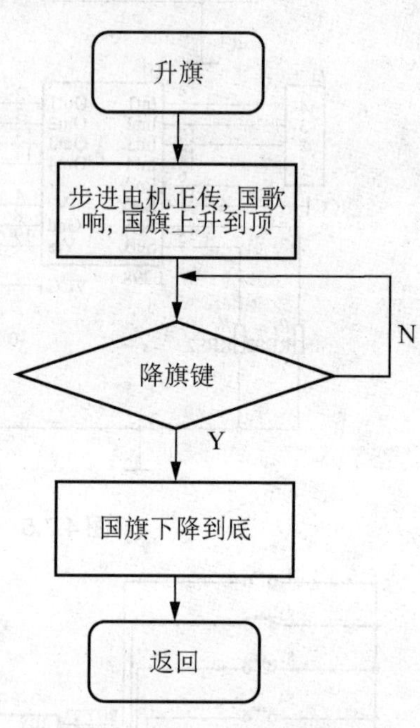

图 4.7.8 升降旗子程序流程图

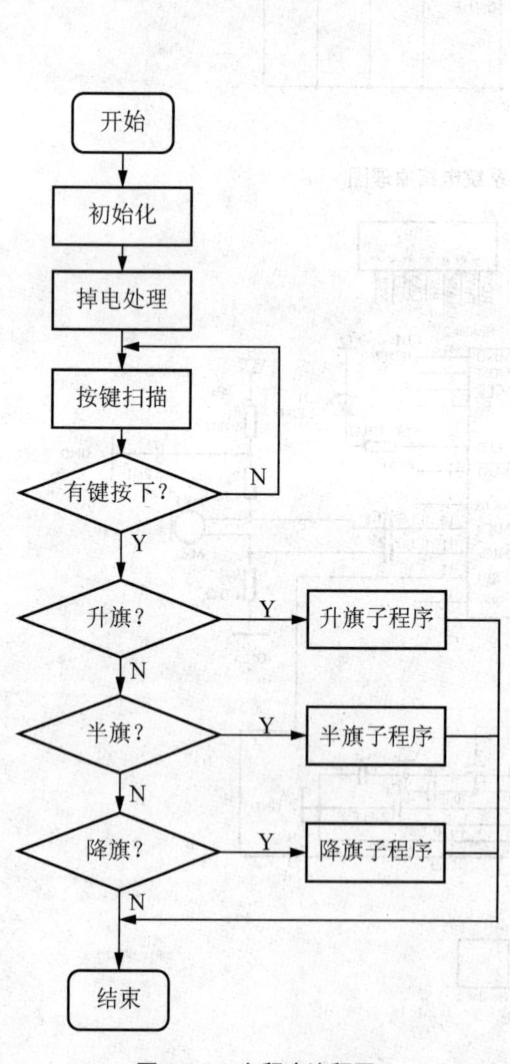

图 4.7.7 主程序流程图

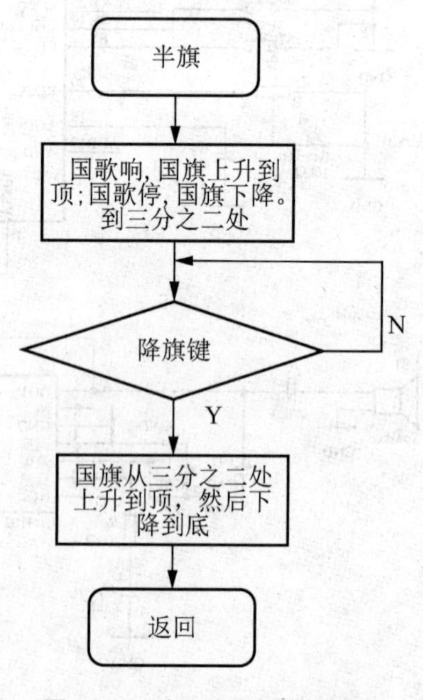

图 4.7.9 降半旗子程序流程图

升降旗系统的实现，除了需要一个功能齐全的硬件设备外，还需要一个完善的程序支持，下表 4-7-1 中所体现的就是小旗在运行时各个状态的标志位的定义。

表 4-7-1　状态标志位定义列表

标志 状态	Up_flag	Down_flag	Stop_flag	Half_flag	Top_flag	Bot_flag
初始	0	0	1	x	0	1
上升	1	0	0	x	0	0
下降	0	1	0	x	0	0
终点	0	0	1	x	1	0
半旗	x	x	x	1	x	x

注：表 4-7-1 中的 1 在程序的书写中代表置 1，也就是使能的作用；0 的作用则为相反的作用，及时复位；x 代表未知，因为在半旗的状态中也要复用其他的标志位，所以在半旗状态的情况下，各个标志位都是未知的。

软件的另一大特点是实现掉电数据状态的存储。即在关断电源再打开电源之后，旗帜的状态及位置等数据信息保持不变。在此选用存储芯片 24C02 配合程序对所需数据进行存储，实现数据的掉电保护。

4. 数据及功能测试分析

1) 升旗位置数据测试分析

升旗位置数据测试记录见表 4-7-2。

表 4-7-2　升旗位置数据测试记录表(位置以 cm 为单位)

实际位置	0	10	20	30	40	50	60	70	80	90	100
所测位置	0	9.2	19	28.8	38.4	48.1	58.2	68.4	78.7	89.0	99.8
位置误差	0	0.8	1.0	1.2	1.6	1.9	1.8	1.6	1.3	1.0	0.2

根据上述测试数据发现位置误差呈现抛物线型增加，经分析得出，在根据固定高度给定确定脉冲数时，上下两端误差最小，中间误差最大，主要原因是步进电机绕线过程中出现层叠现象，导致转轴直径变化，但总体误差在项目要求范围内。在尽可能避免或减少绕线叠层的情况下，也可以通过软件算法减小误差。

2) 设计要求功能实现情况

本设计按照项目要求完成了全部功能，现将题目要求指标及系统实际功能列表见表 4-7-3。

表 4-7-3　项目功能实现情况列表

基本要求	发挥要求	实际性能	完成否
升旗时，匀速上升同时演奏国歌，到达顶端时能自动停止；降旗时，不演奏国歌，到达底端时自动停止		当时间设定为46s、高度设定为100cm时，国旗匀速上升并且演奏国歌。当时间、高度设定为其他值时，国旗只匀速上升而不演奏国歌。降旗时，国旗匀速下降并不演奏国歌	完成
能在指定的位置上自动停止		通过高度上、下调节键来实现高度的调节，调节在哪一个高度就在此处停止	完成
为避免误动作，国旗在最高端时，按上升键不起作用；国旗在最低端时，按下降键不起作用		国旗到达最顶端时，按“升旗”键不起作用，国旗到达最低端时，按“降旗”键不起作用	完成
数字即时显示旗帜所在的高度		通过 Nokia5110 液晶屏来显示设置的高度、此时的高度以及设置的时间、此时运行的时间	完成
	降半旗(根据《国旗法》)	按规定完成此功能	完成
	不论旗帜是在顶端还是在底端，关断电源之后重新合上电源，旗帜所在的高度数据显示不变	不论旗帜是在顶端还是在底端，关断电源之后重新合上电源，旗帜所在的高度数据显示不变	完成
	要求升降旗的速度可调整，在旗杆高度不变的情况下，升降旗时间的调整范围是30～120s，步进 1s。此时，国歌停奏	通过调节时间上、下调节键来实现时间在30～120s 的调节，步进为 1s。当时间不等于 46s 时，不奏国歌	完成
	其他	具有无线遥控升、降旗及停止功能	完成

5. 结论

本系统的特色：本设计在硬件上，使用了步进电机控制和利用限位开关实现停止的双重保险，在软件上，利用 C 语言的简单精练特点，实现起来更加简单。

4.8　运水机器人

4.8.1　设计目的

(1) 了解运水机器人的运行原理及其应用。

(2) 掌握直流电机的工作原理及单片机控制技术。

(3) 熟悉各类传感器的工作原理及应用。

(4) 掌握采用两个单片机的协调工作及无线数据采集传输。

(5) 学会语音存储和掉电数据保护技术。

4.8.2　设计内容

如图 4.8.1 所示，有 A、B、C 共 3 个区，A 区为给水区，有给水装置(简称 A 容器)，B 区为输送线路，C 区为存水区，有存水装置(简称 C 容器)。

在比赛开始时 A 容器装一定量的水，容器大小、水量及放置方式任意；B 区有一条黑色引导线，引导线两端有两条与引导线垂直的黑色边界线，线宽不大于 20mm，其尺寸如图 4.8.2 所示；C 容器的形状、容量及放置方式在固定底板上自定，口径不得大于 100mm，比赛开始把 C 容器清空。

设计一套自动送水机器人系统，由送水机器人(以下简称小车)将水从 A 区通过 B 区运至 C 区。该系统包括 A 区的自动(或手动)给水装置，往返于 A、C 区之间的小车，C 区存水装置，固定底板。

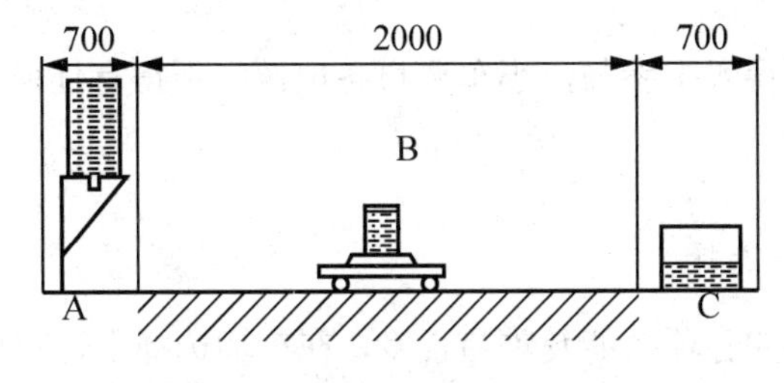

图 4.8.1　参考图(单位：mm)

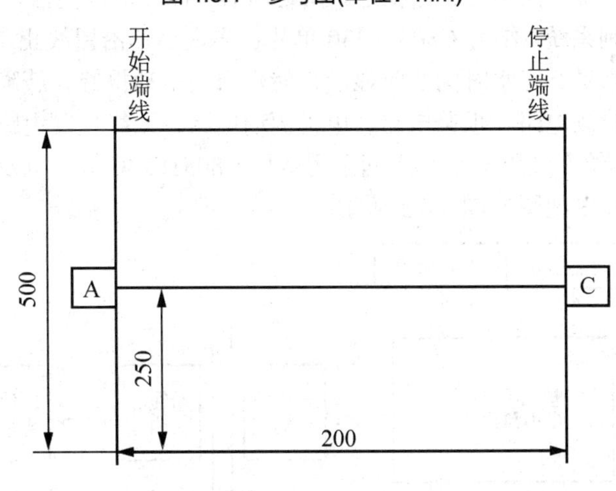

图 4.8.2　线路图(单位：mm)

4.8.3　设计要求

1. 基本要求

(1) 小车能完成运水和自动储水功能。

(2) 小车可显示运水量和运水时间。

(3) 小车上的储水器在水溢出时有自动报警功能。

(4) 在 1min 内运送尽可能多的水。

(5) 小车及安放的运水容器总垂直高度不得超过 300mm，小车上的储水装置容量小于等于 600ml，口径小于 100mm。小车所载的水卸到 C 容器采用自动储水。

2. 发挥部分

(1) A 区给水采用自动方式完成。

(2) 小车在 1min 内完成 100ml 定量自动取水、送水和储水，误差＜5%。

(3) 小车在尽可能短的时间内，完成 1000ml 自动取水，送水和储水，误差＜5%。

(4) 小车在 1min 内运送 100ml 水时必须绕过 D 障碍物(放置在 B 区，距黑色引导线 5cm 的任意一点，直径为 5cm，高度为 10cm 的黑色圆柱体)。

(5) 其他特色与创新。

4.8.4 设计说明

小车运行过程中不得人工参与，小车要自备电源，不得有任何外部引线。

4.8.5 设计实例

1. 总体方案论证与选择

基于题目要求实现的各项功能及难易程度，在车辆选择上，对坦克模型车进行简单改装，车辆性能良好，易于控制，运行稳定。在处理器方面，运水机器人采用 C8051F020 单片机作为核心的控制系统，结合 C8051F330 单片机实现小车沿黑线正常运水，无线数据收发，自动储水，运水量、运水时间实时显示，储水溢出自动报警、蔽障等功能。模块电路主要包括：引导线检测电路、报警电路、电机驱动电路、无线收发电路、键盘和液晶显示电路、蔽障电路等。给水装置与小车之间采用两块 C8051F330 单片机及外围电路实现无线数据收发。系统总体框架图如图 4.8.3 所示。

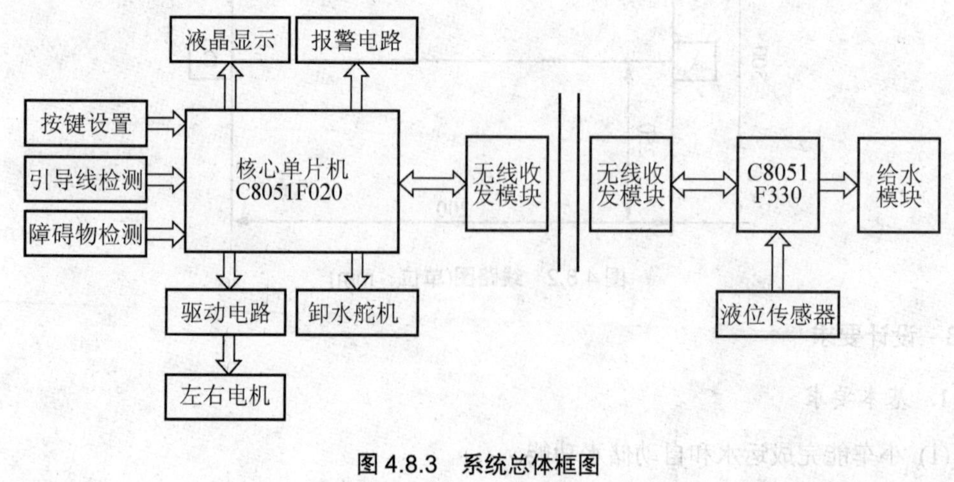

图 4.8.3 系统总体框图

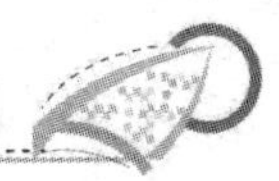

2. 单元模块方案论证

1) 小车主控芯片选择

方案一：采用 MCS-51 单片机。MCS-51 单片机的优点是学习型单片机，价格低廉，控制简单；缺点是运行速度低，功能单一，RAM、ROM 空间小。

方案二：C8051F020 单片机。C8051F020 单片机是完全集成的混合信号片上系统 MCU，其控制器内核与 MCS-51 指令完全兼容。C8051F020 单片机采用流水线结构，特别适合用于对实时性要求极高的控制系统。多个 I/O，满足本系统设计。

综合考虑，本系统采用方案二。

2) 循迹模块选择

方案一：采用红外反射式探测。用已调试的红外对管发射红外线垂直射到板面，白色会反射大部分红外线，黑色吸收大部分红外线。红外对管在黑白交界处产生跳变信号，信号经过电压比较器处理后送入单片机可以在程序里实现相应的功能。

方案二：采用多路阵列式光敏电阻组成的光电探测器。光敏电阻探测到黑线时，黑线上方的电阻值发生变化，经过电压比较器比较，将信号送入单片机处理，从而控制小车做出相应的动作，考虑到室内、室外、白天和黑夜光线强度不同，光敏电阻阻值变化不同，因此运水小车的设计对环境的要求较高，增加了问题复杂性。

经过测试，方案一对环境的适应性较强。因此，本系统采用方案一。

3) 电机选择

方案一：步进电机。步进电机的特点就是具有快速启动和停止功能。输出力矩大、控制精度高，并且能实现正、反控制；但它的缺点是转速低、控制复杂、步进距离不够精细。

方案二：直流电机。直流电机具有速度高，调速平滑方便，调整范围广性价比高等优点。

综合考虑，本系统选择方案二。

4) 液晶模块选择

方案一：采用 LED 数码管显示，数码管颜色鲜亮，易于观察，实时动态显示，但它只能显示有限的数字和符号，显示能力有限，电路复杂，不能满足题目复杂的输出要求。

方案二：采用带字库的液晶 MzLH12864 显示。显示内容丰富，清晰度高，编程简单易学易用，易于人机交互，并能很好地满足题目要求。

综合考虑，本系统采用方案二。

5) 蔽障模块选择

方案一：采用红外传感器蔽障。红外传感器检测距离近，调节范围小，灵活度低，不易控制，而且题目要求障碍物为黑色，会吸收大部分红外线，无法满足检测的要求。

方案二：采用超声波传感器蔽障。超声波传感器检测障碍物距离远，灵敏度高，而且不受环境及障碍物颜色的影响，稳定性好，满足本设计的要求。

综合考虑，本系统采用方案二。

6) 卸水模块选择

方案一：采用水泵将小车上的水直接抽到储水装置中。水泵控制简单，而且速度较快，效率较高，但是采用水泵时，由于水泵安装位置的限制，必定不可能将小车上的水完全抽干，从而造成小车上都会滞留一定量的水，会对运水总量引起误差。

方案二：采用舵机转向倒水。利用舵机控制水杯转向，使水注入储水装置中。该方案的卸水速度更加迅速，电路也比较简单。

经过比较，由于选择的单片机有直接的 PWM 输出通道，所以方案二的控制更加简单，而且卸水的速度更加快，所以，本系统选择方案二。

7) 无线收发模块选择

选用 NRF24L01 无线收发模块实现小车与给水区之间的数据传输。用一块单独的 C8051F330 控制此收发模块，C8051F330 再与作为主控制器的 MC9S12D128 进行串行通信。利用 NRF24L01 与单片机的巧妙结合既可以减轻小车的负重，又可对小车实现远程控制。

3. 主要硬件电路设计

1) 循迹模块电路设计

循迹：车身前后各安装 4 对红外传感器，对黑线进行检测。电路如图 4.8.4 所示。

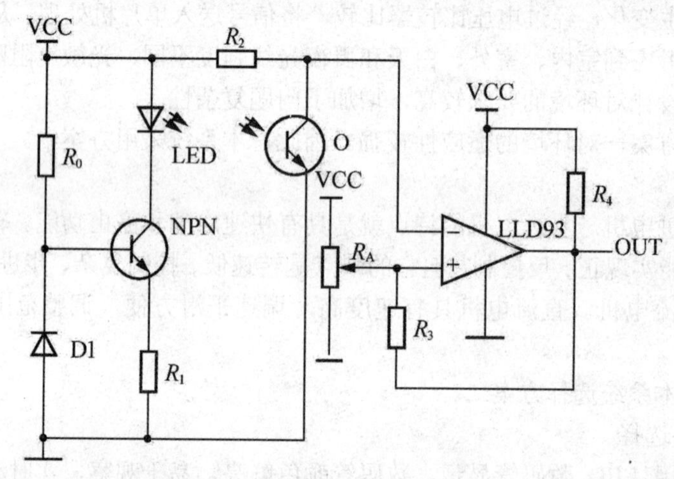

图 4.8.4 黑线检测电路

2) 电机驱动模块电路设计

本方案采用 L298 芯片作为控制器件外围加上必要的光耦隔离保护电路构成电机驱动模块，电路原理图如图 4.8.5 所示。

3) 超声波蔽障电路设计

车身两侧各水平倾斜安装一对超声波传感器，进行障碍物检测，实现蔽障功能。采用 74LS04 构成的超声波发射原理图，如图 4.8.6 所示。控制系统产生 40kHz 方波经 74LS04 放大，74LS04 放大在电路中不但有驱动作用，同时，增加了超声波传感器的阻尼效果缩短了其自由振荡时间以便其迅速起振。超声波接收电路采用专用解码芯片 CX20106A 实现超声波接收，电路如图 4.8.7 所示。

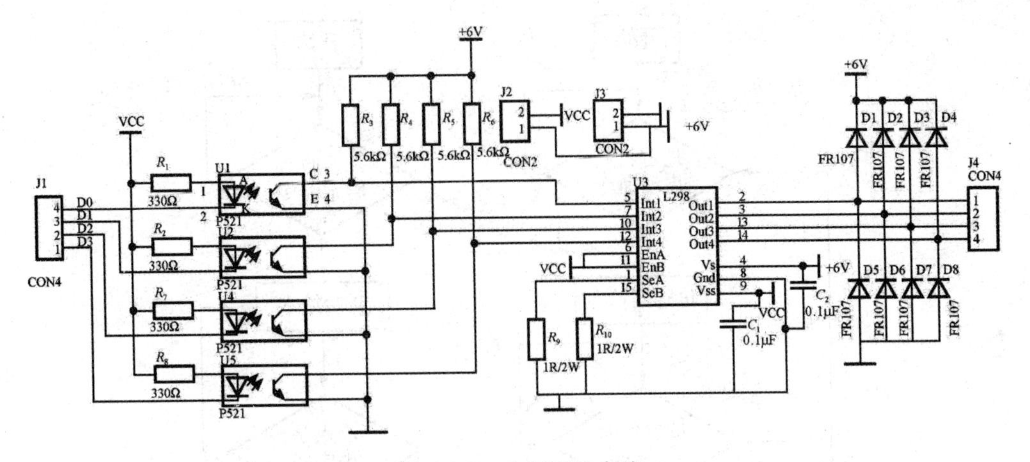

图 4.8.5　电机驱动电路

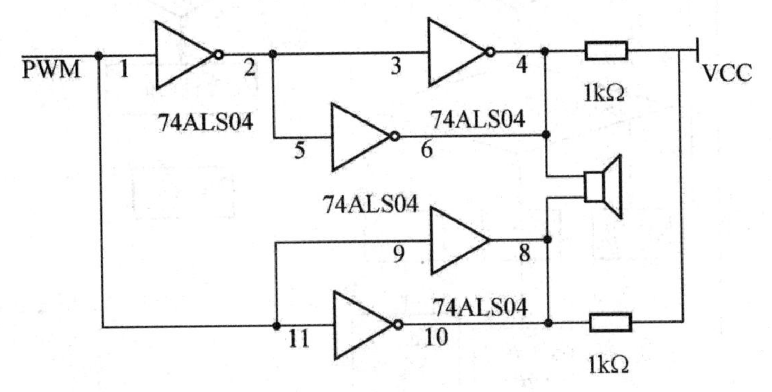

图 4.8.6　超声波发射原理图

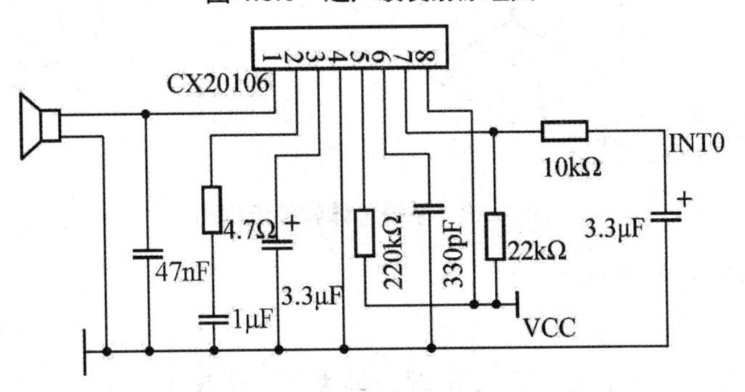

图 4.8.7　超声波接收原理图

4. 软件设计

系统软件是整个系统的灵魂，协调各个模块正常工作。在本次设计中，系统软件主要有主机系统软件和从机系统软件两部分。主机软件主要负责运水、蔽障、卸水，同时，实时显示状态信息；从机软件主要功能是根据主机命令给不同容量的水，并发出结束信号，并可实现给水装置液位检测及超限报警。流程图如图 4.8.8 所示。

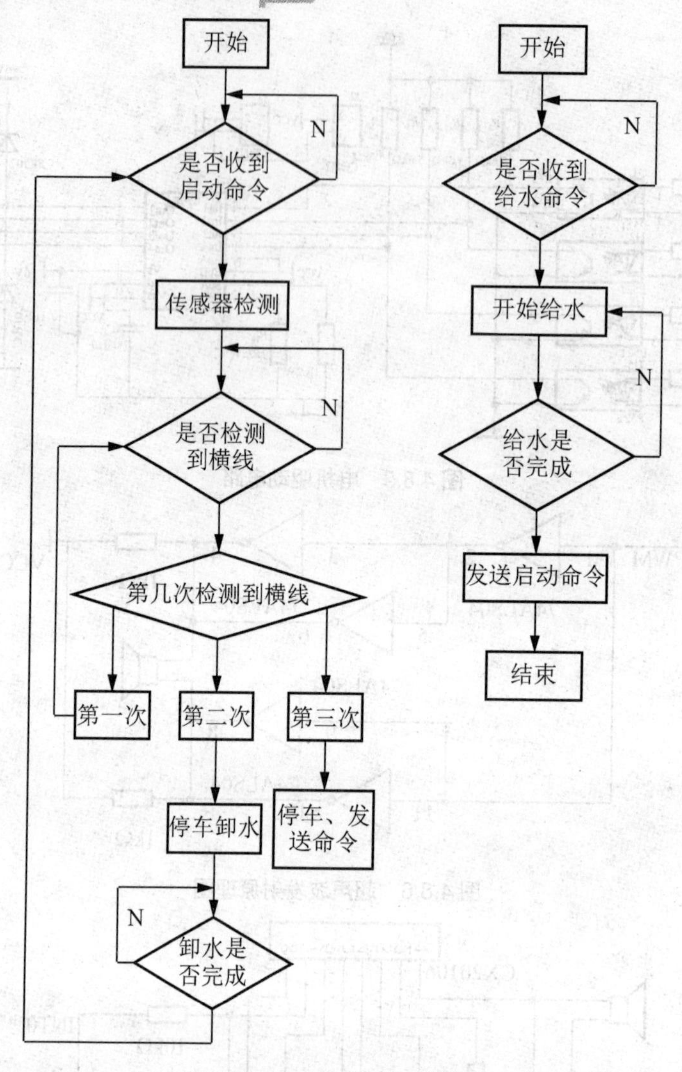

图 4.8.8　系统总体软件流程图

5. 系统调试与数据测试

1) 测试仪器

DS1012 示波器、直尺、直流稳压电源、秒表、万用表等。

2) 测试数据

基本部分实现情况包括以下几个方面。

(1) 小车能完成运水和自动储水功能。

(2) 小车可以显示运水量和运水时间。

(3) 小车的储水器水溢出时有自动声光报警功能。

(4) 测量小车在 1min 内最多运送水量，记录数据见表 4-8-1。

表 4-8-1　1min 内运送水量测试表

次数	1	2	3	4	5	平均值
运水量/ml	1100	1150	1070	1080	1000	1080

(5) 小车所载的水卸到 C 容器采用自动储水。

发挥部分实现情况包括如下几个方面。

(1) 可以完成 A 区自动给水。

(2) 在 1min 内完成 100ml 定量自动取水、送水、和储水。设定给水量为 100ml，测量实际给水量，记录数据见表 4-8-2。

表 4-8-2　1min 内 100ml 定量自动取水、送水、和储水测试表

次　　数	1	2	3	4	5	平均值
实际给水量/ml	104	100	102	98	101	101
误差	4%	0	2%	2%	1%	1.8%

(3) 完成 1000ml 自动取水、送水和储水。设定给水量为 1000ml，测量实际给水量，记录数据见表 4-8-3。

表 4-8-3　实际给水量测试表

次　　数	1	2	3	4	5	平均值
实际给水量/ml	1020	980	1050	950	1010	1002
误差	2%	2%	5%	5%	1%	3%
完成时间/s	65	68	66	67	64	66

(4) 小车在 1min 内运送 100ml 水时可以顺利绕过障碍物到达 C 区停车。

(5) 特色与创新：①具有给水装置高低液位超限自动声音报警功能；②蔽障声光报警提示功能；③具有运水方式语音提示功能。

3) 测试结果分析

通过分析测试结果可以发现本系统的各项指标均达到或超过了相应要求，达到了预期效果。在调试无线数据收发过程中，如果给水模块与水泵共用一个电源，水泵启动会干扰单片机正常工作。改进措施为水泵和给水模块分开供电。感觉整个系统设计制作难度较高，时间紧张。好在经过团队协作努力，克服重重困难，最终达到了预期效果。

6. 总结

本系统在以 C8051F020 单片机为主控制核心的监控下实现小车自动运水各项功能。在给水模块中，采用 C8051F330 单片控制水泵来实现定时定量给水功能。利用红外收发传感器检测黑色引导线，来引导小车前进、后退、停止；利用超声波模块实现小车蔽障；采用

主控单片机的 PWM 波输出控制左右直流电动机转速，从而改变小车的运动状态及转向；利用两个舵机来实现小车自动卸水功能；利用 NRF24L01 无线发射接收模块实现小车平台和给水站台间的数据传输；采用车载液晶 MzLH12864 实现小车运水量和运水时间的显示。本系统硬件配置合理，控制方案优化，实现了小车在不同外部环境下的准确控制。

4.9　水温控制系统

4.9.1　设计目的

(1) 掌握闭环控制系统的基本结构。
(2) 学习传感器信号调理的基本方法。
(3) 学习 C8051F020 单片机内部模数转换器的工作原理和使用方法。
(4) 学习 PID 控制算法和 PID 参数整定。
(5) 学习基于脉宽调制(PWM)的功率控制方法。

4.9.2　设计内容

设计并制作一个以 C8051F020 单片机为控制器的水温控制系统，控制对象为 1 升常温下的纯净水，加热设备为功率 1kW 的电炉。以 AD590 为温度传感器，经过温度-电流转换后，送 C8051F020 单片机内部的 ADC 进行温度采集，然后通过 PID 算法来控制电炉加热的占空比，实现水温的自动控制。要求如下所述。

(1) 设计和实现基于 AD590 的温度信号转换、调理和检测。
(2) 设计和实现带隔离的电炉功率控制。
(3) 数字 PID 算法的实现和 PID 参数整定。

4.9.3　设计要求

1. 基本要求

(1) 水温控制范围：35～95℃。
(2) 水温检测精度：小于 0.5℃。
(3) 水温控制精度：小于 1℃。

2. 发挥部分

(1) 远程温度显示和设定、PID 参数设置等功能。
(2) 实时温度曲线显示和打印功能。
(3) 参数的掉电记忆功能。

4.9.4　设计说明

为了学习模拟式传感器信号调理的一般方法，水温检测部分采用模拟式温度传感器，不采用数字式温度传感器。

4.9.5　设计实例

1. 方案论证与比较

本题目是设计制作一个水温控制系统，对象为1升净水，加热设备为功率是1kW的电炉。要求能在35℃～95℃范围内设定控制水温，并具有较好的快速性和较小的超调，以及键盘控制和数码管显示等功能。

1) 总体方案设计及论证

方案一：采用传统的开关式模拟控制方法，选用模拟电路，用电位器设定给定值，采用上下限比较电路将反馈的温度值与给定的温度值比较后，确定加热或者不加热。由于采用模拟控制方式，系统受环境的影响大，不能实现复杂的控制算法，控制精度做得不高，而且不能用数码显示和键盘设定。方案框图如图4.9.1所示。

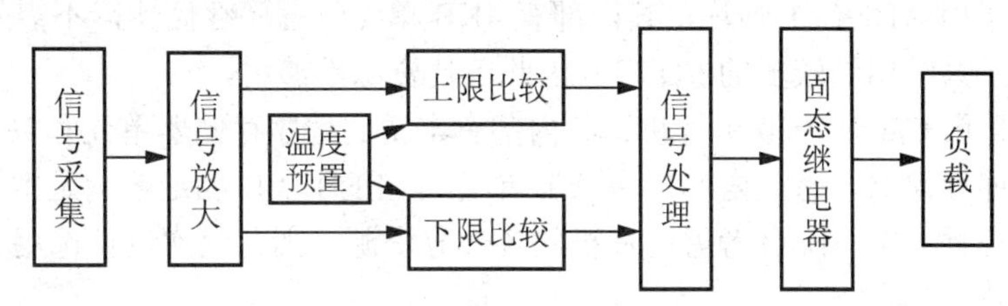

图4.9.1　模拟控制方案框图

方案二：采用单片机C8051F020为核心，采用温度传感器AD590采集温度变化信号，用C8051F020内部A/D采样将其转换成数字信号并通过单片机处理后去控制温度，使其达到稳定。单片机具有编程灵活，控制简单的优点，使系统能简单地实现温度的控制及显示，并且通过软件编程能实现各种控制算法使系统还具有控制精度高的特点。

比较两种方案，方案二明显地改善了方案一的不足及缺点，并具有控制简单、控制温度精度高的特点。因此本设计电路采用方案二。

2) 各部分电路方案论证

本电路以单片机为基础核心，系统由前向通道模块、后向控制模块、系统主模块及键盘显示模块等4大模块组成。现将各部分主要元件及电路做以下论证。

(1) 温度采样部分。

方案一：采用热敏电阻，可满足35～95℃的测量范围，但热敏电阻精度低、重复性和可靠性都比较差，对于检测精度小于1℃的温度信号是不适用的。

方案二：采用温度传感器AD590。AD590具有体积小、质量轻、线形度好、性能稳定等优点。其测量范围在-50～+150℃，满刻度范围误差为±0.3℃，当电源电压在5～10V之间，稳定度为1%时，误差只有±0.01℃，其各方面特性都满足此系统的设计要求。此外AD590是温度-电流传感器，对于提高系统抗干扰能力有很大的帮助。

经上述比较，方案二明显优于方案一，故选用方案二。

(2) 键盘显示部分。

键盘和显示组成最基本的人机交互界面，一方面要求其友好性，同时也要求其简便性，能方便地和单片机进行连线且控制简便。

方案一：采用可编程显示/键盘控制器 7279 与数码管组成，7279 是一片具有串行接口的，可驱动 8 位共阴式数码管(或 64 只独立 LED)的智能显示驱动芯片，该芯片同时还可以连接多达 64 键的键盘矩阵，单片即可完成 LED 显示、键盘接口的全部功能，但成本较高。

方案二：采用单片机 AT89C2051 与地址译码器 74LS138 组成键盘检测与数码管动态扫描显示系统，并用 AT89C2051 的串口与主电路的单片机进行通信，这种方案既能很好地控制键盘及显示，又为主单片机大大地减少了程序的复杂性，而且具有体积小，价格便宜的特点。

方案一虽然也能很好地实现电路的要求，但考虑到电路设计的成本和电路整体的性能，我们采用方案二。

(3) 控制电路部分。

方案一：采用 8031 芯片，其内部没有程序存储器，需要进行外部扩展，这给电路增加了复杂度。

方案二：采用 AT89C51 芯片，其内部有 4KB 单元的程序存储器，不需外部扩展程序存储器。但由于系统用到较多的 I/O 口，因此芯片资源不够用。

方案三：采用 C8051F020 单片机，其内部有丰富的程序存储器单元和 I/O 口资源，不需外部扩展程序存储器，而且内部自带 A/D 单元，它的 I/O 口也足够满足本设计的要求。

比较以上三种方案，综合考虑单片机的各部分资源，因此此次设计选用方案三。

2. 总体设计框图

该水温控制系统主要由 C8051F020 单片机控制系统、前向通道(温度采样转换电路)、后向通道(温度控制电路)、键盘显示电路等 4 部分组成，其总体设计框图如图 4.9.2 所示。

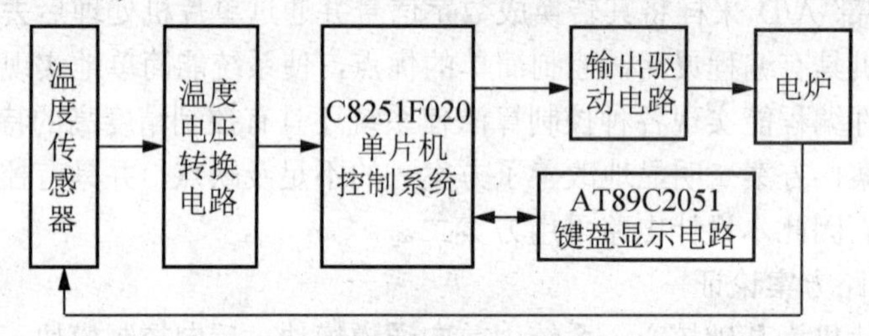

图 4.9.2　水温控制系统总体框图

3. 硬件电路设计与计算

本电路总体设计包括四部分：主机控制部分(C8051F020)、前向通道(温度采样和转换电路)、后向通道(温度控制电路)、键盘显示部分。

1) 温度采样和转换电路

温度采样和转换电路由温度传感器 AD590、恒流补偿电路、运算放大器 OP07 三部分组成，如图 4.9.3 所示。

AD590 是美国 ANALOG DEVICES 公司生产的单片集成两端感温电流源，其输出电流与绝对温度成比例。温度每变化 1℃其电流变化 1μA，在 35℃和 95℃时输出电流分别为 308.2μA 和 368.2μA。电源电压范围为 4～30V，可以承受 44V 正向电压和 20V 反向电压。在−55～+150℃范围内，非线性误差仅为±0.3℃。

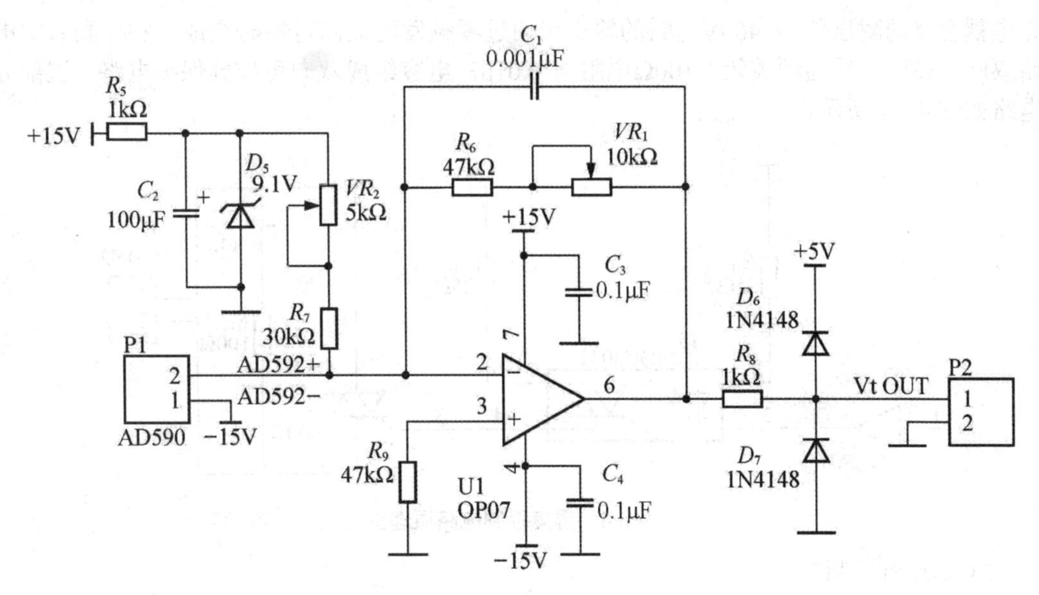

图 4.9.3　恒流补偿温度变送器电路

稳压管 D_5 提供约 9V 的稳定电压，由它构成的恒流补偿电路与运算放大器 OP07 和电阻组成信号转换与放大电路，将 0～100℃的温度转换为 0～3V 的电压信号。

温度采样的基本原理是采用电流型温度传感器 AD590 将温度的变化量转换成电流量，再通过 OP07 将电流量转换成电压量，通过 C8051F020 内部 A/D 转换器将其转换成数字量给单片机处理。图 4.9.3 中，由运放的虚短、虚断可知运放 OP07 的反向输入端 U_i(2 脚)的电压为 0V。当输出电压为 0V 时(即 U_o=0V)，记稳压管的输出电压为 U_b=9V，记 OP07 的 2 脚处为 A 点，AD590 的转换电流为 I_C。

列出 A 点的节点方程：

$$U_b/(VR_2+R_7)-I_c=0 \tag{4-9-1}$$

当输出电压为 0V 时，对应温度为 0℃，则 AD590 的输出电流为 273.2μA，因此为了使 U_i 的电位为零，就必须使电流 I_b 等于电流 I_c 等于 273.2μA，稳压管的输出电压为 9V，所以由式(4-9-1)得

$$VR_2+R_7=U_b/I_c=9\text{V}/273.2\mu\text{A}=32.94\text{k}\Omega \tag{4-9-2}$$

由式(4-9-2)，取电阻 R_7=30kΩ，VR_2=5kΩ的电位器。

又由于 C8051F020 内部 12bit AD 的参考电压可以选择外部 3.3V 或内部 2.4V(1.2V 参考源 2 倍使能)，为了尽量用满 AD 的量程，使温度为 100℃时，温度采样的输出电压为 2.4V(即 U_o=2.4V)。此时列出 A 点的结点方程为

$$U_o/(VR_1+R_6)+U_b/(VR_2+R_7)-I_c\big|_{100℃}=0 \tag{4-9-3}$$

代入参数有 $2.4\text{V}/(VR_1+R_6)+273.2\mu\text{A}-373.2\mu\text{A}=0$

得 VR_1+R_6=24kΩ，取 R_6=20kΩ，VR_1=10kΩ的电位器。

2) 温度控制电路

此部分电路主要由光电耦合器 MOC3041 和双向可控硅 BTA12 组成。采用脉宽调制输出控制电炉与电源的接通和断开比例，以通断控制调压法控制电炉的输入功率。MOC3041

光电耦合器的耐压值为 400V，它的输出级由过零触发的双向可控硅构成，它控制着主电路双向可控硅的导通和关闭。100Ω电阻与 0.01μF 电容组成双向可控硅保护电路。这部分电路如图 4.9.4 所示。

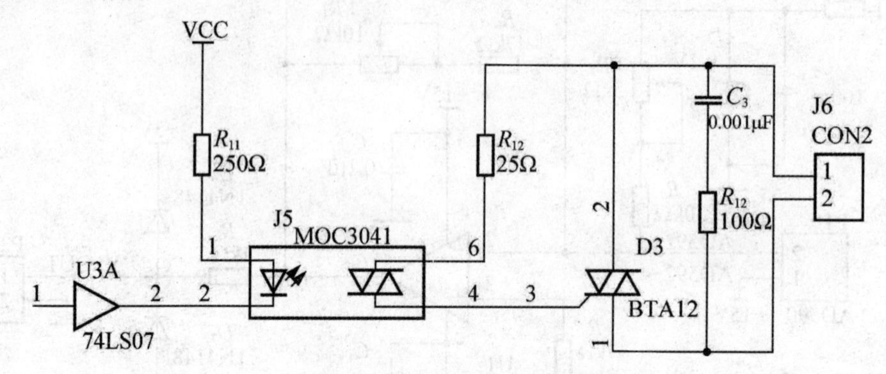

图 4.9.4　温度控制电路原理图

3) 单片机控制部分

此部分是电路的核心部分，系统的控制采用了单片机 C8051F020。单片机 C8051F020 内部有 64KB 单元的 FLASH 存储器及 4KB 的 RAM。因此系统不必扩展外部程序存储器和数据存储器，这样大大地减少了系统硬件部分。

4) 键盘及数字显示部分

在设计键盘/显示电路时，我们使用 AT89C2051 单片机作为电路控制的核心，单片机 2051 具有一个全双工的串行口，利用此串行口能够方便地实现系统的控制和显示功能。键盘/显示接口电路如图 4.9.5 所示。

图 4.9.5 中，单片机 2051 的 P1 口接数码管的 8 个引脚，这样易于对数码管的译码，使数码管能显示设计者所需的各数值、符号等。

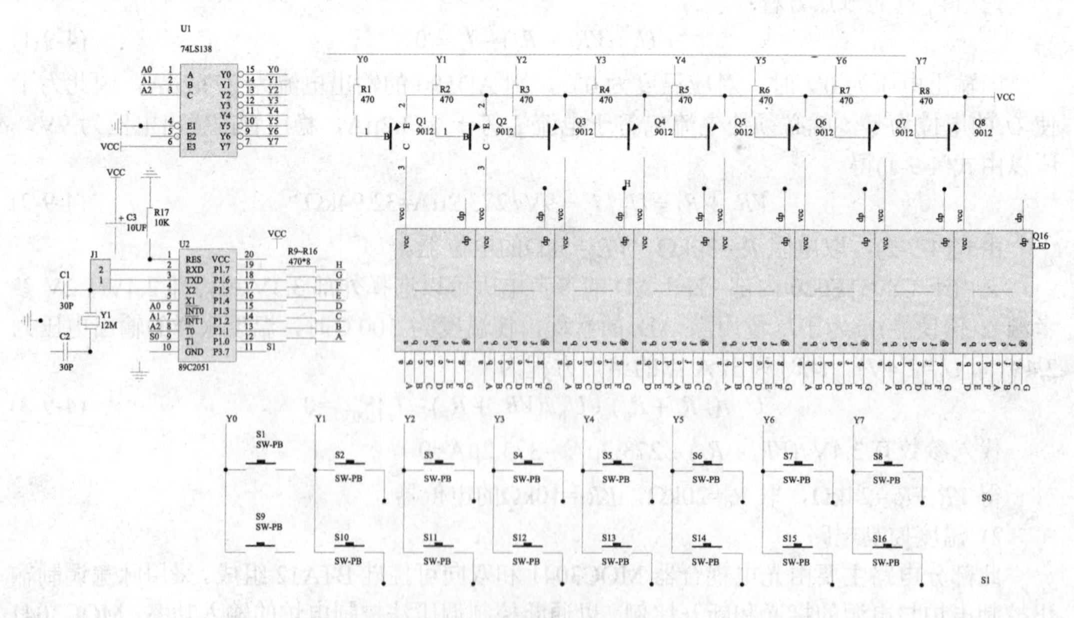

图 4.9.5　键盘/显示部分电路

单片机 2051 的 P3.2、P3.3、P3.4 接 3-8 译码器 74L138，译码器的输出端直接接 8 个数码管的控制端和键盘，键盘扫描和显示器扫描同用端口这样能大大地减少单片机的 I/O 口，减少硬件的花费。

键盘接法的差别直接影响到硬件和软件的设计，考虑到单片机 2051 的端口资源有限，所以我们在设计中将传统的 4×4 的键盘接成 8×2 的形式，如图 4.9.6 所示，键盘的扫描检测电路除了和显示共用 8 个端外，另外的两个端口直接和 2051 的 P3.5 和 P3.7 相连。

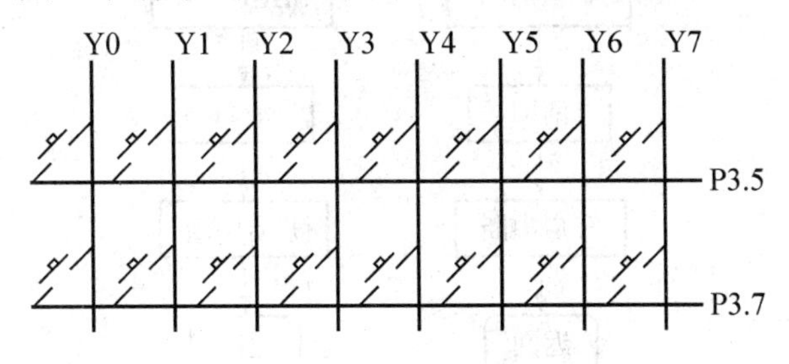

图 4.9.6　键盘接线

图 4.9.6 的接法已经用完了单片机的 15 个 I/O 口，有效地利用了单片机的资源。

4. 软件设计及程序流程图

1) 主程序流程图(如图 4.9.7 所示)

2) 键盘显示部分的程序流程图(如图 4.9.8 所示)

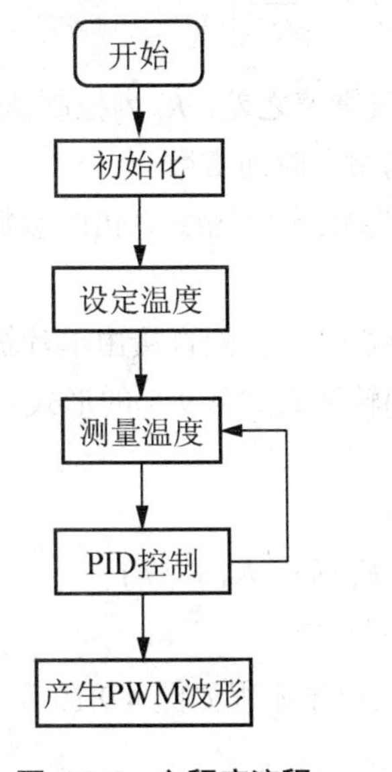

图 4.9.7　主程序流程

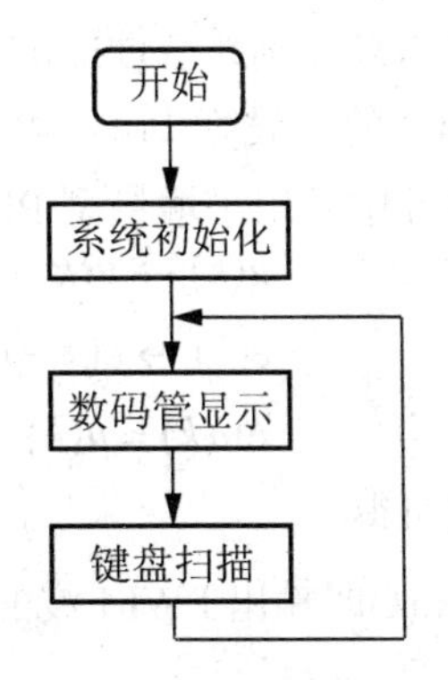

图 4.9.8　键盘显示部分程序流程图

3) 串行通信流程图(如图 4.9.9 所示)

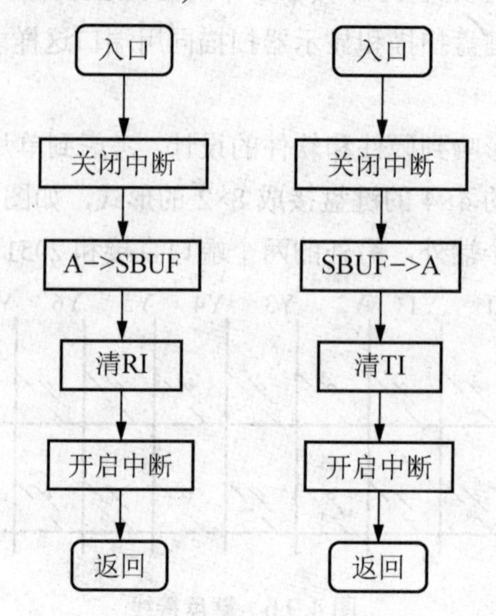

图 4.9.9　串行中断程序图

4) PID 控制算法

PID 控制算法是控制系统中最为成熟的一种算法，其一般算式及模拟控制规律表达式如下所示。

$$u(t)=K_{\mathrm{c}}\left[e(t)+\frac{1}{T\mathrm{i}}\int_{0}^{t}e(t)\mathrm{d}t+T_{\mathrm{d}}\frac{\mathrm{d}e(t)}{\mathrm{d}t}\right] \tag{4-9-4}$$

式中：$u(t)$为控制器的输出；$e(t)$为偏差，即设定值与反馈值之差；K_c为控制器的放大系数，即比例增益；T_{i}为控制器的积分常数；T_{d}为控制器的微分时间常数。

PID 算法的原理即调节 *Kc*、*Ti*、*Td* 这 3 个参数使系统达到稳定，PID 参数整定的好坏直接决定着水温控制系统性能的好差。

由于 PID 的一般算式(4-9-4)是模拟表达式，需要积分，不能直接由单片机来处理，因此我们在设计中采用了增量型 PID 算法。将式(4-9-4)转换成式(4-9-5)的形式。

$$\begin{aligned}&u(k)\to u(k-1)\\&e(k)\to e(k-1)+K_{\mathrm{ie}}(k)+K_{\mathrm{d}}\Delta^{2}e(k)\\&\Delta u(k)=u(k)-u(k-1)=K_{\mathrm{c}}\Delta e(k)+K_{\mathrm{ie}}(k)+K_{\mathrm{d}}\Delta^{2}e(k)\end{aligned} \tag{4-9-5}$$

由上式可得

$$u(k)=\Delta u(k)+u(k-1) \tag{4-9-6}$$

式中，$u(k)$即输出 PWM 波的导通时间。PID 算法程序流程如图 4.9.10 所示。

5. 测试方法和测试结果

1) 测试方法

(1) 在水杯中存放 1L 净水，放置在功率为 1kW 的电炉上，打开控制电源，系统进入准备工作状态。

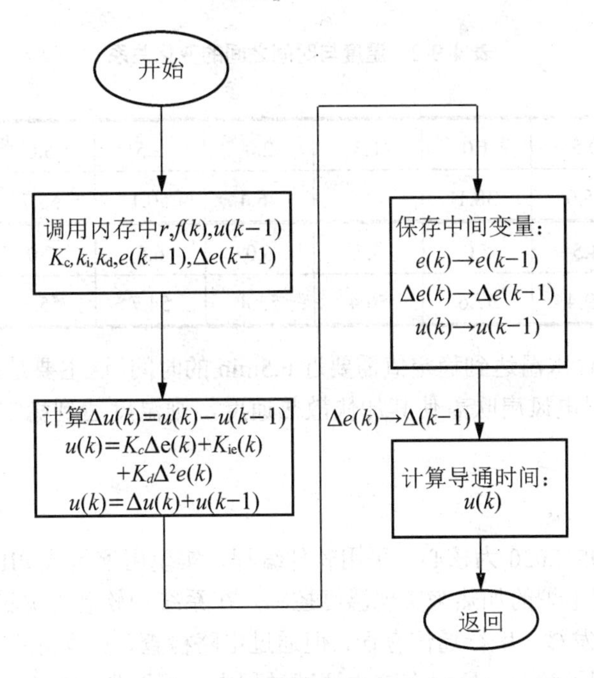

图 4.9.10　PID 控制算法程序流程图

(2) 用温度计标定测温系统，分别使水温稳定在 35℃、45℃、55℃、65℃、75℃、85℃，观察系统测量温度值和实际温度值，校准系统使测量误差在 1℃以内。记录测量数据填入表 4-9-1。

(3) 动态测量：设定温度为 55℃，系统由低温开始进入升温状态。每隔 0.5min 记录一次温度值，将所观察到的数据填入表 4-9-2。

2) 测量结果

(1) 测量温度与给定温度的相应值见表 4-9-1。

表 4-9-1　给定温度与最后实测温度

组号	给定温度/℃	实测温度/℃	相对误差	组号	给定温度/℃	实测温度/℃	相对误差
1	35	34.8	−0.57%	4	65	64.6	−0.62%
2	45	45.3	0.66%	5	75	74.7	−0.4%
3	55	55.1	0.18%	6	85	85.4	0.47%

由上表可以看出，实测温度和给定温度之间的绝对温度在±1℃之间，测量结果满足系统误差的要求。

(2) 温度变化和时间的关系

设定温度为 55℃，每隔 0.5min 记录实测温度一次，所测数据见表 4-9-2。

表 4-9-2　温度与时间之间的变化关系

设定温度：55℃

测量时间/min	0.5	1.0	1.5	2.0	2.5	3.0	3.5	4.0
实测温度/℃	35.0	38.1	42.5	46.4	50.1	55.7	58.6	60.3
测量时间/min	4.5	5.0	5.5	6.0	6.5	7.0	7.5	8.0
实测温度/℃	59.4	57.6	56.4	55.8	54.7	55.3	54.8	55.2

由上表可以看出，水温达到稳定值需要近 6.5min 的时间，这主要是由于热水散热较慢，所需时间较长。若用电风扇吹着使其加快散热速度，则温度达到稳定所需的时间会大大缩短。

6. 设计总结

本系统是以 C8051F020 为核心，采用软件编程，实现用增量式 PID 算法来控制 PWM 波的产生，进而控制电炉的加热来实现温度控制。在系统的软硬件调试过程中，不断地有问题出现，如 OP07 发烫，串行通信有误，但通过电路检查、原理分析、程序修改等工作，这些问题都一一得到了解决。所以在这次调试过程中，可以学到很多知识，同时也可以提高实际动手能力，这对以后的系统设计会有很大的帮助。

4.10　数控电压电流源

4.10.1　设计目的

(1) 掌握数控电流源、电压源的控制机理。
(2) 学习串口 D/A 芯片 AD5320 编程方法；学习并口 D/A 芯片 DAC0832 编程方法。
(3) 学习 C8051F 单片机在本系统中的应用技术。
(4) 提高综合电路设计能力和调试技术。

4.10.2　设计内容

设计并制作一个数字数控电压源、数控电流源系统，如图 4.10.1 所示。

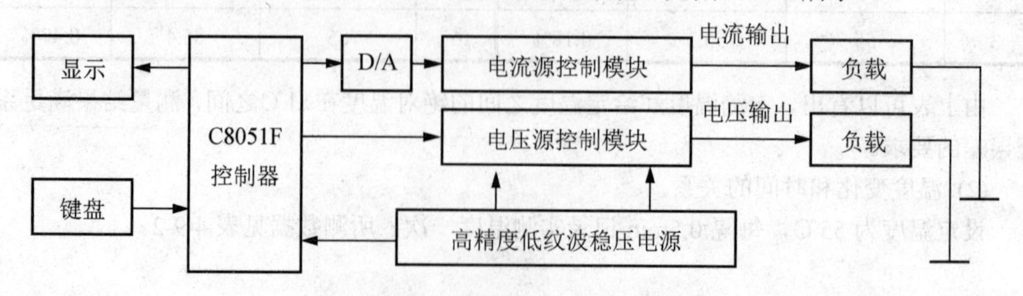

图 4.10.1　数控电压电流源总体框图

4.10.3　设计要求

(1) 数控电流源的输出范围10～2000mA，可任意设定电流，多步长步进。
(2) 数控电流源最小步长值为1mA。
(3) 数控电流源输出电流稳定，纹波电流小于0.1mA。
(4) 数控电压源的输出范围0～12V，可任意设定电压，多步长步进。
(5) 数控电压源最小步长值为1mV。
(6) 数控电压源输出电压稳定，纹波电压小于15 mV。

4.10.4　设计说明

设计系统考虑成本，选用性价比高的芯片和电路。

4.10.5　设计实例(数控电压源部分)

1. 引言

电压源是模拟集成电路中一个非常重要的模块，广泛地应用在DC/DC、RF、A/D等模块中。电压源的精度直接关系到这些系统的总体性能，一个有效的电压源应在一定的范围内基本上与电源电压变化、工艺参数变化及温度无关，但实际上所设计的电压源都会受到电源电压的波动、温度变化等的影响。如何设计一个低温漂、高电源抑制比的数控电压源是模拟电路设计者所关心的课题之一。

2. 系统原理

1) 系统总体框图，如图4.10.2所示。

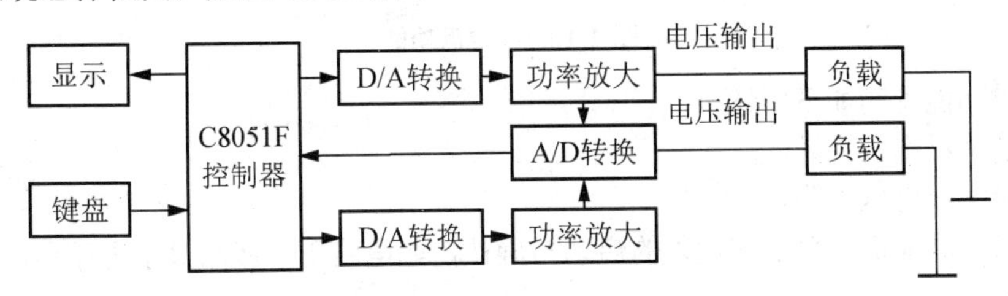

图4.10.2　系统总体框图

本系统采用单片机和可编程器件作为数据处理及控制核心，将设计任务分解为通信协议，信号输出采集存储、信号融合处理、显示/键盘、掉电保护等功能模块。图4.10.2所示即为该系统的总体框图。考虑到硬件电路的紧凑性，故将上述模块合理分配连接成以下3个模块：微机控制器、系统主控器、键盘/显示。下面对各模块的设计进行逐一论证比较。

2) 系统的硬件设计

(1) 主控系统模块的电路设计与实现。

如图4.10.3所示，该模块主要由最小系统、D/A、A/D、运放及功率放大电路组成。D/A由2片DAC0832构成，功率放大采用TDA2030。

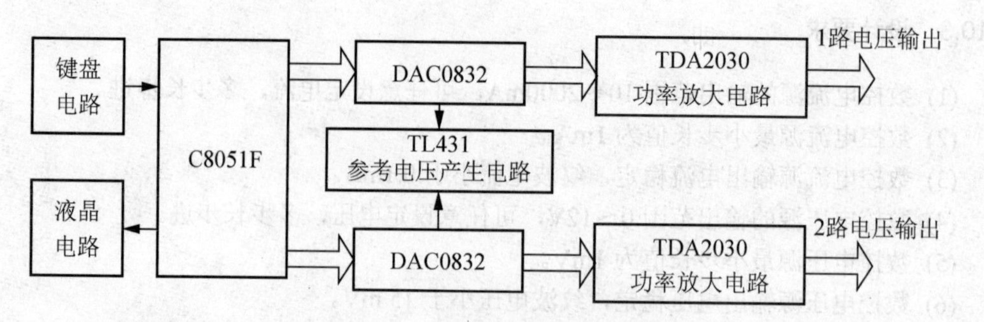

图 4.10.3　主控系统模块电路框图

该模块的设计思路是由主 CPU 对数据进行处理，控制 D/A 及 A/D，通过 LM317 输出预定电压。在输出电压 1.5～5.0V 中，为了输出更高的精度，采用双 D/A 级连，为了获得更大的输出电流，采用 LM317 并联输出，最大电流可达 3A。基准电压采用 LM431，使输出电压更加稳定。该模块的工作原理如下所述。

由串行口接收键盘数据，经过主 CPU 数据处理，同时发送显示数据，调整 D/A，输出预定电压，再由 A/D 采集电压，与设定的电压进行比较，如果误差在一定范围内一次调整结束，如误差太大，进行保护，输出错误数据。

(2) 显示模块的电路设计与实现。

键盘/显示装置键盘、12864 显示器组成，键盘功能如图 4.10.4 所示。

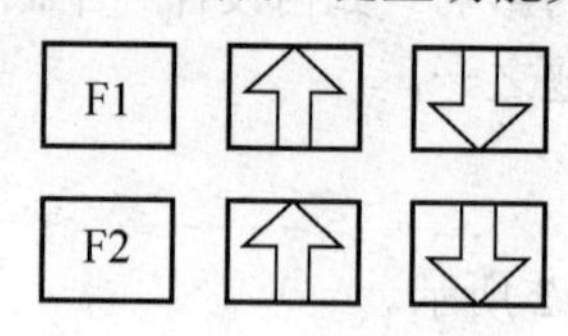

图 4.10.4　键盘功能

各按键功能说明如下所述。

向上箭头：电压上升。

向下箭头：电压下降。

F1，F2：功能键，数字键输入的启动与确认，如电路正常液晶显示电压值，按上下键进行电压调节。

(3) 硬件的抗干扰措施。

首先，配置去耦电容。电源输入端跨接 220μF 的电解电容。在关键元件中串入 0.1μF 的无感瓷片电容或者云母电容。电容引线尽量短，减少高频带来的影响。

其次，尽量加粗地线。

3. 软件设计

软件是本系统的灵魂，在设计软件时，从系统实用、可靠及方便使用几方面予以考虑，特别加入了开机自检功能。系统软件主要由数据通信及处理模块、键盘/显示模块、中断服务模块组成。

软件设计的其他特色包括如下几方面。

(1) 在软件设计中加入了软件抗干扰措施(采用软件陷阱技术)。

(2) 在程序区的断层(即不使用的区域)，以 NOP 指令填空，以保证因干扰而造成跑飞的程序尽快步入正常运行轨道。

(3) 设置软件陷阱。用一条引导指令强行将捕获的程序引向一个指定的地址。为增强捕获效果，软件主程序流程图如图 4.10.5 所示；键盘程序流程图如图 4.10.6 所示。

软件微机程序流程图与软件从 CPU 程序流程图相同。

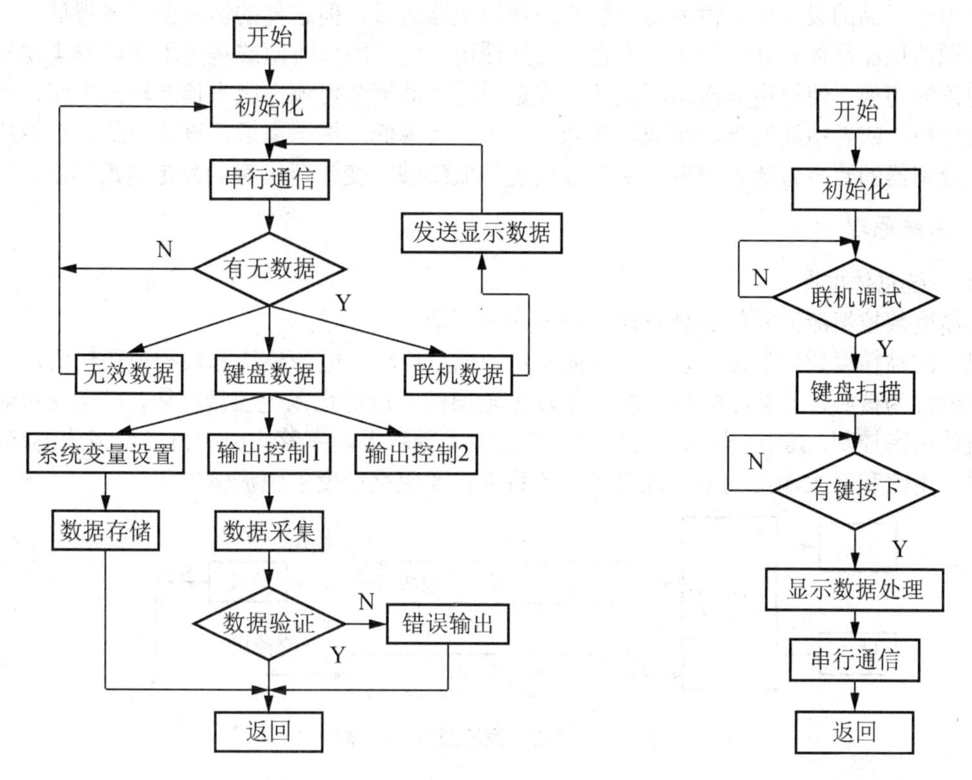

图 4.10.5　主程序流程　　　　图 4.10.6　键盘扫描程序流程

4. 结束语

本设计以多功能、低功耗、操作方便、结构合理、易于调试为主要设计原则。在系统设计过程中，力求线路简单，充分发挥软件编程方便灵活的特点，并最大限度挖掘单片机片内资源，来满足系统设计要求。本设计的关键部分是在软件方面，题目的发挥部分完全是通过强大的软件控制来实现的。本系统充分利用了 C8051F 单片机的强大功能，除了发挥部分中的触发位置可调这一要求尚未很好地实现之外，全部较好地实现了题目基本部分和发挥部分的要求。

4.10.6　设计实例(数控电流源部分)

1. 引言

随着电子技术的发展，现今社会产品的智能化、数字化已成为人们追求的一种趋势，设备的性能、价格、发展空间等备受人们的关注，尤其对电子设备的精密度和稳定度最为关注。当今社会，数控恒压技术已经很成熟，但是恒流方面特别是数控恒流的技术才刚刚起步且有待发展，高性能的数控恒流器件的开发和应用存在很大的发展空间。

恒流源是能够向负载提供恒定电流的电源，应用广泛。例如，在通常的充电器对蓄电池充电时必须保证恒流充电，另外恒流源还被广泛用于测量电路中，是电阻测量、开关电源、功放等场合不可替代的检测设备。

在电子产品的设计中，恒流源一般常由线性电路组成，但这样的恒流源效率很低，大量的能源消耗在晶体管和电阻上，不宜长时间使用。传统的恒流源或是利用继电器实现不同挡电流的切换，使得电流输出不连续；或是通过手动调节可调电阻来调节输出电流，不可实现程控；或者由线性电路组成，能源消耗大，效率低。根据需求，设计一款基于单片机为主控制器的数控直流恒流源，实现高精度、低纹波、变化范围宽的稳定电流输出。

2. 系统原理

1) 系统总体框图

高精度数控恒流源系统总体框图如图 4.10.7 所示。

设计的高精度数控恒流源，由电流源模块、测量模块、电源模块和数控模块构成，以压控恒流源为核心，用单片机控制高精度 D/A 输出的电压值送入电流源模块，可完成对输出电流的精密控制，其中，电流源模块采用运算放大器和大功率管构成的自举反馈式电路，稳定输出电流和增大输出电阻，改进了恒流特性，实现高精度的恒流输出。

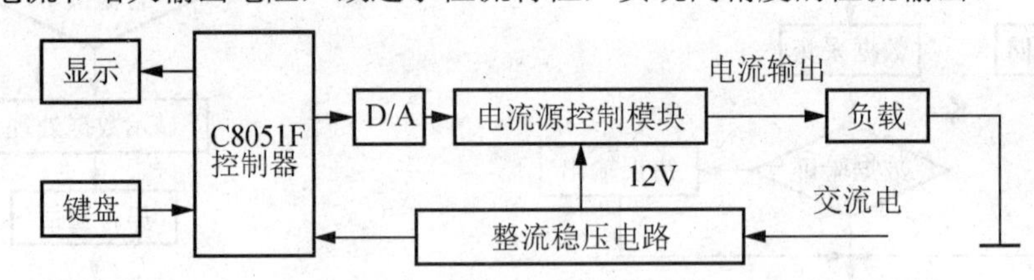

图 4.10.7　高精度数控恒流源系统总体框图

2) 高精度数控直流恒流源的设计

(1) 恒流源控制模块，该模块主要功能是把由 D/A 输出的电压线性转换成输出电流，并且保证输出电流有很高的稳定性。恒流源所需要的控制电压由高精度 D/A 转换芯片提供，易实现输出电流的小步进调节。

① 负反馈电路的分析与设计。采用基于运算放大器和达林顿管构成的电流深度反馈电路。D/A 输出电压作为恒流源控制模块的参考电压输入，经运算放大器 A1 和达林顿管扩流，运算放大器 A2 形成差放，使得采样电阻上的压降即为 D/A 的输出电压，利用晶体管平坦的输出特性即可得到恒流输出。该方案在电路中引入了深度电流负反馈，因此，可以保证电流源电路具有较好的恒流特性。

② 供电电压的选择。根据设计要求：输出电压最大值 V_{max} 为 10V，输出最大电流 I_{max} 为 1A，所以达林顿管射极采样电阻(1Ω)上的最大压降为 V_{emax} 数值大小为 1V，要保证达林顿管工作在线性放大区，其 V_{ce} 应设计置在 2V 左右。这样提供输出电流的电源部分，直流电压必须大于 $V_{max}+V_{emax}+V_{ce}\approx$10V+1V+2V=13V，为留有一定的余量，所以，选取供电电压为 16V。

③ 采样电阻。恒流源的电流采样，实际上是恒流源输出的负载电流在采样电阻 R_s 上

的压降 U，U 的大小直接影响输出电流效率，U 越大，采样电阻上耗散的功率就越大，恒流源的效率就越低，并且采样电阻上的温度升高也会影响到恒流源的稳定性。由公式得

$$R_s = \frac{U}{I_L} \tag{4-10-1}$$

式中：负载电流 I_L 的范围为 10～1000mA，U 取值不宜过高，为配合输出电流步进精度，已取采样电阻 R_s 为 1Ω，根据要求取 I_L 为 1A，代入式(4-10-1)，可得 U 为 1V，符合要求。

④ 提高输出电流的稳定度。为了提高输出电流的稳定度，除了尽量保证电源模块的精度外，还采取了以下措施。

参考电压：采用基准源 TL431 产生 4.096V 的电压为 D/A 提供基准电压，A/D 采用内部基准源；

为了减小数字电路的高频电流对模拟电路的干扰，数字电路和模拟电路之间各采用独立的稳压电路供电。实践证明，这个供电方案可以在很大程度上降低 D/A 输出的纹波电压。

滤波(电感、电容)：由电感和电容组成π形滤波器。整流部分接入π形滤波器使输出直流变得更加平稳；纹波电流主要是由电源纹波产生的，在供电电源的输入端并联大电容、串联电感可以达到减小纹波的目的。

采样电阻 R_s 采用大线径康铜丝制作：康铜丝温度系数小(频率精度为 5×10^{-6}/℃)，大线径可使其温度影响减至最小。

⑤ 仿真结果及分析。在 Multism 软件对电路进行仿真，仿真电路及结果如图 4.10.8 所示。经仿真发现，输入端接的滤波电容可能会与电路中电阻形成 RC 振荡，影响仿真结果，并且使得后级电路中 A/D 的测量值不稳定。要适当选择电阻和电容的取值。

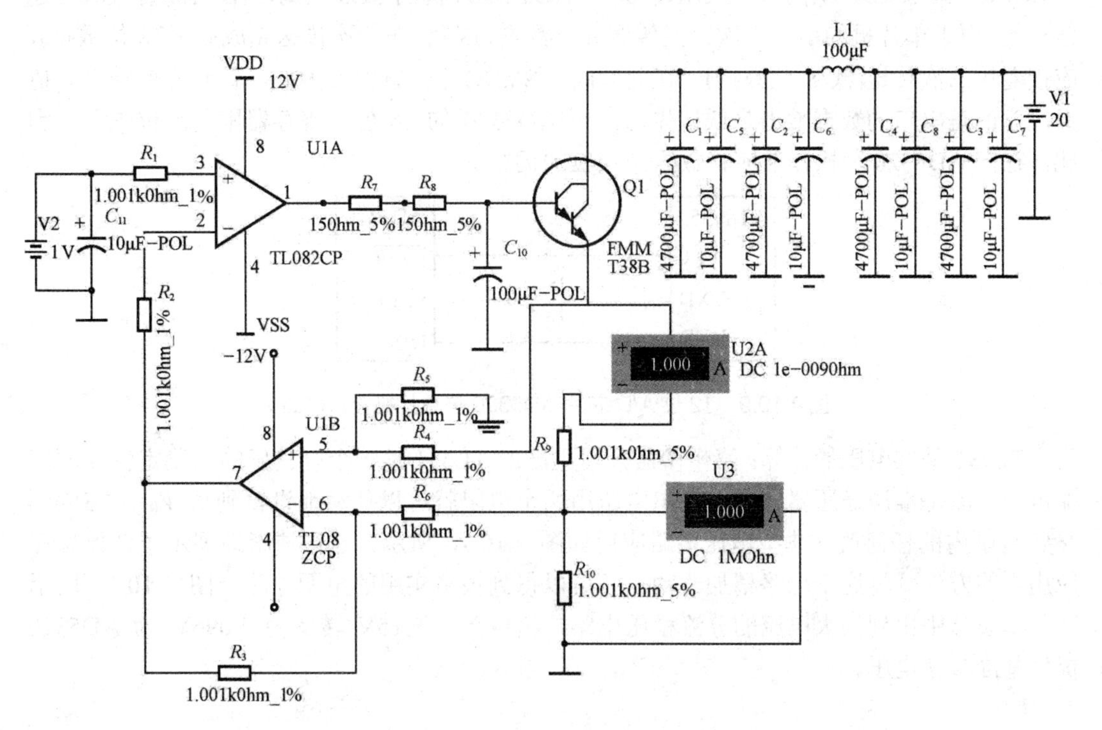

图 4.10.8　电流源模块电路的仿真

(2) D/A、A/D 及其接口电路。

① D/A、A/D 芯片的选择。根据设计要求输出电流范围为 10～1000mA，最小步进 1mA，即分辨率为 1mA，需要至少有 1013 个状态，根据下式

$$n = \log_2 \frac{1013}{1} \approx 10 \tag{4-10-2}$$

最小位数为 10 位，为了给精度指标留有余地，因此选择 12 位 D/A 和 A/D，尽量使误差变得更小。

12 位 D/A 和 A/D 能达到的精度(参考电压为 4.096V)为

$$\frac{1}{2^{12}} \times \frac{4.096\text{V}}{R} = \frac{1}{4096} \times \frac{4.096\text{V}}{1\Omega} = 1\text{mA} \tag{4-10-3}$$

② D/A 转换模块的设计。选择单通道 12 位串行 D/A 转换芯片 AD5320，AD5320 是微功耗、满幅度电压输出，单电源(电压范围为 2.7～5.5V)工作，片内高精度输出放大器提供满电源幅度输出。AD5320 利用一个 3 线串行接口，能与标准的 SPI、QSPI、Microwire 和 DSP 接口标准兼容。

AD5320 的基准来自电源输入端，因此提供了最宽的动态输出范围。该器件含有一个上电复位电路，保证 D/A 转换器的输出稳定在 0V，直到接收到一个有效的写输入信号。该器件具有省电功能以降低器件的电流损耗，通过串行接口的控制，可以进入省电模式。正常工作时的低功耗性能，5V 时功耗为 0.7mW，省电模式下降为 1μW。

图 4.10.9 所示为 AD5320 与 AT89S52 的接口电路。单片机的 TXD 用于驱动 AD5320 的 SCLK，而 RXD 则用于驱动 DIN，其 $\overline{\text{SYNC}}$ 由单片机的 P1.0 控制，在 P1.0 置低时，通信开始。由于单片机的串口一次仅能传送 8 位数据，因此，在一次传送完成后(高 8 位数据)，应接着第二次传送(低 8 位数据)，在此期间，$\overline{\text{SYNC}}$ 应一直保持为低，直到通信结束。值得注意的是串口的数据输出是低位先出，而 AD5320 的 16 位移寄存器则是高位先入，因此，在向 AD5320 写操作前应将数据作相应的调整。

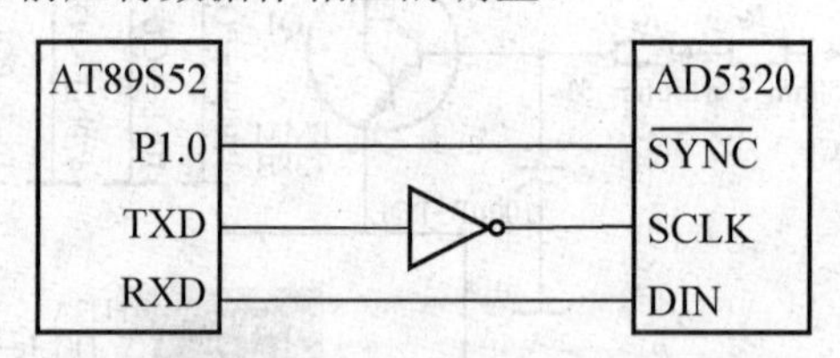

图 4.10.9　12 位 A/D 芯片 AD5320 与单片机接口电路

TL431 基准电压的计算：德州仪器公司生产的 TL431 是一个有良好的热稳定性能的三端可调分流基准源稳压器。它的输出电压用两个电阻就可以任意地设置到从 V_{REF}(2.5V)到 36V 范围内的任何值。典型恒压电路应用如图 4.10.10 所示，它很清晰地展示了该器件在应用中的方法。将这个电路稍加改动，就可以得到很多实用的电源电路，图 4.10.11 所示即是本设计中用到的大电流的分流稳压电路，将电源电压+5V 转变为 4.096V 为 AD5320 提供基准参考电压。

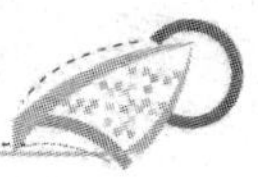

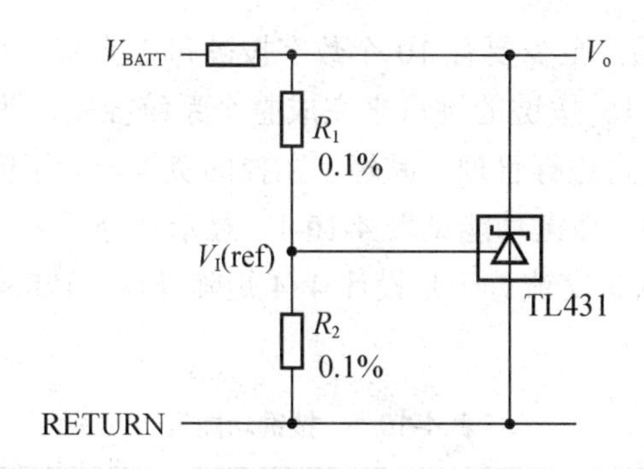

图 4.10.10　TL431 典型恒压电路

$$V_o = \left(1+\frac{R_1}{R_2}\right)V_{I(ref)} \tag{4-10-4}$$

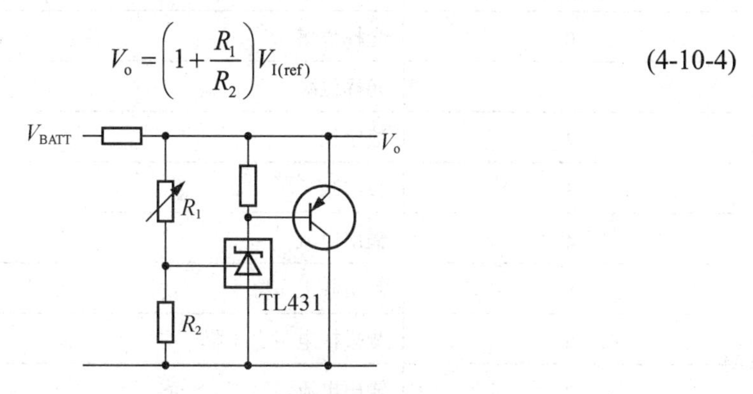

图 4.10.11　TL431 对 AD5320 提供参考电压

$$V_o = \left(1+\frac{R_1}{R_2}\right)\times V_{REF} = \left(1+\frac{R_1}{R_2}\right)\times \frac{R_2}{R_1+R_2+R}+V_{DD} = \frac{R_1+R_2}{R_1+R_2+R}\times V_{DD} \tag{4-10-5}$$

其中，V_o=4.096V，V_{DD}=5V，R=100Ω，则 R_1+R_2=453.1kΩ，取 R_2=250kΩ，R_1 为 200kΩ电阻与 10kΩ可调电阻串联。

③ AD 转换模块的设计。A/D 转换模块采用 Maxim 公司的 MAX187 芯片，它是单通道 12 位 A/D 转换器，内含高速采样/保持器和 4.096V 基准电压源。3 线串行接口，接口标准与 SPI、QSPI、Microwire 兼容。单 5V 操作电源，转换时间为 8.5μs，可以满足本设计要求。

使用内参考时，在电源开启后，经过 20 ms 后参考引脚的 4.7μF 电容充电完成，可进行正常的转换操作。A/D 转换的工作过程是当 $\overline{\text{CS}}$ 变为低电平时，MAX187 的 T/H 电路进入保持状态，并开始转换，此时 DOUT 为低电平，8.5μs 后 DOUT 输出为高电平作为转换完成标志。这时可在 SCLK 端输入一串脉冲，将 12 位数据随脉冲经移位寄存器由 DOUT 引脚串行输出，结果读入单片机中处理。数据读取完成后将置为高电平。要注意的是在置为低电平启动 A/D 转换后，检测到 DOUT 有效(或者延时 8.5μs 以上)，才能发 SCLK 移位脉冲读数据，SCLK 至少为 13 个脉冲。发完脉冲后应将 SCLK 置为高电平。

(3) 数控模块。数控模块是数控直流恒流源控制的核心部分，既协调系统工作，又是数据处理器。它通过单片机对 A/D、D/A 等器件对模拟信号进行信号的采集、处理和输出，从而对输出电流值进行控制校正，以达到较高精度的输出。

由于要实现人机对话，至少要有 10 个数字按键和 2 个步进按键，考虑到还要实现其他的功能键，需要选用 16 按键的键盘来完成整个系统控制。为了充分优化系统，采用 HD7279 代替单片机对键盘进行管理，减轻了主控的负担。为了简化按键，这里用 4 个按键来替代 10 个数字按键，按键功能见表 4-10-1。显示部分采用 12864 液晶屏，可以实现较好的界面显示，易于人机交流。于是设计 4×4 矩阵键盘，12864 液晶屏作为系统输入和显示输出。

表 4-10-1　按键功能表

按键号	按键功能
0	光标位增
1	光标位减
2	数字加
3	数字减
4	输出电流
5	测负载上压降
6	测采样电阻上压降
7	输出电流清零

3. 软件设计

因为程序不需要涉及精确实时操作，所以采用 C 语言编写提高效率。为了方便程序编写和调试，采用模块化编写，分为如下若干子程序。

(1) 液晶显示：显示主界面，输出电流的给定值及实际测量值。

(2) 键盘处理：输出电流给定值的预置及步进，步进量切换，电流输出。

(3) 将调整值送入 D/A。

(4) 进行 A/D 采样。

(5) 数据处理：将 A/D 采样的数据值与预置值进行差值比较，确定要送入 D/A 的调整值。它是输出电流精度的指标关键。

上电后，单片机首先初始化，液晶屏显示初始中文界面提示设定电流，其次扫描键盘，查看是否有键按下，有键按下则进行按键处理，然后送显示数据到液晶屏，接着写入到 AD5320，控制 D/A 的输出。单片机再通过 MAX187 采样数据，并对采样值、预设值进行运算和处理，调整 D/A 的输出值，送测量值至液晶屏显示。

主程序流程图及按键扫描子程序流程图分别如图 4.10.12 和图 4.10.13 所示。

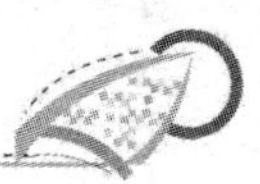

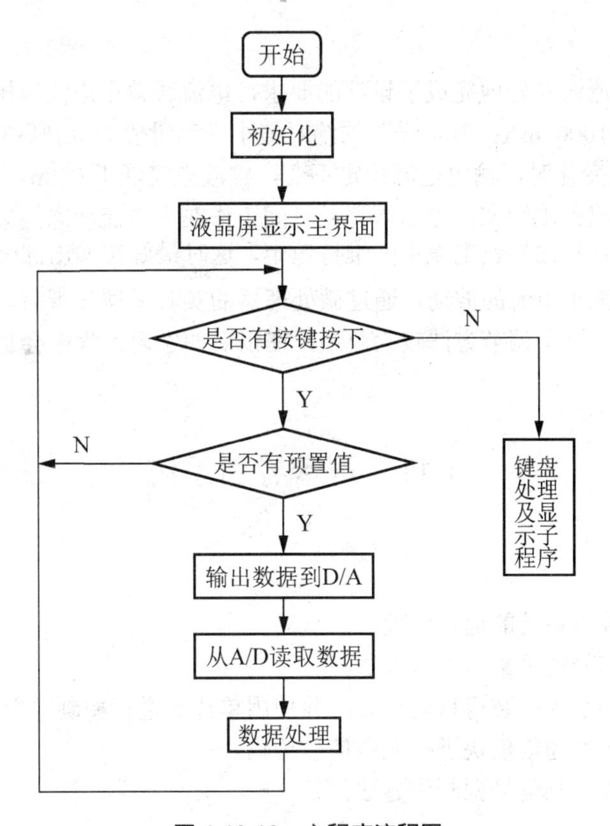

图 4.10.12　主程序流程图

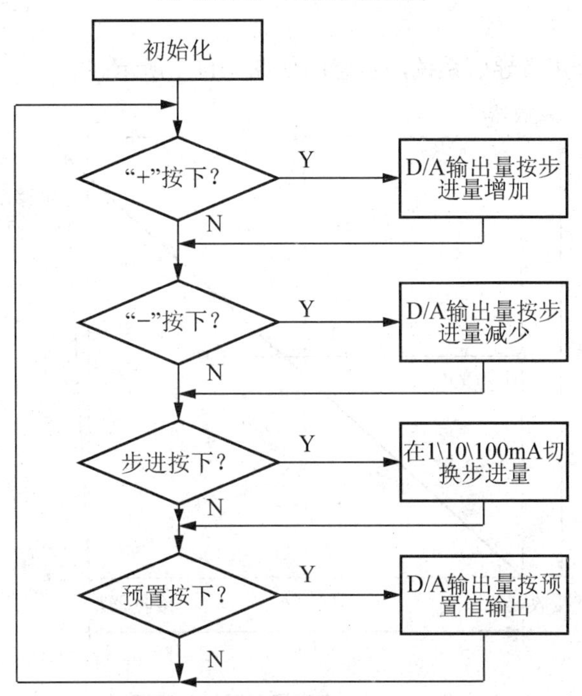

图 4.10.13　按键子程序流程图

4. 结束语

制作的数控恒流源较好地完成了设计的要求，电流源输出电流范围 10～2000mA，步进级别为 1\10\100\1000 mA；测量误差的绝对值小于测量值的 0.1%+3 个字；改变负载使输出电压在 10V 内变化时，输出电流稳定不变，纹波电流低于 0.2mA。

但由于电流输出范围较宽，当晶体管长时间工作在大电流状态，集电结发热严重，导致晶体管 β 值下降，从而导致电流不能维持恒定，这时最好在输出部分增加一个反馈环节来控制电流稳定，减小电流的波动，通过微处理器的实时采样分析后，根据实际输出对电流源进行实时调节。这个调节方法较为复杂，在以后的学习过程中会加强学习，以达到更高精度的电流输出。

4.11 声音导引系统

4.11.1 设计目的

(1) 了解声音导引系统的运行原理。

(2) 学会音频信号的采集与处理方法。

(3) 学会用电动小车改装可移动声源，并使用单片机进行控制定位。

(4) 学习使用无线通信模块进行无线信号传输。

(5) 学会周期性音频信号源制作方法。

4.11.2 设计内容

设计并制作一个声音导引系统，示意图如图 4.11.1 所示。

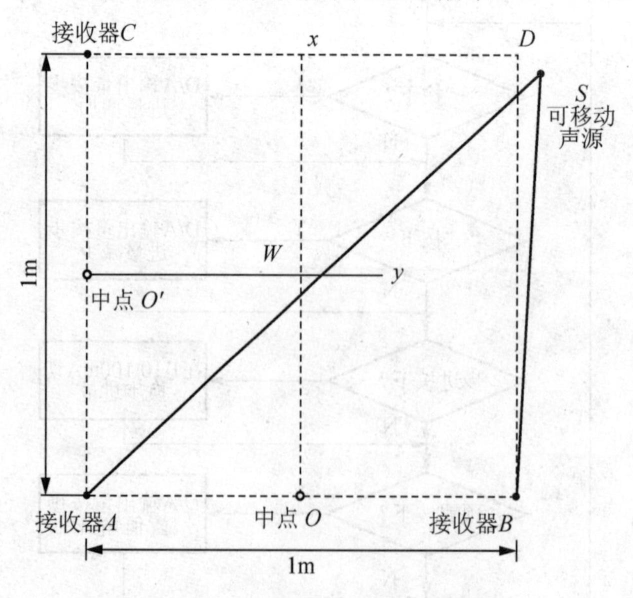

图 4.11.1　声音导引系统示意图

图 4.11.1 中，*AB* 与 *AC* 垂直，*Ox* 是 *AB* 的中垂线，*O'y* 是 *AC* 的中垂线，*W* 是 *Ox* 和 *O'y* 的交点。

声音导引系统有一个可移动声源 *S*，3 个声音接收器 *A*、*B* 和 *C*，声音接收器之间可以有线连接。声音接收器能利用可移动声源和接收器之间的不同距离，产生一个可移动声源离 *Ox* 线(或 *O'y* 线)的误差信号，并用无线方式将此误差信号传输至可移动声源，引导其运动。可移动声源运动的起始点必须在 *Ox* 线右侧，位置可以任意指定。

4.11.3　设计要求

1. 基本要求

(1) 制作可移动的声源。可移动声源产生的信号为周期性音频脉冲信号，如图 4.11.2 所示，声音信号频率不限，脉冲周期不限。

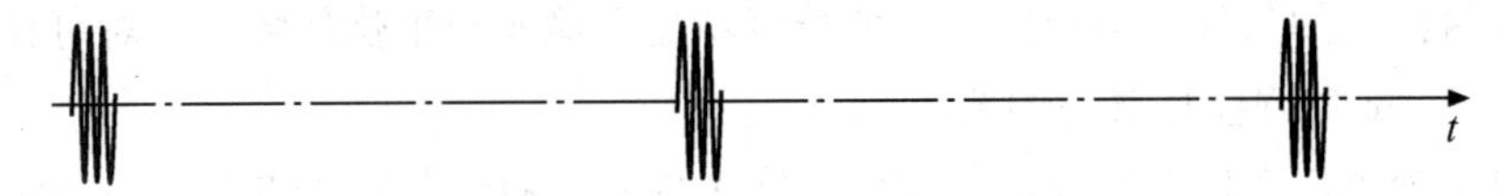

图 4.11.2　信号波形示意图

(2) 可移动声源发出声音后开始运动，到达 *Ox* 线并停止，这段运动时间为响应时间，测量响应时间，用下列公式计算出响应的平均速度，要求平均速度大于 5cm/s。

$$平均速度=\frac{可移动声源的起始位置到Ox线的垂直距离}{响应时间}$$

(3) 可移动声源停止后的位置与 *Ox* 线之间的距离为定位误差，定位误差小于 3cm。

(4) 可移动声源在运动过程中任意时刻超过 *Ox* 线左侧的距离小于 5cm。

(5) 可移动声源到达 *Ox* 线后，必须有明显的光和声指示。

(6) 功耗低，性价比高。

2. 发挥部分

(1) 将可移动声源转向 180℃(可手动调整发声器件方向)，能够重复基本要求。

(2) 平均速度大于 10cm/s。

(3) 定位误差小于 1cm。

(4) 可移动声源在运动过程中任意时刻超过 *Ox* 线左侧距离小于 2cm。

(5) 在完成基本要求部分移动到 *Ox* 线上后，可移动声源在原地停止 5～10s，然后利用接收器 *A* 和 *C*，使可移动声源运动到 *W* 点，到达 *W* 点以后，必须有明显的光和声指示并停止，此时声源距离 *W* 的直线距离小于 1cm。整个运动过程的平均速度大于 10cm/s。

$$平均速度=\frac{可移动声源在Ox线上重新启动位置到移动停止点的直线距离}{再次运动时间}$$

(6) 其他。

4.11.4　设计说明

(1) 本题必须采用组委会提供的电机控制 ASSP 芯片(型号 MMC-1)实现可移动声源的运动。

(2) 在可移动声源两侧必须有明显的定位标志线，标志线宽度 0.3cm 且垂直于地面。

(3) 误差信号传输采用的无线方式、频率不限。

(4) 可移动声源的平台形式不限。

(5) 可移动声源开始运行的方向应和 *Ox* 线保持垂直。

(6) 不得依靠其他非声音导航方式。

(7) 移动过程中不得人为对系统施加影响。

(8) 接收器和声源之间不得使用有线连接。

4.11.5 设计实例

1．系统方案选择

根据题目给定的条件，考虑到声音信号容易受环境噪声干扰的特点，对可移动声源运动速度和超出 *Ox* 线位移有很高的要求。

根据以上分析，实现系统要求的关键技术主要有：对音频信号的处理、声源接收信号时间差检测和可移动声源的运动控制 3 个方面。根据制作调试过程的实际情况，系统对音频信号的抗干扰性要求高，可移动声源运动速度不宜过快，对相位差测量精度要求高，为此，分别作了几种不同的设计方案，并进行论证。

1) 单片机最小系统选择

方案一：51 单片机。优点是学习型单片机，控制简单。缺点是处理速度慢。

方案二：C8051F330。C8051F330 是完全集成的混合信号片上系统 MCU，其控制器内核与 MCS-51 指令完全兼容。C8051F330 采用流水线结构，特别适合用于对实时性要求极高的控制系统。共 17 个 I/O，适合本系统设计。

综合考虑，我们采用了方案二。

2) 可移动声源平台的选择

方案一：改装玩具电动车。实现简单，控制方便，但是成本较高，车体型不够理想。

方案二：自制电动小车。成本低，小巧，方向控制方便灵活，但是制作费时。

综合考虑,我们采用方案二。

3) 电机类型选择

方案一：步进电机。步进电机的特点就是具有快速启动和停止功能，输出力矩大、控制精度高，并且能实现正、反控制；但它的缺点是转速低、控制复杂、步进距离不够精细。

方案二：直流电机。具有速度高，调速平滑方便，调整范围广性价比高等优点。

综合考虑，这里选择方案二，采用直流电机。

4) 音频信号处理和声源运动定位方案

各个接收器距离可移动声源距离的不同，可以转换为接收器接收到的信号强弱和相位差值。经过放大以后的音频信号幅值差不明显，与位移无法形成线性关系。观察发现 340m/s 的音频在不同位移上传播时间不同，在不同接收器上产生稳定的相位差。故采用测相位差

的处理方式来处理音频信号。

方案一：根据题意，设接收器 *A* 为坐标原点，*AC* 为 *Y* 轴，*AB* 为 *X* 轴建立坐标，如图 4.11.3 所示。根据相位差转换为到两接收器的距离差值，设 L_1=*L_AS-L-BS*；L_2=*L_CS-L_AS*；由勾股定理有

$$L\_BS == \sqrt{y^2 + (1-x)^2}$$

$$L\_AS == \sqrt{y^2 + x^2}$$

$$L\_CS == \sqrt{(1-y)^2 + x^2}$$

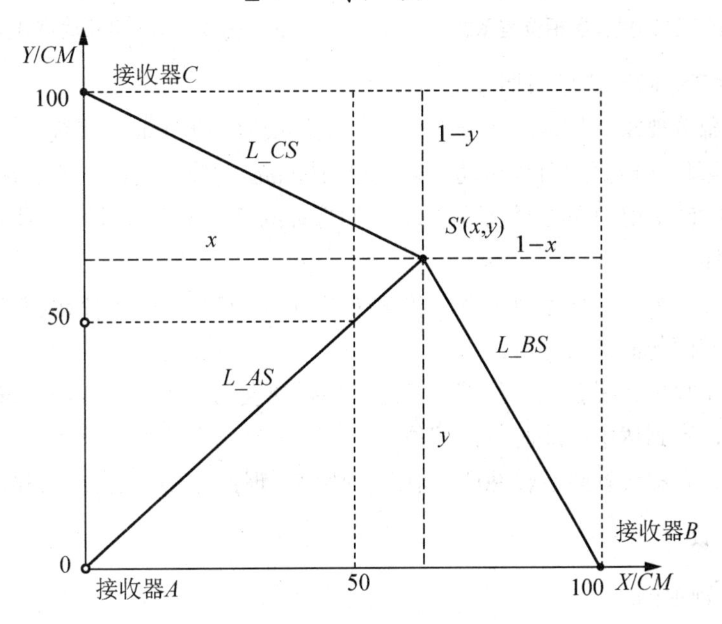

图 4.11.3　可移动声源位置坐标图

由相位差可得出 L1 和 L2 的值，进而可求出 *X,Y* 的坐标值。该方案可求出可移动声源当前所在位置，进而可优化路径，响应速度快；但是实现难度大，误差大，受方向影响。

方案二：根据两个声源接收器接收信号的相位差，可判移动声源是否需要移动，实现对可移动声源的导引，通过一定抗干扰处理，接收信号相位差较稳定。

综合考虑，我们选择方案二。

2. 设计与论证

1) 误差信号的产生

为了使可移动声源能判断是否到达 *Ox* 线，我们采用测量接收器 *A* 和接收器 *B* 接收到音频信号经放大滤波处理整形后的相位差，如图 4.11.4 所示。根据音频在空气中的传播速度。我们可知：340**T*=*SA*−*SB*，如图 4.11.5 所示。当移动声源运动当 *T*=0 时，小车到达 *Ox* 线。实现发挥部分的要求采用同样的原理。

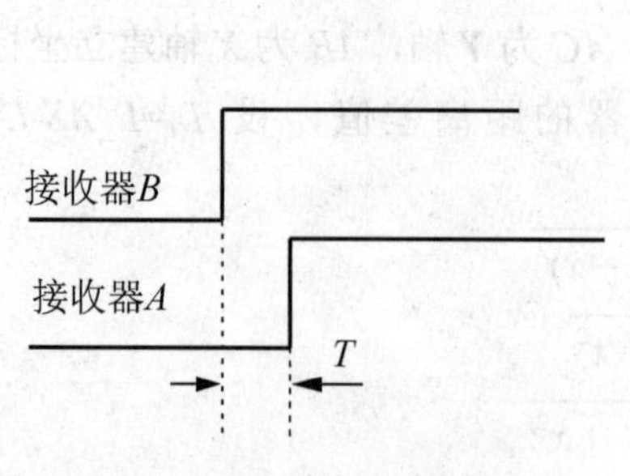

图 4.11.4 音频接收器相位差示意

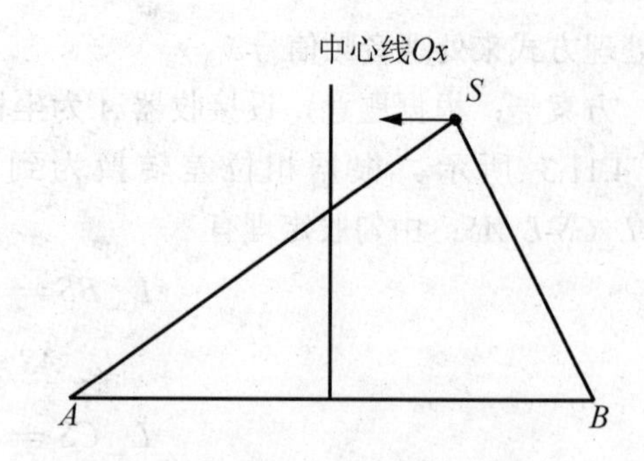

图 4.11.5 可移动声源示意图

2) 周期性音频脉冲信号周期分析

题中发挥部分要求平均速度大于 10cm/s，定位误差小于 1cm。系统采用的是测相位差的方案来实现可移动声源的引导运动。若是以 10cm/s 的速度运动，要实现定位误差小于 1cm。必须在 1s 内实现 10 次定位监测，故我们选择周期性的音频脉冲信号周期为 0.05ms。

3) 控制理论

在起始位置，通过舵机控制扬声器转 90℃让其与 *AC* 平行，测量 *A* 和 *C* 得相位差，由此判断出移动声源起始停放区域。

根据音频接收单元捕获的相位差，通过无线模块发送给可移动声源，来引导可移动声源朝 *Ox* 运动，当到达中心线时刻，相位差为 0。发送指令让可移动声源停止，根据判断出的起始位置，向左或者向右转 90°，根据相位差原理到达 *M* 点,完成可移动声源的运动。

3. 系统硬件设计

1) 系统原理框图

本系统由可移动声源和音频接收单元构成。可移动声源以小车为平台，由音频功放、发光指示电路、电机控制和驱动等电路组成，如图 4.11.6 所示；声音接收器由 3 个音频信号采集处理电路、无线收发模块、键盘和 LCD 显示电路组成，如图 4.11.7 所示。

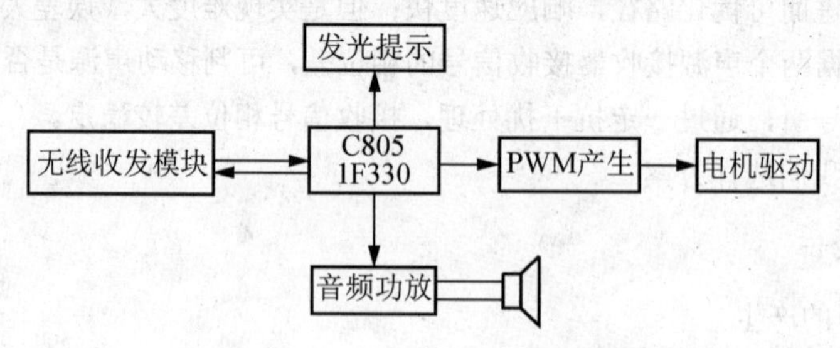

图 4.11.6 可移动声源系统框图

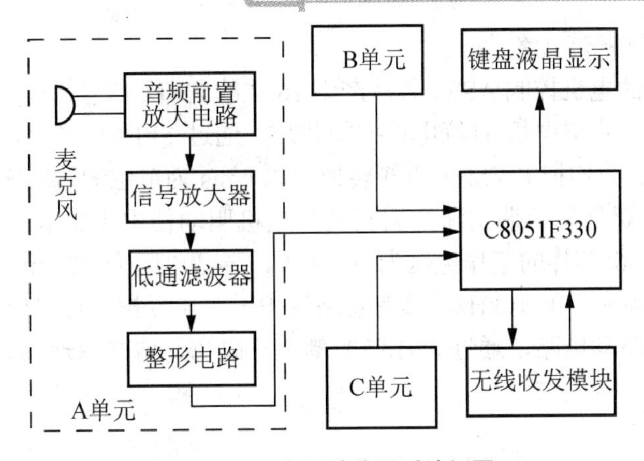

图 4.11.7　音频接收器系统框图

2) 单元电路设计

(1) 音频采集处理电路。

由理论分析后得知，音频采集处理电路要求是响应速度快、对称性好、抗干扰能力强。为此，我们在音频检测整形电路中采用的是一片 AD8604，它内部集成了 4 路运放，带宽增益为 8MB，轨对轨输出，单电源工作的低功耗的运放，符合设计要求。一个声音接收器的音频信号放大整形电路如图 4.11.8 所示。该电路包括三级放大器、一级低通滤波器和比较器，电路增益为 60dB，输出 5V 脉冲信号。该部分电路的优秀设计为系统下一步的相位检测，程序处理等提供了很好的硬件保障。

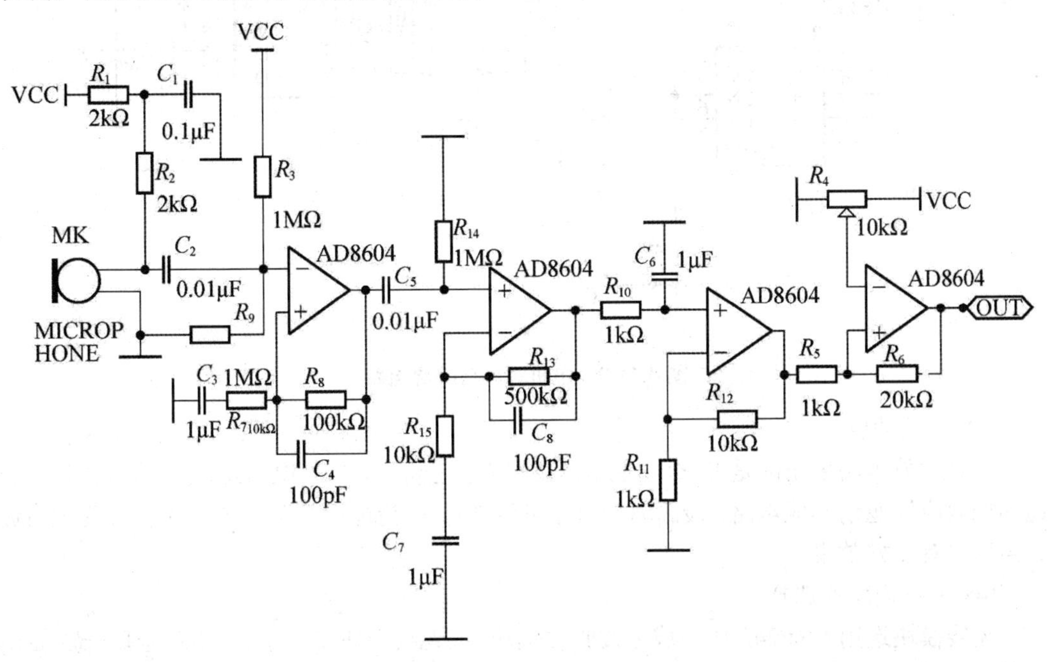

图 4.11.8　音频检测整形电路

(2) 电机控制与驱动电路。

由组委会提供的电机控制 ASSP 芯片产生 16 位的 PWM 信号来控制驱动电路。MMC-1 为多通道两相四线式步进电机/直流电机控制芯片，通过 SPI 串行接口与 C8051F330 单片机连接，在程序中，我们把 PWM 值直接转换成以 cm/s 为单位的绝对速度，这样方便移动声源的速度更加直观且易于调试和数据测量。电机驱动使用飞思卡尔专用电机驱动芯片 MC33886。MC33886 芯片的工作电压为 5～40V，导通电阻为 120mΩ，输入信号时 TTL 或 CMOS，PWM 频率小于 10kHz。具有短路保护、欠压保护、过温保护等, MC33886 内部集成有两个半桥驱动电路，通过 6N137 光耦进行隔离，电路原理图如图 4.11.9 所示。

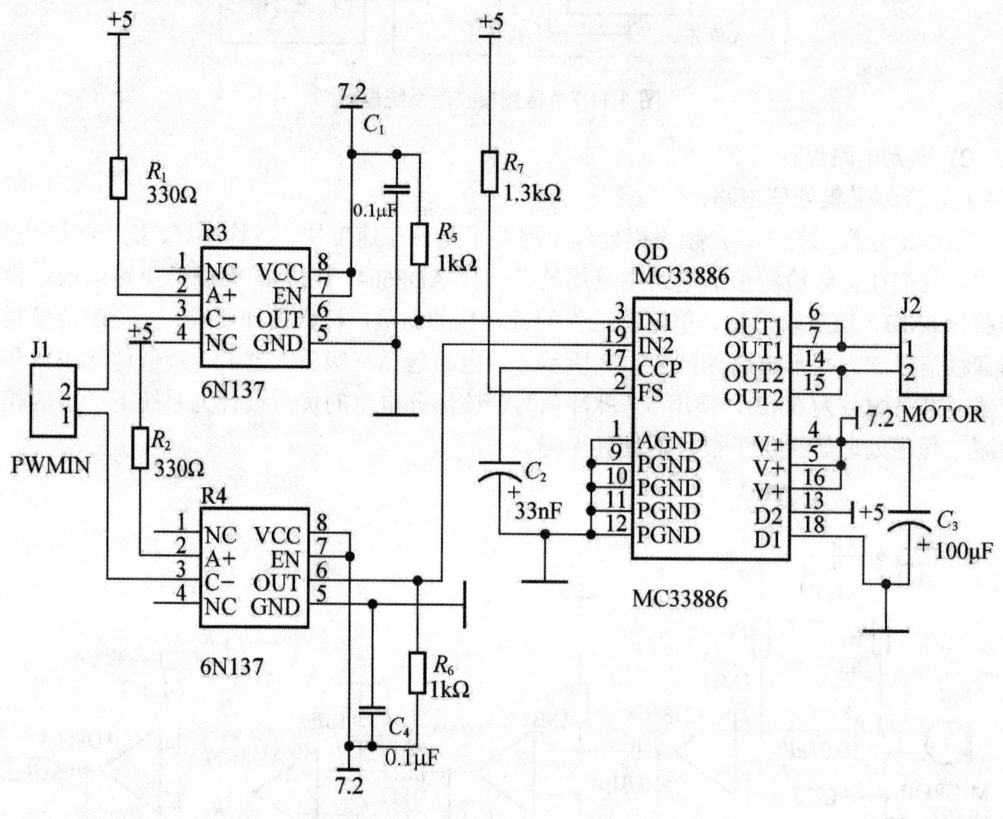

图 4.11.9 电机驱动与隔离电路

(3) 音频功放。

音频功放电路采用的是 IR 公司的 IR4427 双通道驱动芯片，IR4427 是一款低电压、高速的场效应管驱动集成电路，最高驱动电路可达 2A。实验过程中发现,该芯片用于驱动 3W 扬声器，有良好效果。

(4) 无线模块的选择。

无线模块选用 NRF24L01 集成无线收发模块，该无线模块工作于 2.4GHz 全球开放 ISM 频段。内置硬件 CRC 检错，低功耗 1.9～3.6V 工作，待机模式下状态为 22μA；掉电模式下为 900nA。模块数据传输误码率低、快速、功耗低。

4. 系统软件设计

噪声对音频信号有干扰，采用软件滤波算法。由音频接收单元通过无线模块向可移动声源发出周期性音频发声指令，并同时打开 C8051F330 的 PCA，设置为输入捕捉模式。读出相位差后关闭 PCA。音频接收单元如图 4.11.10 所示，可移动声源单元主程序流程图如图 4.11.11 所示。

5. 测试方法与测试数据分析

1) 测试仪器

DS1012 示波器、SG1040 信号发生器、直流稳压电源、秒表、万用表等。

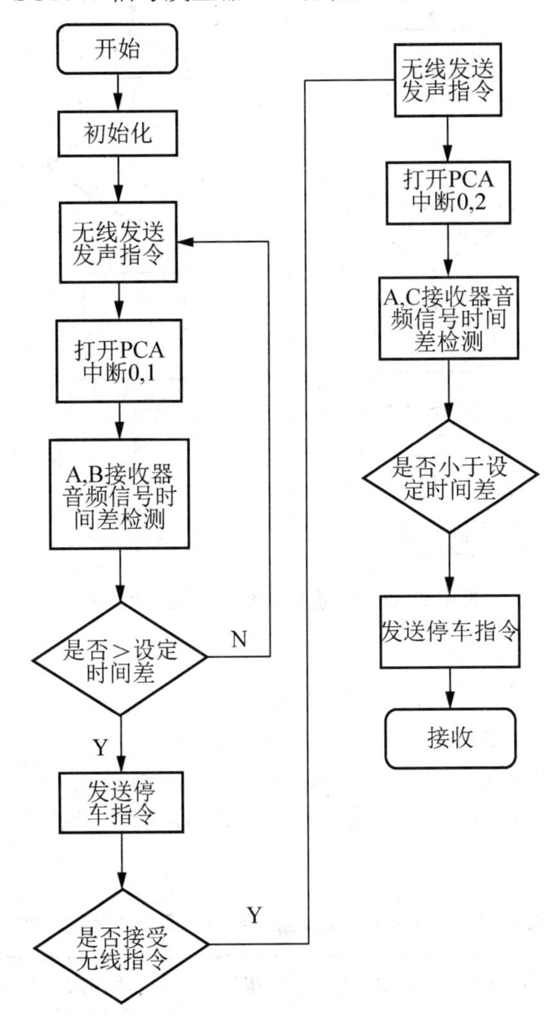

图 4.11.10　音频接收单元主程序流程图

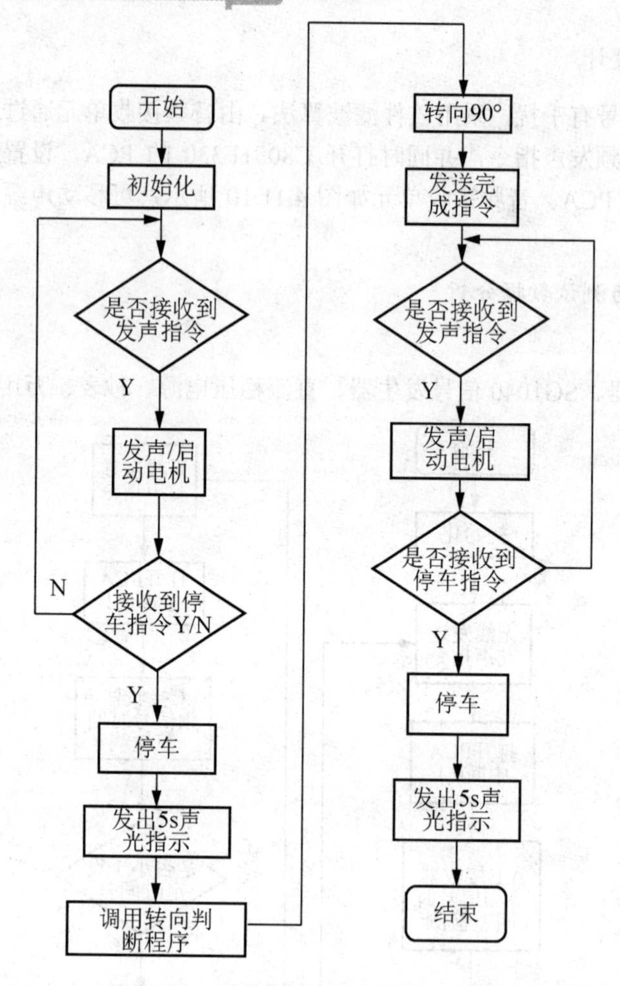

图 4.11.11　移动声源单元主程序流程图

2) 测试数据

(1) 可移动声源基本部分实现情况如下几方面。

① 可移动声源产生周期性音频信号的频率为 2.8kHz。

② 可移动声源在运动过程中任意时刻都不超过 *Ox* 线左侧。

③ 可移动声源到达 *Ox* 线的平均速度与可移动声源停止后的位置与 *Ox* 线之间的距离定位误差测量见表 4-11-1。

表 4-11-1　可移动声源达到 *Ox* 线的速度和定位误差

	第一次	第二次	第三次	第四次	第五次	平均值
平均速度/(cm/s)	11.1	12．0	12.1	11.4	11.5	11.5
定位误差/cm	0.5	0.8	0.8	0.6	0.7	0.68

④ 可移动声源到达 *Ox* 线后，有明显的光和声指示。

⑤ 功耗低，性价比高，总成本小于 200 元。

(2) 可移动声源基本部分实现情况：

① 第二次测试时，可移动声源自动转向 180°，然后重复基本部分测量，结果见表 4-11-2。

表 4-11-2　转动 180°后到达 *Ox* 线的速度和定位误差

	第一次	第二次	第三次	第四次	第五次	平均值
平均速度/(cm/s)	11.5	11．0	11.1	11.8	11.5	11.3
定位误差/cm	0.6	0.5	0.8	0. 7	0.4	0.60

② 可移动声源在运动过程中任意时刻都不超过 *Ox* 线左侧。

(3) 在完成基本要求部分移动到 *Ox* 线上后，可移动声源在原地停止 5s，然后原地转向 90°，利用接收器 *A* 和 *C* 进行时间差测量，使可移动声源运动到 *W* 点，到达 *W* 点以后停止，并发出 5s 的声光指示信号，此时声源距离 *W* 的直线距离和整个运动过程的平均速度见表 4-11-3。

表 4-11-3　可移动声源到达 *W* 直线的速度和定位误差

	第一次	第二次	第三次	第四次	第五次	平均值
平均速度/(cm/s)	11.4	11．2	11.5	11.6	11.5	11.4
定位误差/cm	0.8	0.5	0.6	0.4	0.5	0.56

④ 发挥部分其他内容：通过舵机控制转向 180°，转向指示等。

3) 测试结果分析

通过分析测试结果可以发现本系统的各项指标均达到或超过了相应要求，达到了预期效果。在调试发声单元和接收单元时发现，如果两个单元共用一个电源，接收单元会出现因共用电源而产生的串扰与实际接收到的音频信号不一致的问题。改进措施是在调试这两个模块的时候分开供电。声源方向、扬声器振动和环境噪声都容易干扰时间差测量。本系统的难点在于音频信号检测处理和时间差检测。

4.12　基于声波的无线定位系统

4.12.1　设计目的

(1) 学习声波定位的原理。

(2) 掌握音频信号的放大、滤波和整形。

(3) 学习 C8051F 单片机内部 PCA(可编程计数阵列)模块的工作原理和事件捕获方法。

(4) 学习使用 nRF24L01 模块进行无线通信。

(5) 提高综合电路设计能力和调试技术。

4.12.2 设计内容

设计一款基于声波的无线定位系统，示意图如图 4.12.1 所示。系统有一个可移动声源 *S*，3 个声音接收器 *A*、*B* 和 *C*，声音接收器之间可以有线连接。声音接收器能利用可移动声源和接收器之间的不同距离，计算出可移动声源 *S* 的位置坐标，并用无线方式将此坐标传输至可移动声源上显示。

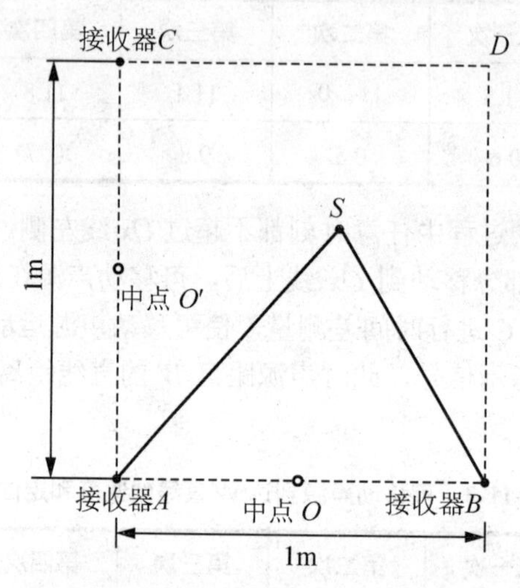

图 4.12.1 基于声波的无线定位系统示意图

4.12.3 设计要求

1. 基本要求

(1) 制作可移动的声源：可移动声源产生的信号为周期性音频脉冲信号，声音信号频率不限，脉冲周期不限。

(2) 音频接收和处理：能够灵敏地接收音频信号，并将音频信号转化为单片机能够处理的数字信号。

(3) 声源定位：利用可移动声源和 3 个接收器之间的音频传输时间，计算可移动声源 *S* 的位置坐标，定位误差小于 10cm。

(4) 坐标位置无线收发功能：能够通过无线方式将坐标值进行传输，并能够将测量的坐标位置显示在液晶上，测试完毕后有明显的光和声指示。

(5) 功耗低，性价比高。

2. 发挥部分

(1) 提高定位的精度。

(2) 提高系统的定位时间和可靠性。

4.12.4 设计说明

可移动声源的平台形式不限；不得依靠其他非声音定位方式；定位过程中不得人为对

系统施加影响；接收器和声源之间不得使用有线连接；位置坐标信息的传输必须无线方式、频率不限。

4.12.5 设计实例

1. 引言

随着现代科技的发展，新的探测原理和探测器件不断产生，特别是传感探测技术、微电子技术、信号处理技术以及人工智能等取得了突飞猛进的进展，使声音探测技术得到广泛应用，受到世界各国的重视。声音定位技术是通过声学传感装置接收声波，再利用电子装置将声信号进行转化处理，以此实现对声源位置探测、识别并对目标进行定位及跟踪的技术。声测技术产生于第一次世界大战，当时人们根据火炮发出的声音测定火炮的位置。经过两次世界大战，声音定位技术空前发展。在第二次世界大战和朝鲜战争中，75%的战场火炮侦察任务是依靠声测手段完成的。后来由于雷达、红外、激光技术的兴起，声测技术一度被忽略，但由于不同技术有各自不同的特点，随着现代科技的发展，声音定位技术以其隐蔽性、全天候、低成本、不易被发现等独特优点，重新受到人们的重视。在 20 世纪 80 年代和 90 年代，各军事强国重新将声测技术作为重点发展的传感技术之一。声音定位技术的下述特点在现代化战争中凸显其重要性：不受视线和能见度的限制，隐蔽性好，保密性强，难以被发现。

现有的声源定位技术有 3 类基本方法：①基于最大输出功率的可控波束形成技术；②基于高分辨率谱估计技术；③基于声达时间差(TDOA)的定位技术。前两种方法为直接定位法,计算量较大、效率低。第二种方法是一种间接定位法，相对前两种方法而言计算量小，定位精度高，目前得到广泛的应用。

虽然声源定位技术得到了广泛的发展和应用，但是到目前为止该技术绝大部分都是用于军事和高科技领域，真正用于日常生活的却非常少，主要原因有以下几点：①声波信号处理复杂；②声波易受干扰；③成本高。

下文将介绍一款基于声波的无线定位系统，该设计以 C8051F330 单片机作为处理器控制整个系统的工作，采用以四集成运放 AD8604 为核心的音频接收电路对声波进行采集，将声波转换成脉冲信号后送入单片机进行处理。同时本设计还有液晶显示和声光提示等功能。

2. 系统原理

1) 音频信号处理原理

本系统的发声平台产生的是固定频率的声音信号，这样就便于接收点的识别。同时，系统的 3 个音频接收器分别放在 1m×1m 的正方形区域的 3 个顶点 A、B、C 上。音频信号的采集是由高灵敏度驻极体话筒完成的。然后对采样得到的信号进行处理，包括信号放大、滤波以及整形，该电路的框图如图 4.12.2 所示。

2) 坐标测量原理

在图 4.12.1 中，以 A 点为原点建立直角坐标系，以定位误差 10cm 为基本单位，则 3 个音频接收器 A、B、C 和可移动声源 S 的坐标值分别为 $A(0,0)$、$B(10,0)$、$C(0,10)$、$S(x,y)$，

用 d_1 表示 SA 和 SB 的距离差值，d_2 表示 SA 和 SC 的距离差值，则可得以下公式：

$$\sqrt{x^2+y^2}-\sqrt{(x-10)^2+y^2}=d_1 \tag{4-12-1}$$

$$\sqrt{x^2+y^2}-\sqrt{x+(y-10)^2}=d_2 \tag{4-12-2}$$

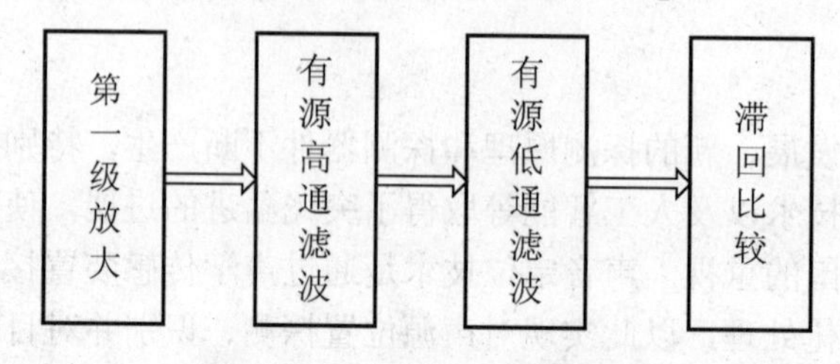

图 4.12.2　音频信号处理框图

其中，距离差值 d_1、d_2 利用声波从声源 S 传播到对应音频接收器的时间差乘以声速得到。如果直接根据式(4-12-1)、式(4-12-2)两个方程来求解坐标值(x，y)，对于单片机来说，有一定难度。从提高计算速度考虑，在保证精度满足的条件下，事先将所有坐标点的(d_1、d_2)计算好，然后利用查表法，由(d_1，d_2)来确定坐标值(x，y)。

3. 系统方案设计

1) 系统总体方案

作为基于声波的定位系统，首先，必须具有一个能够产生固定频率的发生器，同时声音的频率必须是可调的，这样才能产生理想频率的声音，从而也能在一定程度上提高系统的抗干扰能力。其次，对音频信号的处理是本系统的核心，由于声音信号是微弱信号，而且容易受干扰，因此要对接收到的信号经行放大和滤波，并转换为单片机能够处理的数字信号。最后，要能准确地对信号进行捕捉。为了实现良好的人机界面，系统还增加了无线功能和液晶显示功能。

根据题目要求，本系统可分为：单片机控制模块，发声平台，音频接收电路以及无线模块四大部分。其系统总体框图如图 4.12.3 所示。

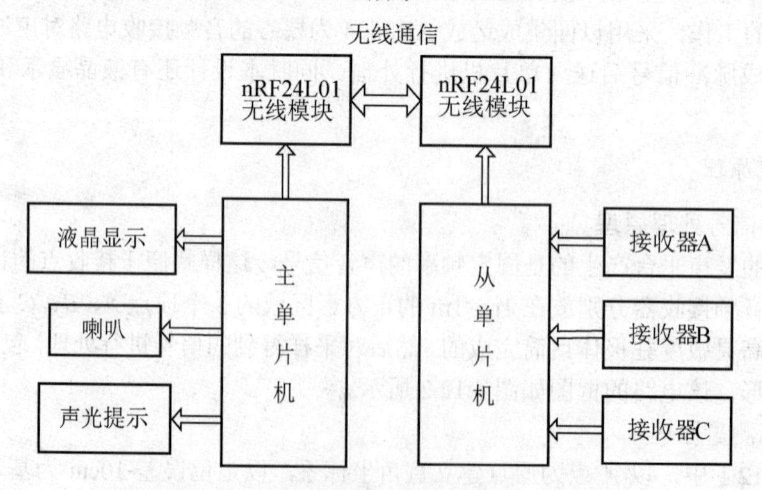

图 4.12.3　基于声波的无线定位系统总体框图

2) 控制模块方案

控制模块是整个系统的控制核心，控制着音频的产生、液晶显示、坐标计算以及无线收发等功能。单片机作为本系统的核心控制模块，承担着大量的信号采集、数据处理等任务，为了能够保证整个系统运行的高效性、实时性和准确性，主控单片机必须具有较高的时钟频率，同时为了满足系统外围设备的读写方式，单片机在硬件上也必须集成一些常用的总线接口。

方案一：采用传统的 AT89C51 单片机作为整个系统的控制核心，该单片机采用 51 内核，价格便宜且易于上手。AT89C51 为 40 引脚双列直插芯片，拥有 32 个 I/O 端口，两个外部中断，两个定时器/计数器，最高支持 12MHz 时钟频率，经过 12 分频后系统时钟为 1MHz，同时片上集成 ROM 为 4KB，RAM 为 128KB，对于一个较大的系统这些容量是不够的，这样就需要进行外扩，从而会增加系统的复杂性。此外该单片机内部资源少，没有 SPI 总线等资源，当外围设备需要使用 SPI 时，就得用软件进行模拟，这样会增加软件设计的工作量和软件的复杂度，而且该单片机的抗干扰能力差，在整个系统的运行过程中稳定性难以保证。

方案二：采用 C8051F330 单片机作为整个系统的控制核心。C8051F330 系列器件使用 Silicon Labs 的专利 CIP-51 微控制器内核。CIP-51 与 MCS-51TM 指令集完全兼容，可以使用标准 803x/805x 的汇编器和编译器进行软件开发。CIP-51 内核具有标准 8052 的所有外设部件，包括 4 个 16 位计数器/定时器、一个具有增强波特率配置的全双工 UART、一个增强型 SPI 端口、768 字节内部 RAM、128 字节特殊功能寄存器(SFR)地址空间及 17 个 I/O 端口。C8051F330 器件的内部振荡器在出厂时已经被校准为 24.5MHz±2%，该振荡器的周期可以由用户以大约 0.5%的增量编程；器件内集成了外部振荡器驱动电路，允许使用晶体、陶瓷谐振器、电容、RC 或外部 CMOS 时钟源产生系统时钟。如果需要，时钟源可以在运行时切换到外部振荡器。外部振荡器在低功耗系统中是非常有用的，它允许 MCU 从一个低频率(节电)外部晶体源运行，当需要时再周期性地切换到高速(可达 25MHz)的内部振荡器。并且比 AT89C51 体积更小，功耗更低，适合在电池供电的场合下使用。

因此，选用 C8051F330 作为本系统的控制模块。

3) 显示模块

方案一：采用 7 段 LED 数码管，数码管显示具有亮度高，形象鲜明，控制简单，价格便宜等优点，但是数码管的连接电路复杂，占用的 I/O 口多，显示内容不丰富，同时又非常耗电。

方案二：采用 RT12864M 点阵型液晶，此款液晶可以同时显示多种字符，常用的汉字以及简单的图形，显示内容丰富，内置 8192 个中文汉字(16×16 点阵)、128 个字符(8×16 点阵)及 64×256 点阵显示 RAM(GDRAM)，同时具有光标显示、画面移位、自定义字符、睡眠模式等多种功能，但是该液晶采用并行方式传输数据，占用的 I/O 端口多，同时体积大，价格昂贵，功耗大，不适用于电池供电的系统。

方案三：采用 MzLH04-12864 液晶，MzLH04-12864 为一块 128×64 点阵的 LCD 显示模组，模组自带两种字号的汉字库(包含一、二级汉字库)以及两种字号的 ASCII 码西文字库；并且自带基本绘图功能，包括画点、画直线、矩形、圆形等；同时，该液晶最大的优

点是使用串行 SPI 接口，接口简单，操作方便，与各种 MCU 能够进行方便简单的接口操作，这样不仅节省了 I/O 端口，而且与系统的主控芯片也非常匹配，因为 C8051F330 具有 SPI 接口。同时该液晶的体积小，供电电压为 3.3V，最高工作电流为 5.8mA，功耗很低。

考虑到系统的功耗，与单片机的匹配程度以及模块体积的大小，因此选用 MzLH04-12864 液晶作为现实模块。

4) 电源模块

电源模块是本系统的供电单元，它必须为系统的每个模块提供足够的电量，以保证系统的正常运行。本系统采用 500mAH/7.2V 的镍氢电池供电，由于系统内部的器件的工作电压都为 3.3V 或 5V，所以必须对 7.2V 的电池电压进行降压。在此采用 LM2940 和 AS1117-3.3 芯片进行电压的转化。AS1117-3.3 是一款低压差的线性稳压器，输出固定电压为 3.3V，最大输出电压为 1A，同时 AS1117-3.3 提供完善的过热保护和过压保护功能，确保电源和芯片的稳定性。LM2940 是一款正电压稳压器，输出 5V 的固定直流电压，输出电流超过 1A，同时该芯片具有电源反接保护功能，能够大大提高稳压电路的安全性和可靠性。

5) 发声模块

方案一：采用晶体管驱动扬声器。晶体管驱动电路简单，实用方便，成本低廉，但驱动能力不强，而且驱动方向单一，不适合本系统中扬声器的驱动。

方案二：采用集成电路驱动芯片 L298。L298 是意大利 SGS 半导体公司生产的电机专用控制器，内含两个 H 桥的高电压大电流双全桥式驱动器，最大驱动电流可达 4A，1 和 15 脚可单独引出接电流采样电阻器，形成电流传感信号，同时可以通过单片机控制产生脉宽和频率可变的方波脉冲，精确控制扬声器的发声。这种电路驱动能力强，稳定性高。

为了提高扬声器音量，达到双倍振幅，本系统采用方案二作为扬声器驱动电路。

6) 无线模块

方案一：采用普通 RF 射频模块。普通 RF 射频模块虽然成本低廉，但是非常容易受干扰，稳定性差，接收误码率高，需自己编写校验代码，这样会增加软件的复杂程度。

方案二：采用 nRF24L01 无线模块。nRF24L01 是一款工作在 2.4～2.5GHz 的世界通用 ISM 频段的单片无线收发器芯片，输出功率、频道选择和协议的设置可以通过 SPI 接口进行设置。使用 nRF24L01 无线模块时，可以选择模块的工作方式为 ShockBurst 模式，当模块工作在该模式下时，数据收发的可靠性会大大地提高，它提供了 CRC 校验、检错重发、ACK 应答机制、多通道时分复用通信等功能。在 ShockBurst 发送模式下，nRF24L01 自动生成前导码及 CRC 校验，当接收端收到数据时，会自动发送应答信号给发送端；若发送端没有接到应答信号，则认为上次发送数据失败，会进行重发，直到重发的次数达到了设定的重发次数。同时，该模块具有极低的电流消耗：当工作在发射模式下发射功率为-6dBm 时电流消耗 9.0mA，接收模式时为 12.3mA。掉电模式和待机模式下电流消耗更低。这很符合系统低功耗的要求。

经过综合考虑，本设计采用方案二。

7) 信号处理模块

音频信号处理是本系统是最关键的部分，信号处理的成功与否决定着整个系统的成败。驻极体话筒采集得到的音频信号是一种峰值只有几十毫伏的模拟信号，要将该信号转化为单片机能够接收的数字信号，必须对音频信号进行预处理。因此我们选用 AD8604 作为处理模块的核心芯片。AD8604 是一块轨对轨输出四运放集成芯片，单电压供电，它的最大优点是带宽高达 8MHz，能够保证信号在较大的放大范围内不产生失真现象。

4. 硬件设计

1) 主控芯片(C8051F330)

本设计采用 C8051F330 单片机作为整个系统的控制核心，负责对发声模块，液晶显示模块，信号处理模块，无线模块等的控制。

C8051F330 单片机是完全集成的混合信号片上系统型 MCU。下面列出了一些主要特性。

(1) 高速、流水线结构的 8051 兼容的 CIP-51 内核(可达 25MIPS)。

(2) 全速、非侵入式的在系统调试接口(片内)。

(3) 真正 10 位 200 Ksps 的 16 通道单端/差分 ADC，带模拟多路。

(4) 10 位电流输出 DAC。

(5) 高精度可编程的 25MHz 内部振荡器。

(6) 8KB 可在系统编程的 FLASH 存储器。

(7) 768 字节片内 RAM。

(8) 硬件实现的 SMBus/I C、增强型 UART 和增强型 SPI 串行接口。

(9) 4 个通用的 16 位定时器。

(10) 具有 3 个捕捉/比较模块和看门狗定时器功能的可编程计数器/定时器阵列(PCA)。

(11) 片内上电复位、VDD 监视器和温度传感器。

(12) 片内电压比较器。

(13) 17 个端口 I/O(容许 5V 输入)。

具有片内上电复位、VDD 监视器、看门狗定时器和时钟振荡器的 C8051F330 是真正独立工作的片上系统。FLASH 存储器还具有“在系统编程”能力，可用于非易失性数据存储，并允许现场更新 8051 固件。用户软件对所有外设具有完全的控制，可以关断任何一个或所有外设以节省功耗。

片内 SiliconLabs 二线(C2)开发接口允许使用安装在最终应用系统上的产品 MCU 进行非侵入式(不占用片内资源)、全速、在系统调试。调试逻辑支持观察和修改存储器和寄存器，支持断点、单步、运行和停机命令。在使用 C2 进行调试时，所有的模拟和数字外设都可全功能运行。两个 C2 接口引脚可以与用户功能共享，使在系统调试功能不占用封装引脚。

C8051F330 可在工业温度范围(−45～+85℃)内用 2.7～3.6V 的电压工作，采用 20 脚双列直插式封装，如图 4.12.4 所示。

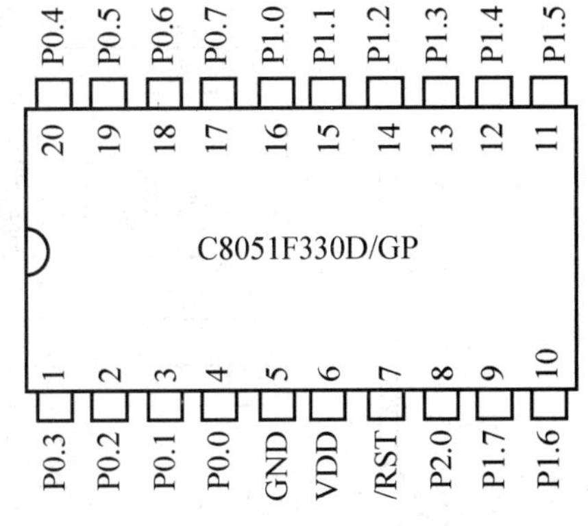

图 4.12.4　C8051F330 顶视图

C8051F330 片上集成的增强型串行外设接口(SPI0)提供访问一个全双工同步串行总线的能力。SPI0 可以作为主器件或从器件工作，可以使用 3 线或 4 线方式，并可在同一总线上支持多个主器件和从器件。从选择信号(NSS)

可被配置为输入以选择工作在从方式的 SPI0，或在多主环境中禁止主方式操作，以避免两个以上主器件试图同时进行数据传输时发生 SPI 总线冲突。NSS 可以被配置为片选输出(在主方式)，或在 3 线操作时被禁止。在主器件方式，可以用其他通用端口 I/O 引脚选择多个从器件。SPI0 的原理框图如图 4.12.5 所示。在本系统中，利用 SPI0 实现与无线模块和液晶显示模块的通信。

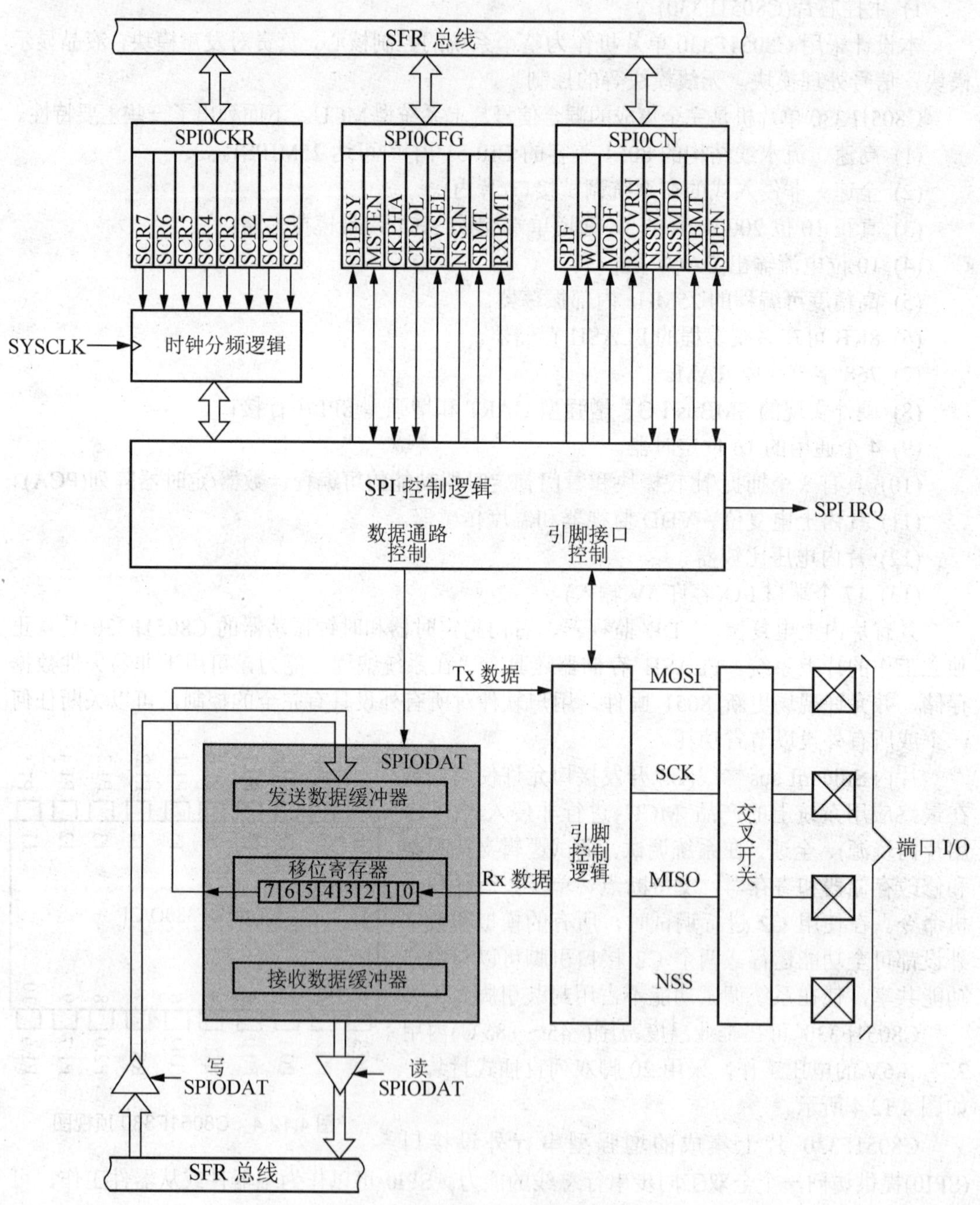

图 4.12.5　增强型串行外设接口(SPI0)原理框图

C8051F330 片上集成可编程计数器/定时器阵列(PCA)提供了强大的事件捕获功能，这里利用了它的边沿触发捕捉方式，其原理如图 4.12.6 所示。

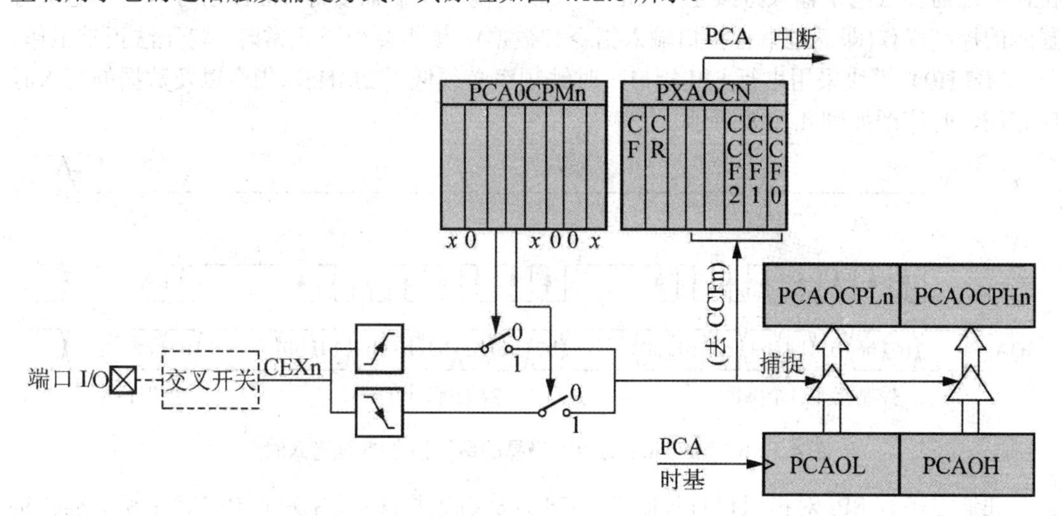

图 4.12.6　PCA 捕捉方式原理框图

在该方式下，CEXn 引脚上出现的电平跳变导致 PCA 捕捉 PCA 计数器/定时器的值并将其装入到对应模块的 16 位捕捉/比较寄存器(PCA0CPLn 和 PCA0CPHn)。PCA0CPMn 寄存器中的 CAPPn 和 CAPNn 位用于选择触发捕捉的电平变化类型：低电平到高电平(正沿)、高电平到低电平(负沿)或任何变化(正沿或负沿)。当捕捉发生时，PCA0CN 中的捕捉/比较标志(CCFn)被置为逻辑‘1’并产生一个中断请求(如果 CCF 中断被允许)。当 CPU 转向中断服务程序时，CCFn 位不能被硬件自动清除，必须用软件清 0。如果 CAPPn 和 CAPNn 位都被设置为逻辑‘1’，可以通过直接读 CEXn 对应端口引脚的状态来确定本次捕捉是由上升沿触发还是由下降沿触发。

2) 液晶显示屏(MzLH04-12864)

MzLH04-12864 是一块体积小巧，功能丰富的单色液晶显示器，能够显示字符，汉字，图形等功能，实物如图 4.12.7 所示。而且该液晶为串行 SPI 接口，与各种 MCU 均可进行方便简单的接口操作。

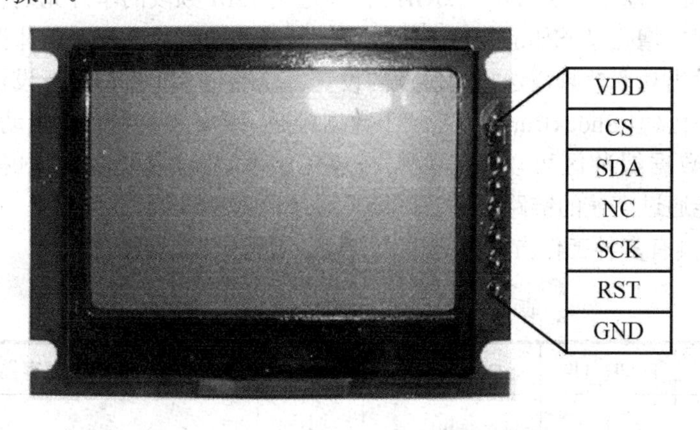

图 4.12.7　MzLH04-12864 液晶实物图

MzLH04 模块有一个复位引脚(RST)，可以对该引脚输入一个低电平的脉冲使模组复位，复位需要低电平输入持续至少 2ms，在恢复高电平后需要等 10ms 后方可对模组进行显示的控制操作(即通过串行接口输入指令和数据)。模组复位不正常时，将无法正常工作。

MzLH04 模块采用串行 SPI 接口，时钟频率必须低于 2MHz，指令以及数据的写入时序相同，时序图如图 4.12.8 所示。

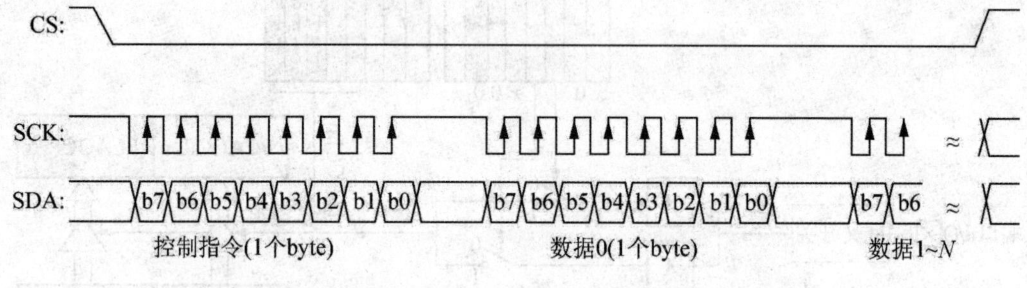

图 4.12.8 MzLH04-12864 液晶的串行指令/数据写入时序

在通过串行 SPI 对模组进行控制时，CS 为从机选择线；CS 为低电平时，模组准备接收串行通讯的控制指令或数据，模块对 SDA 的采样在每个时钟线 SCK 的上升沿，当 CS 变为高电平后传输是无效的。

在使用时，需要注意 MzLH04 模块是没有忙信号(Busy)输出的，而为了抵消 LCD 模块上的显示控制器处理显示指令及数据与串行端口上接收到的数据之间的速度差，控制器内部开辟了 400B 的缓冲区；这样就可以保证在通过串行端口给模块传输绘图或字符显示的指令及数据时，不需要等待模块上的显示控制器处理这些指令及数据，可以连续的将指令及数据传输给模块。但是毕竟缓冲区是有限的，并且模块对一些显示的操作相对较慢，所以在连续给模块传输指令及数据时需要注意一下，尽量不要不停的给模块送指令及数据，否则将有可能会产生指令/数据丢失，从而造成不可预测的结果。不过在通常情况之下，在连续写入控制指令/数据的个数不超过 400B 的情况下，模块都可以正常的显示及操作。而当需要连续的传输大量显示数据时，尽量在程序中控制好传输的时间。

3) 无线传输模块 nRF24L01

nRF24L01 是一款工作在 2.4～2.5GHz 世界通用 ISM 频段的单片无线收发器芯片，集成了频率发生器、增强型 SchockBurst^{TM} 模式控制器、功率放大器、晶体振荡器、调制器以及解调器。输出功率、频道选择和协议的设置可以通过 SPI 接口进行设置。模块集成的协议处理引擎(增强型 ShockBurst^{TM})是基于数据包通信的，支持协议的自动和非自动模式。内部的 FIFO 数据缓冲区可以保证数据在 MCU 和无线模块之间流畅传输。增强型 ShockBurst 功能通过高速的链路层操作降低了系统的开销。

nRF24L01 具有多种工作方式，见表 4-12-1，应用比较灵活。

表 4-12-1　nRF24L01 主要工作模式

模式	PWR_UP	PRIM_RX	CE	FIFO 寄存器状态
接收模式	1	1	1	—

续表

模式	PWR_UP	PRIM_RX	CE	FIFO 寄存器状态
发送模式	1	0	1	数据在 TX FIFO 寄存器中
发送模式	1	0	1→0	停留在发送模式直至数据发送完
待机模式Ⅱ	1	0	1	TX FIFO 为空
待机模式Ⅰ	1	—	0	无数据传输
掉电模式	0	—	—	—

(1) 待机模式

待机模式Ⅰ在保证快速启动的同时减少系统平均消耗电流，在待机模式Ⅰ下晶振正常工作。在待机模式Ⅱ下只有部分时钟缓冲器处在工作模式，当发送端 TX FIFO 寄存器为空并且 CE 为高电平时进入待机模式Ⅱ。在待机模式期间寄存器配置字内容保持不变。

(2) 掉电模式

在掉电模式下 nRF24L01 各功能关闭，保持电流消耗最小。进入掉电模式后 nRF24L01 停止工作但寄存器内容保持不变，掉电模式由寄存器中 PWR_UP 位来控制。

(3) ShockBurst™ 模式

ShockBurst 模式下，nRF24L01 可以与成本较低的低速 MCU 相连。高速信号处理是由芯片内部的射频协议处理的。nRF24L01 提供 SPI 接口，数据率取决于单片机本身接口速度，ShockBurst 模式通过允许与单片机低速通信而无线部分高速通信，减小了通信的平均消耗电流。在 ShockBurst™ 接收模式下，当接收到有效的地址和数据时 IRQ 引脚通知 MCU，随后 MCU 可将接收到的数据从 RX FIFO 寄存器中读出。在 ShockBurst™ 发送模式下，nRF24L01 自动生成前导码及 CRC 校验。数据发送完毕后 IRQ 引脚通知 MCU。减少了 MCU 的查询时间，也就意味着减少了 MCU 的工作量同时减少了软件的开发时间。nRF24L01 内部有 3 个不同 RX FIFO 寄存器(6 个通道共享此寄存器)和 3 个不同的 TX FIFO 寄存器在掉电模式下、待机模式下和数据传输的过程中 MCU 可以随时访问 FIFO 寄存器。这就允许 SPI 接口可以以低速进行数据传送并且可以应用于 MCU 上没有硬件 SPI 接口的情况。

(4) 增强型的 ShockBurst™ 模式

增强型 ShockBurst™ 模式可以使得双向链接协议执行起来更为容易、有效、典型的双向链接为：发送方要求终端设备在接收到数据后有应答信号，以便于发送方检测有无数据丢失，一旦数据丢失，则通过重新发送功能将丢失的数据恢复，增强型的 ShockBurst™ 模式可以同时控制应答及重发功能而无须增加 MCU 工作量。

4) 音频信号采集和处理模块

声音的拾取采用驻极体话筒。驻极体话筒具有体积小，频率范围宽，高保真和成本低等优点，在通信设备、家用电器等电子产品中广泛应用。话筒的基本结构由一片单面涂有金属的驻极体薄膜与一个上面有若干小孔的金属电极(被称为背电极)构成。驻极体面与背电极相对，中间有一个极小的空气隙，形成一个以空气隙和驻极体作绝缘介质，以背电极和驻极体上的金属层作为两个电极构成一个平板电容器。电容的两极之间有输出电极。由于驻极体薄膜上分布有自由电荷。当声波引起驻极体薄膜振动而产生位移时；改变了电容两极版之间的距离，从而引起电容的容量发生变化，由于驻极体上的电荷数始终保持恒定，根据公式：$Q=CU$，所以当 C 变化时必然引起电容器两端电压 U 的变化，从而输出电信号，实现声-电的变换。

音频信号的处理采用 AD8604 集成运放。AD8604 是一款低失调电压(<500μV)、高带宽(8MHz)、轨对轨输出的四集成运放，可 2.7～6V 单电源供电，供电电流 750μA。由于该芯片的低失调电压、低偏置电流以及高响应速率使得这款放大器得到了广泛的应用。滤波器、积分器、二极管放大器、电流分流传感器和高阻抗传感器都受益于该运放的众多优良性能。同时，由于 AD8604 的高带宽和低失真，它在音频等交流信号的处理中受到广泛的青睐。图 4.12.9 给出了音频信号处理电路的原理图。

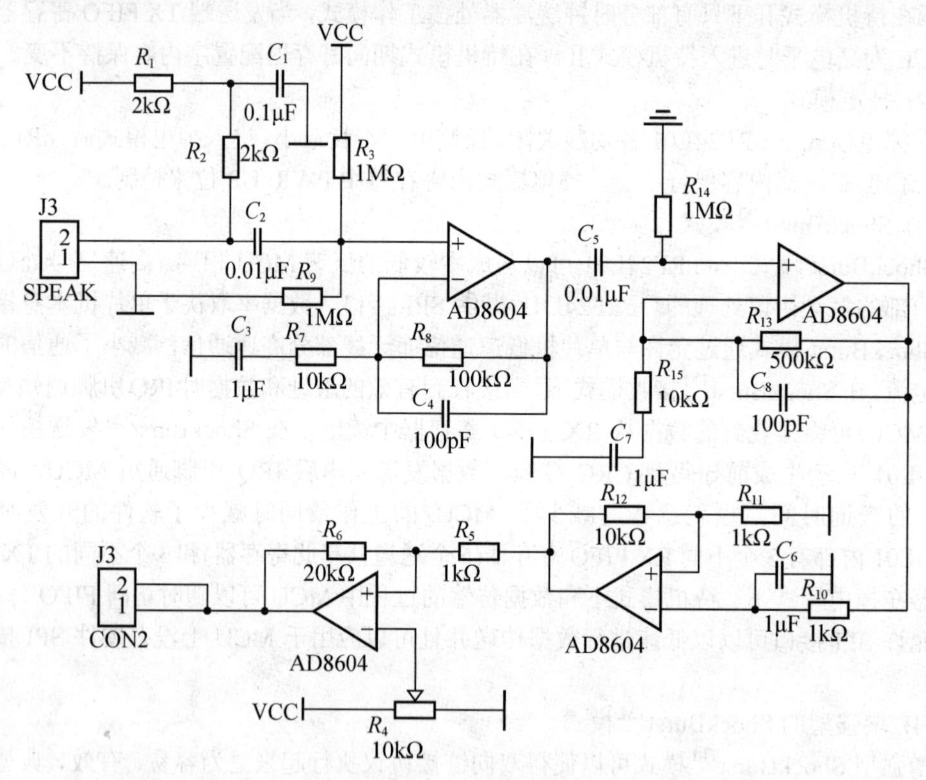

图 4.12.9　音频信号处理电路

5. 软件设计

1) 软件平台

本系统使用 C8051F330 为核心控制器，在 Keil 集成开发平台下使用 C 语言编写程序。Keil 系列软件具有良好的调试界面，优秀的编译效果，丰富的使用资料。Keil μVision3 用于典型及扩展的 8051 微处理器的开发，并提供一个为广泛的 8051 微处理器类型而优化的综合开发环境，μVision3 开发环境整合了最新的 C51 第 8 版编译器，并具有源代码概述、

功能导航、模版编辑和附加搜索功能。Silicon Laboratories 提供了 C8051F 系列 Keil 驱动，使得 C8051F 单片机可以充分利用 Keil 的优点进行高效开发。

2) 程序流程图

程序流程图有两部分组成，分别是声源部分和接收器部分，两部分程序流程如图 4.12.10 所示。

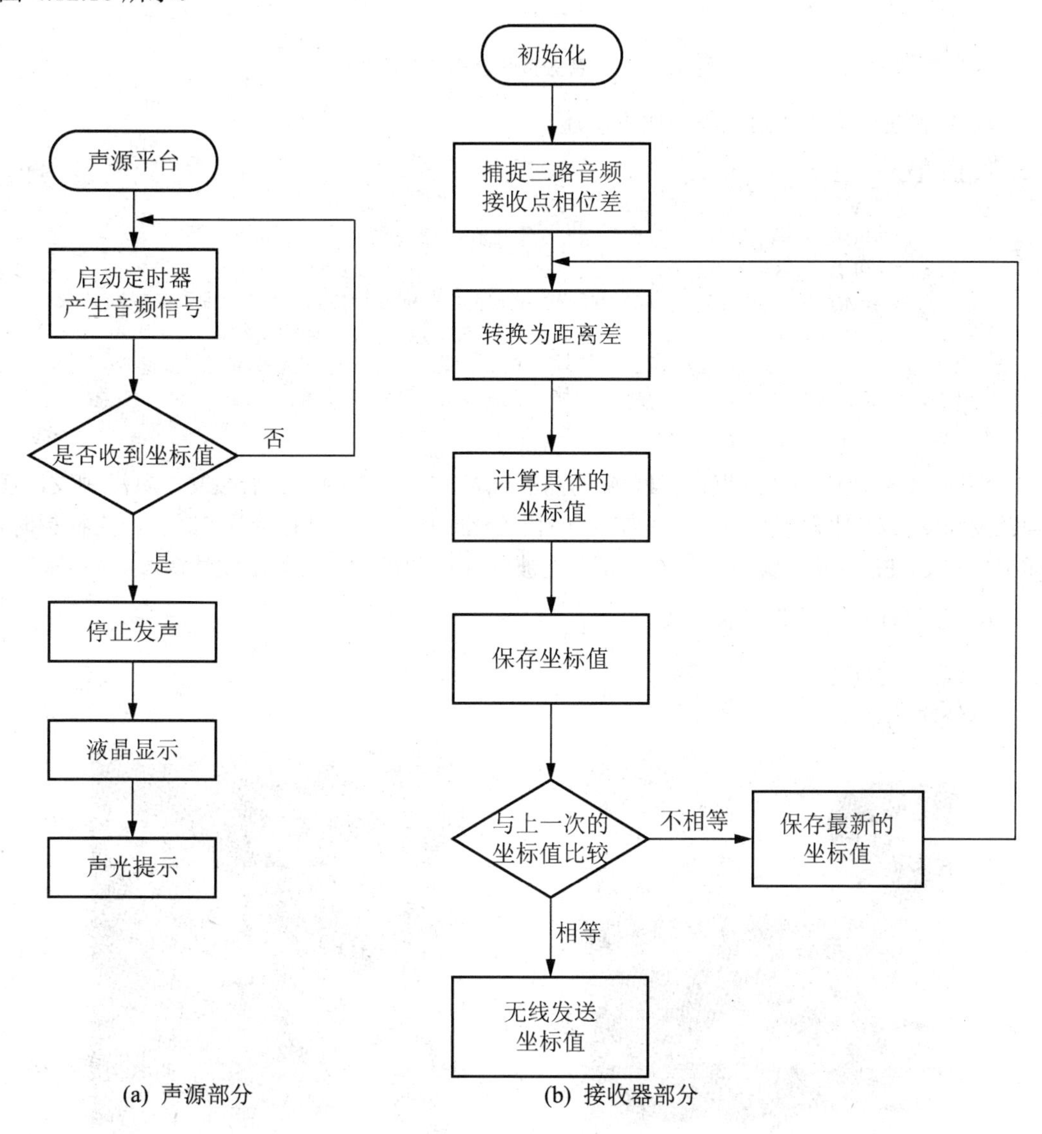

图 4.12.10 系统程序流程图

3) 声源与各接收器之间距离差的计算方法

为了准确地测得声源到达 3 个接收点的距离差值，我们采用单片机内部的 PCA 模块对 3 路信号的第一个上升沿经行捕捉，求得各上升沿到来的时间差，最后通过转换求得距离差，如图 4.12.11 所示。

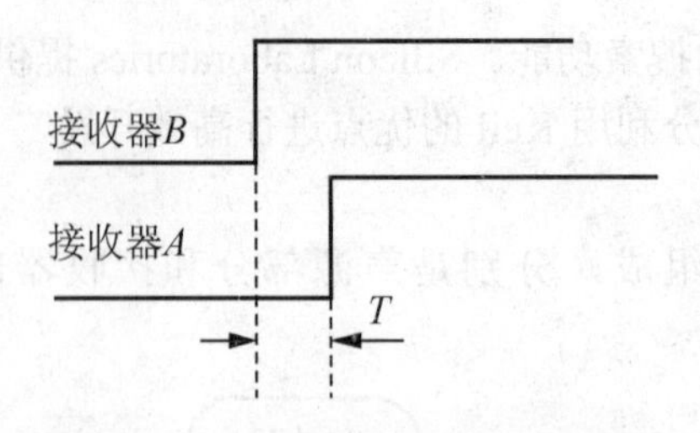

图 4.12.11　音频接收器相位差示意图

PCA 捕获模块的初始化程序如下所述。

```
void PCA_Init()
{
      PCA0CN    = 0x40; //允许 PCA 计数器/定时器
      PCA0MD    &= ~0x40;
      PCA0MD    = 0x01; //当 CF 被置位时,允许 PCA 计数器/定时器溢出的中断请求
      PCA0CPM0  = 0x21; //PCA 模块 0 的正边沿捕捉,允许捕捉中断
      PCA0CPM1  = 0x21; //PCA 模块 1 的正边沿捕捉,允许捕捉中断
      PCA0CPM2  = 0x21; //PCA 模块 2 的正边沿捕捉,允许捕捉中断
}
```

使用 PCA 模块的注意点：①PCA 的捕捉触发方式有 3 种：正沿触发，负沿触发，任意触发(正沿或负沿触发)，因此必须在程序初始化时根据需要进行选择；②当产生捕捉时，捕捉标志 CCFn 被硬件置位，但 CCFn 不能被硬件自动清除，必须由软件清零。

6. 数据测试与结果分析

1) 系统实物图

系统实物如图 4.12.12 所示。

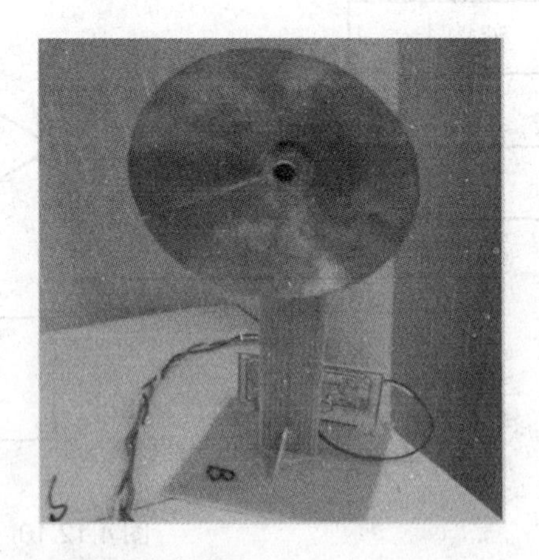

图 4.12.12　基于声波的无线定位系统实物图

2) 数据测量

测试环境是在一个 1m×1m 的正方形区域内，该区域内标有 100 个准确的坐标。测试工具有仿真器，万用表，示波器。测量结果见表 4-12-2。

表 4-12-2　测试结果

设定坐标	测试结果	设定坐标	测试结果
(5，5)	(5，5)	(2，1)	(2，1)
(5，6)	(5，6)	(3，3)	(3，3)
(7，5)	(7，5)	(3，7)	(3，7)
(6，6)	(6，6)	(2，5)	(2，5)
(7，8)	(7，8)	(2，4)	(2，4)
(5，9)	(5，9)	(2，6)	(2，6)
(6，9)	(6，9)	(7，7)	(7，7)
(6，7)	(6，7)	(2，8)	(2，9)
(2，3)	(2，3)	(5，7)	(5，7)
(3，4)	(3，4)	(9，1)	(8，1)
(5，3)	(5，3)	(8，2)	(8，2)

3) 结果分析

由于声波很容易受到外界的干扰，因此消除干扰是本系统的关键工作。虽然在本系统的设计过程当中考虑到了各种措施来尽量降低干扰，但却不能完全消除，因此这是值得改进的方面。同时，由于 3 个接收器放置位置的不固定性，使得边沿的坐标点比较难测准确。

第5章

综合电子系统设计项目

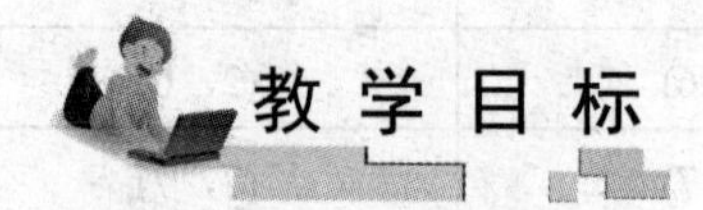

本章将为读者提供 12 个综合电子系统设计项目，旨在前面典型设计实例的基础上，进行扩展训练。可作为读者的课外训练项目，以期进一步提高综合电子系统设计的能力，也可作为学生进行电子设计竞赛训练选做项目，项目内容新颖，涵盖知识面广泛。

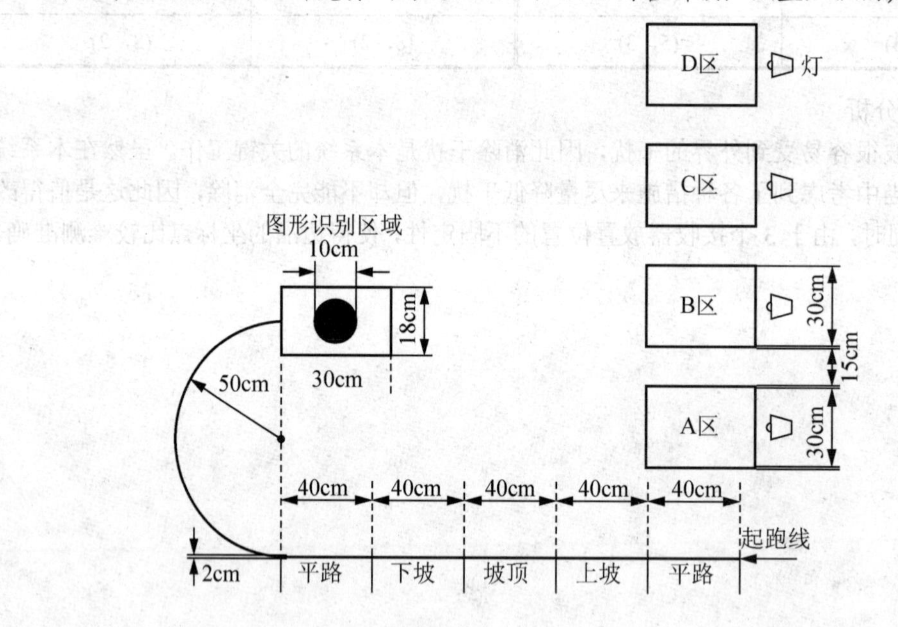

5.1　简易数字式 RLC 测量仪

1. 设计目的

(1) 掌握电阻、电容、电感等常见电参量的数字测量方法。
(2) 掌握品质因素和损耗系数的测量原理和方法。
(3) 掌握如何提高测量精度的方法。
(4) 学习人机界面设计与自动量程转换。

2. 设计内容

设计并制作简易数字式电阻、电容、电感、品质因素和损耗系数测量仪。

3. 设计要求

1) 基本部分
(1) 测量电阻范围：10Ω～1MΩ，测量精度：5%。
(2) 测量电容范围：100～10000pF，测量精度：10%。
(3) 测量电感范围：100H～10mH，测量精度：10%。
(4) 使用按键来设置测量的种类和单位，并显示。
2) 发挥部分
(1) 进一步扩展量程，并提高测量精度。
① 测量电阻范围：1Ω～10MΩ，测量精度：1%。
② 测量电容范围：5pF～100F，测量精度：5%。
③ 测量电感范围：5～1H，测量精度：5%。
(2) 测量电感的品质因素 Q，测量范围：1.0～999.9，测量精度：10%。
(3) 测量电容的损耗系数 D，测量范围：0.001～9.999，测量精度：10%。
(4) 测试频点：100Hz、1kHz、10kHz。
(5) 其他(如进一步扩展量程和提高精度，自动量程转换等)。

5.2　测量放大器

1. 设计目的

(1) 了解低频测量放大器设计及测量方法。
(2) 了解信号变换放大器的原理。

2. 设计内容

设计并制作一个低频测量放大器及信号转换放大器。

低频测量放大器要求能对低频或者直流小信号进行放大，其电路框图如图 5.2.1 所示。输入信号取自桥式测量电路的输出，当 R_1=R_2=R_3=R_4时，有 V_I=0，R_2改变时产生 V_I≠0 的

电压信号。

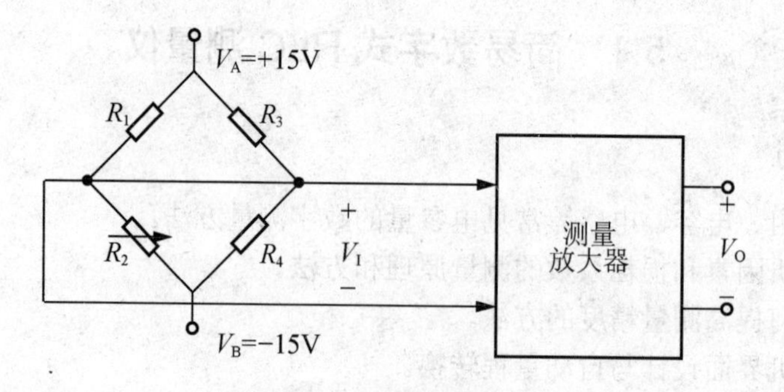

图 5.2.1 测量放大器框图

信号变换放大器，要求将函数信号发生器单端输出的正弦信号不失真地转换为双端输出信号，用作测量放大器频率特性的输入信号。其电路连接框图如图 5.2.2 所示。

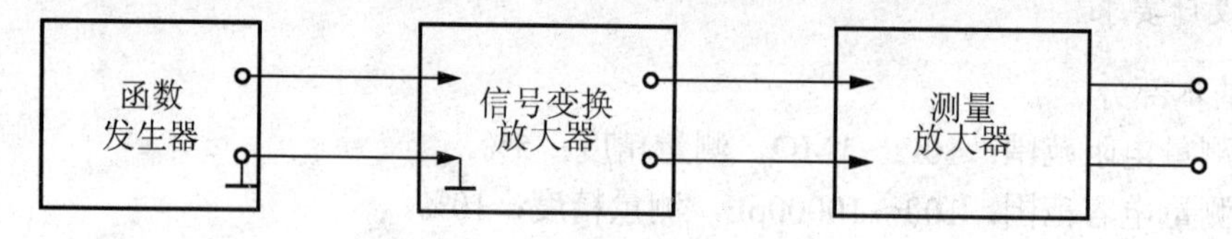

图 5.2.2 信号变化放大器电路

3. 设计要求

1) 测量放大器

(1) 差模放大倍数 A_{VD}= 1～500，可手动调节。

(2) 最大输出电压为±10V，非线性误差<1%。

(3) 在输入共模电压+7.5～−7.5V 范围内，共模抑制比 $K_{CMR}>10^5$。

(4) 当 A_{VD} = 500 时，输出端噪声电压峰峰值小于 1V。

(5) 通频带 0～10Hz。

(6) 差模输入电阻> 2MΩ。

2) 信号变换放大器

要求将函数信号发生器单端输出的正弦信号不失真地转换为双端输出信号，用作测量放大器频率特性的输入信号。

5.3 简易低频数字式相位测量仪

1. 设计目的

(1) 掌握数字式相位测量的基本原理与方法。

(2) 学习提高相位测量精度的方法。

2. 设计内容

设计并制作一款简易数字式低频相位测量仪。

3. 设计要求

1) 基本要求

(1) 相位测量仪输入信号频率：20Hz～20kHz。

(2) 相位测量仪输入信号幅度峰峰值：1～5V。

(3) 相位测量范围：0°～359°，分辨率 1°。

(4) 数字显示所测量的相位差。

2) 发挥部分

(1) 相位测量仪输入信号频率：2Hz～50kHz。

(2) 相位测量仪输入信号幅度峰峰值：0.1～5V。

(3) 相位测量范围：0°～359.9°，分辨率 0.1°。

(4) 相位测量绝对误差小于 1°。

5.4 便携式小信号频率计

1. 设计目的

(1) 掌握高精度信号源的设计方法。

(2) 掌握小信号产生与信号衰减器的设计方法。

(3) 掌握高精度频率测量的方法。

(4) 掌握低功耗设计的常用方法。

2. 设计内容

设计并制作一款便携式小信号频率计，电路组成框图如图 5.4.1 所示。

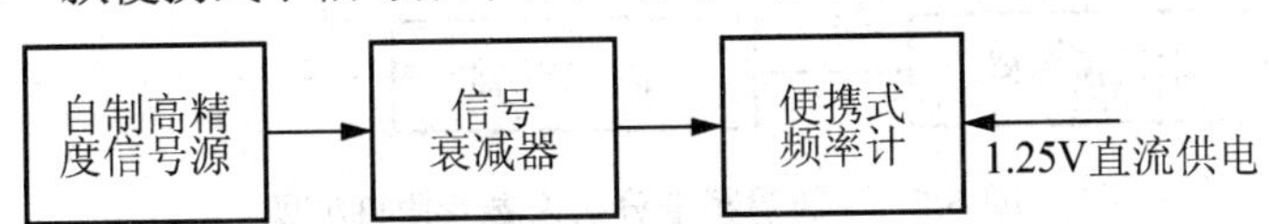

图 5.4.1　便携式小信号频率计电路组成框图

3. 设计要求

1) 基本要求

(1) 制作一款输出 2 个频率点及以上的高精度信号源，供频率计测频用，自制信号源的频率范围 1～15MHz，输出信号幅度峰值 1～5V。

(2) 设计制作一个信号 1000 倍的衰减器，其阻抗为 100Ω。

(3) 设计制作一款便携式频率计，其测频范围 1Hz～5MHz。

(4) 频率计的直流供电在 1.2～1.3V 之间。

(5) 能显示所测频率。

2) 发挥部分

(1) 将频率计的测频范围扩展到 0.1Hz～15MHz。

(2) 在整个测频范围内实现等精度测频。

(3) 在整个测频范围内实现 1Hz 的高分辨率。

(4) 尽可能地降低整机功耗(带显示和不带显示器两种情形)。

(5) 其他。

5.5 简易频谱分析仪

1. 设计目的

(1) 了解超外差混频原理。

(2) 熟悉 DDS 工作原理，学会数字频率合成芯片的使用。

(3) 了解中频检波、采样和信号识别的方法。

2. 设计内容

采用外差原理设计并实现频谱分析仪，其参考原理框图如图 5.5.1 所示。

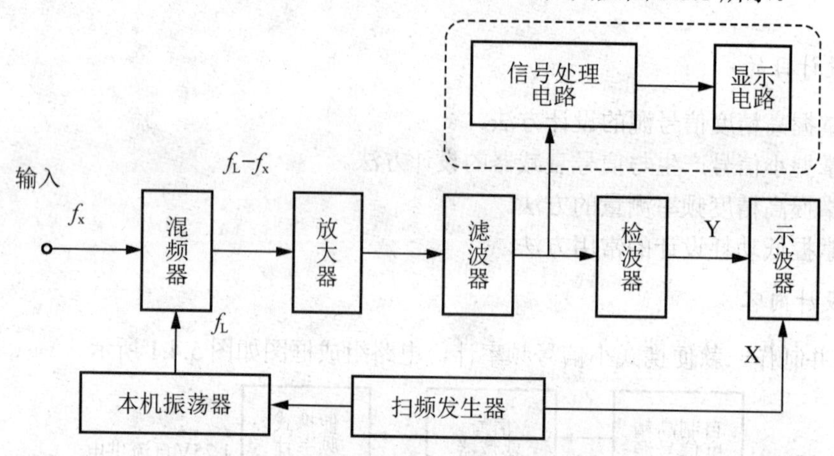

图 5.5.1　简易频谱分析仪参考原理框图

3. 设计要求

1) 基本要求

(1) 频率测量范围为 10～30MHz。

(2) 频率分辨率为 10kHz，输入信号电压有效值为 20±5mV，输入阻抗为 50Ω。

(3) 可设置中心频率和扫频宽度。

(4) 借助示波器显示被测信号的频谱图，并在示波器上标出间隔为 1MHz 的频标。

2) 发挥部分

(1) 将频率测量范围扩展至 1～30MHz。

(2) 具有识别调幅、调频和等幅波信号及测定其中心频率的功能，采用信号发生器输出的调幅、调频和等幅波信号作为外差式频谱分析仪的输入信号，载波可选择在频率测量范围内的任意频率值，调幅波调制度 ma=30%，调制信号频率为 20kHz；调频波频偏为 20kHz，调制信号频率为 1kHz。

5.6　数字滤波器

1. 设计目的

(1) 熟悉 FIR 数字滤波器的结构和基本原理。
(2) 熟悉 FPGA 的基本应用技术。
(3) 学会使用 FPGA 设计数字滤波器。
(4) 学会高速高精度 A/D、D/A 芯片的基本应用技术。
(5) 掌握综合电子系统装调技术。

2. 设计内容

设计一个 FIR 数字低通滤波器，电路结构如图 5.6.1 所示。

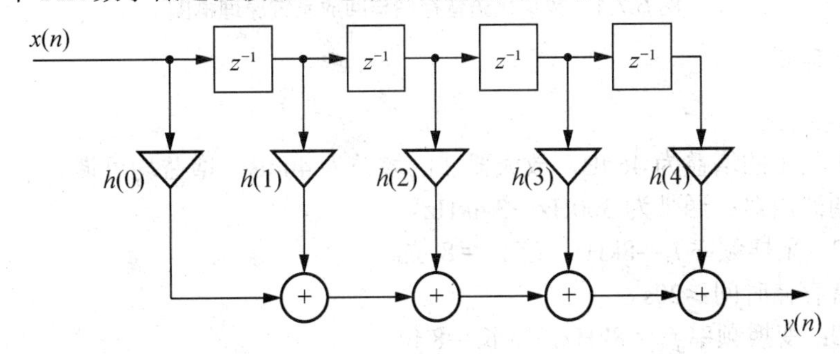

图 5.6.1　FIR 数字低通滤波器结构图

3. 设计要求

1) 基本要求
(1) 16 阶线性相位 FIR 低通滤波器。
(2) 采样频率 f_s 为 80kHz，截止频率为 10kHz。
(3) 窗口类型为 Kaiser,Beta 为 0.5。
(4) 输入序列为 12 位有符号数，最高位为符号位。
(5) 输出序列为 12 位有符号数，最高位为符号位。
2) 发挥部分
将采样频率 f_s 提高到 50MHz,截止频率设为 100kHz 重新设计 16 阶线性相位 FIR 低通滤波器。

5.7　数字化语音存储与回放系统

1. 设计目的

(1) 了解数字化语音存储与回放技术。

(2) 学习 DPCM 语音压缩编码方法。
(3) 学习 C8051F 单片机在本系统中的应用技术。
(4) 提高综合电路设计能力和调试技术。
(5) 提高电子工艺技能。

2. 设计内容

设计并制作一个数字化语音存储与回放系统，示意图如图 5.7.1 所示。

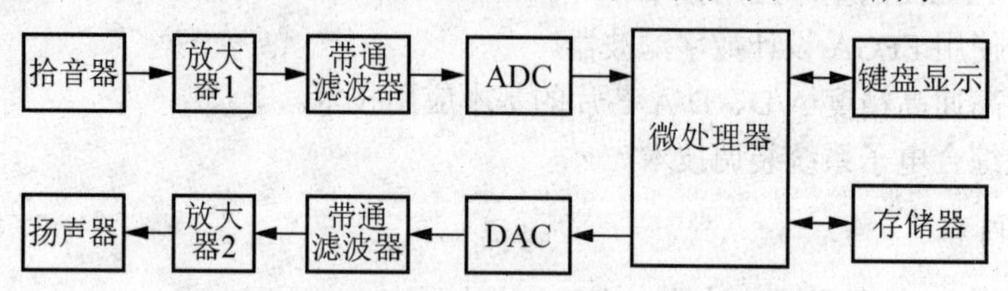

图 5.7.1 数字化语音存储与回放系统原理框图

3. 设计要求

1) 基本要求
(1) 放大器 1 的增益为 46dB，放大器 2 的增益为 40dB，增益均可调。
(2) 带通滤波器：通带为 300Hz～3.4kHz。
(3) ADC：采样频率 f_s=8kHz，字长＝8 位。
(4) 语音存储时间≥20s。
(5) DAC：变换频率 f_c=8kHz，字长＝8 位。
2) 发挥部分
在保证语音质量的前提下满足以下几个方面内容。
(1) 减少系统噪声电平，增加自动音量控制功能。
(2) 提高存储器的利用率(在原有存储容量不变的前提下，提高语音存储时间)。
(3) 其他(例如：$\dfrac{\pi f / f_s}{\sin(\pi f / f_s)}$ 校正等)。

4. 设计说明

不能使用语音专用芯片实现本系统。

5.8 无线遥控多路开关

1. 设计目的

(1) 了解各种无线遥控技术。
(2) 学习短距离无线收发模块的使用方法。
(3) 学习采用 C8051F 单片机系统进行无线通信。
(4) 学会触摸屏的使用方法。
(5) 掌握无线遥控多路开关的设计制作技术。

2. 设计内容

设计制作一款无线遥控照明灯控制系统。具有无线遥控室内多只照明灯开关等功能。无线遥控照明灯控制系统接线示意图如图 5.8.1 所示。

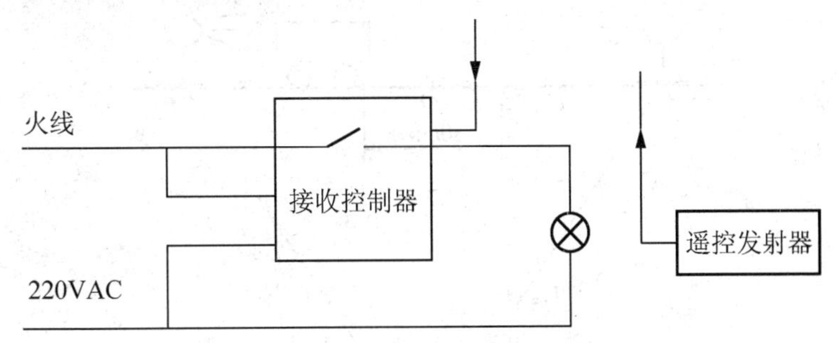

图 5.8.1　无线遥控照明灯控制系统接线示意图

3. 设计要求

1) 基本要求

(1) 自制或购买无线遥控发射器。

(2) 自制接收控制器电路，使其能够接收无线信号并能进行识别处理，输出开关控制信号。

(3) 接收控制器具有无线学习功能，可以对一种无线遥控器进行功能学习，并存储记忆。

(4) 接收控制器最少有 6 路输出，单路输出功率：$P \leqslant 1000\text{W}$ 。

(5) 具有掉电保护数据功能。

(6) 通过设置不同的声音提示信号以区别不同的功能操作。

2) 发挥部分

(1) 可以同时对多种无线遥控器进行功能学习，并存储记忆。

(2) 具有无线遥控调光功能。

(3) 具有本机按键触摸屏显示控制功能。

(4) 具有复位和数据清除、静音等功能。

(5) 其他

5.9　LED 光源引导小车简谐运动系统

1. 设计目的

(1) 熟悉直流电机的应用。

(2) 学会电动小车的选用和改装技术。

(3) 学会 LED 亮度可调光源驱动电路设计。

(4) 学习采用单片机控制智能小车模拟简谐运动系统设计。

(5) 完成 LED 光源引导的智能小车简谐运动系统设计调试。

2. 设计内容

设计并制作一个由 LED 光源引导的小车简谐运动系统，示意图如图 5.9.1 所示。

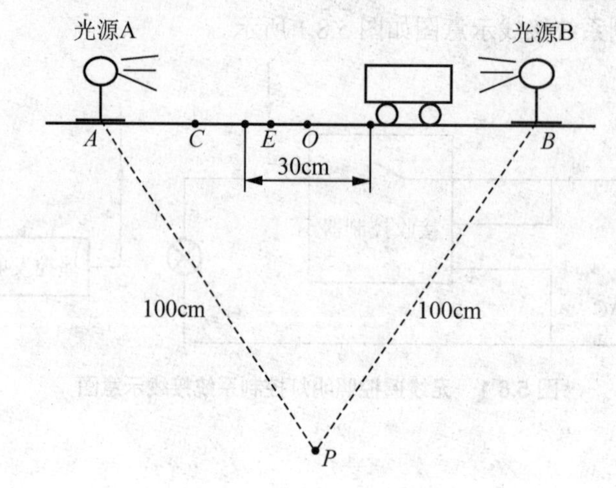

图 5.9.1　系统示意图

在图 5.9.1 中，*ABP* 为等边三角形，边长为 100cm，*O* 为 *AB* 的中点，*C* 为 *AB* 之间任意一点，*E* 为 *O* 点左右 30cm 区域内任意一点。

LED 光源引导小车简谐运动系统由一个电动小车和两个 LED 光源 A、B 组成，光源 A、B 之间可以有线连接。电动小车能随光源 A 和光源 B 的交替渐亮渐灭在 *A*、*B* 两点之间某一区域左右反复运动，并形成近似简谐运动。简谐运动周期 $T \leqslant 10$s。

3. 设计要求

1) 基本要求

(1) 制作 LED 驱动光源。LED 光源 A、B 交替渐亮渐灭，频率可调，相差为 180°。LED 光源 A、B 的驱动功率波形如图 5.9.2 所示。

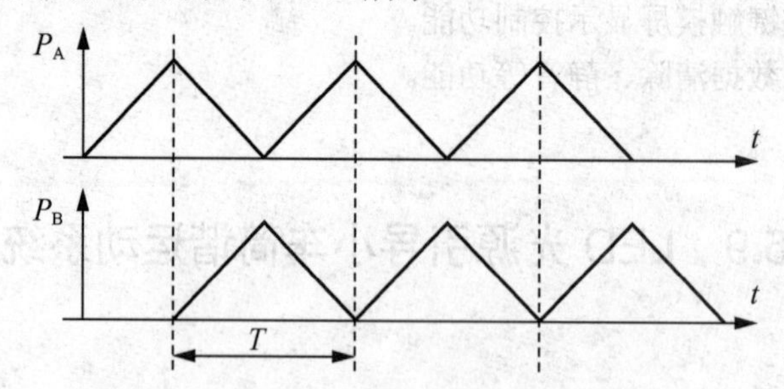

图 5.9.2　LED 光源 A、B 驱动功率波形图

(2) 电动小车能在 LED 光源 A、B 引导下左右反复运动。

(3) 把小车置于 *O* 处，启动后能在光源 A、B 引导下在 *O* 点附近形成近似简谐运动。

(4) 形成近似简谐运动后，小车能发出明显的声光提示信息。

(5) 功耗低，性价比高。

2) 发挥部分

(1) 电动小车初始放置于 *AB* 之间 *C* 点，要求在 1min 内形成以 *O* 为中心，*OC* 为最大运动幅度的近似简谐运动。

(2) 改变 LED 光源 A、B 的交替渐亮渐火频率，小车的简谐运动频率能同步改变。

(3) 在 *AB* 中心点 *O* 左右 30cm 范围内任意指定一点 *E*，以 *E* 为简谐运动中心，在光源 A、B 引导下，使小车产生近似简谐运动，且最大运动幅度大于 10cm。

(4) 把小车置于 *P* 处，并朝向 *ABP* 区域任意放置，小车能在光源 A、B 引导下向前运动，1min 内停在 *AB* 连线上(以小车前端标志线与 *AB* 线距离为准)，误差小于 1cm。然后原地转动一定角度，再以 *O* 为中心，形成左右方向近似简谐运动，且运动幅度尽可能大。

(5) 其他。

4. 设计说明

(1) 电动小车可用各类小车改装，其尺寸不限，但小车必须标出前端标志线和中心标识线。

(2) 除 LED 光源 A、B 引导外，不能采用其他任何引导方式。

(3) LED 光源和小车之间不得使用有线或无线方式传输信息。

(4) 测试环境为室内自然光，系统需采取必要的抗干扰措施。

5.10　智能电动小车

1. 设计目的

(1) 熟悉直流电机的应用。

(2) 学会电动小车的选用和改装技术。

(3) 学习采用单片机进行智能小车系统设计及应用控制。

(4) 学会采用 CCD 传感器或光电传感器进行基本图形识别。

(5) 学会使用无线遥控模块进行无线信号传输。

2. 设计内容

设计并制作一个能沿一定路线行走和通过识别图形到达指定区域的智能电动车，其工作路线示意图如图 5.10.1 所示。

3. 设计要求

1) 基本要求

(1)智能车从起跑线出发(车体不得超过起跑线)，先沿黑线直道平面路线行驶，然后进入弯道沿半圆弧曲线(也可脱离圆弧)行驶到图形识别区域并停止 5s，总时间不超过 20s。

(2) 停止 5s 后继续向前行驶，并检测图形识别区域内放置平面图形的形状，识别完成后能发出声光信息，表明形状。

(3) 电动车能根据识别图形的形状在光源引导下到达指定区域，光源可手动点亮。要求智能车在 3min 内能进入指定区域。图形和区域对应关系如图 5.10.2 所示。

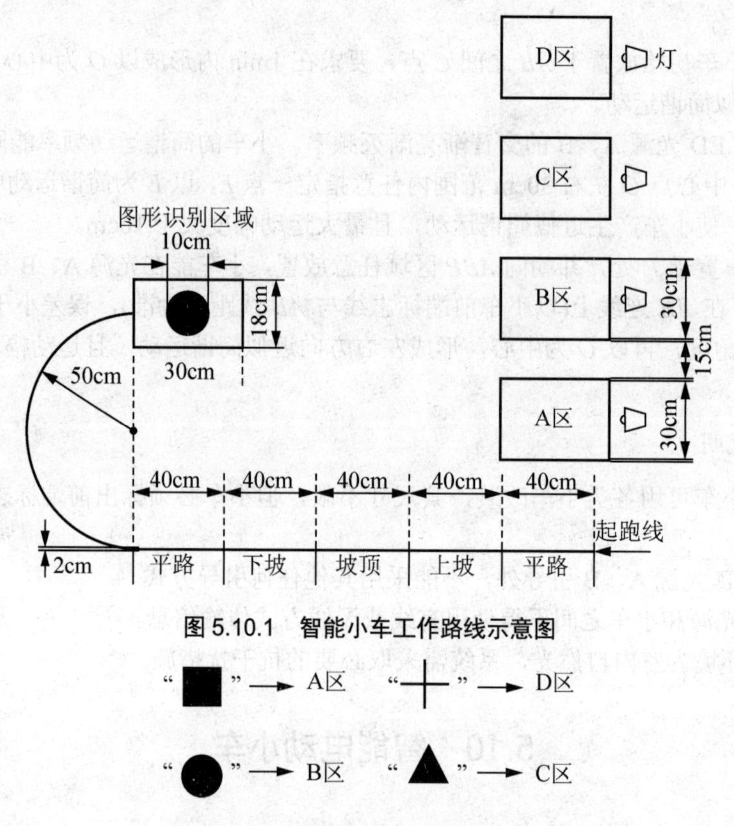

图 5.10.1　智能小车工作路线示意图

"■" → A区　　"+" → D区

"●" → B区　　"▲" → C区

图 5.10.2　图形和区域对应关系

2) 发挥部分

(1) 在基本要求(1)中增加上下坡功能，坡度小于 15°，电动车能显示上坡和下坡的坡度值。

(2) 在车辆启动前，可以远程设置平面图形和区域的对应关系；图形识别结束后，可以远程显示平面图形的行状和大小等参数。

(3) 电动车根据检测识别图形形状自动点亮引导光源，在光源引导下到达指定区域。

(4) 其他。

4. 设计说明

(1) 测试时任意给定两个平面图形，位置在图形识别区域内任意放置。共有两次测试机会。

(2) 平面图形的大小为 10cm×10cm 方形区域。

(3) 智能车允许用玩具车改装，但不能由人工遥控，其外围尺寸(含车体上附加装置)的限制为：长度小于 35cm，宽度小于 15cm。

(4) 光源均采用 100W 白炽灯，其底部距地面 10cm 左右，测试前，灯的照射方向允许微调。

(5) 坡道为梯形：上坡、顶部、下坡水平长度各为0.4m。上、下坡的倾斜角度(坡面与底平面的夹角)为12°～15°。坡道左右为水平直道，各0.4m。

坡道侧面示意图如图5.10.3所示。

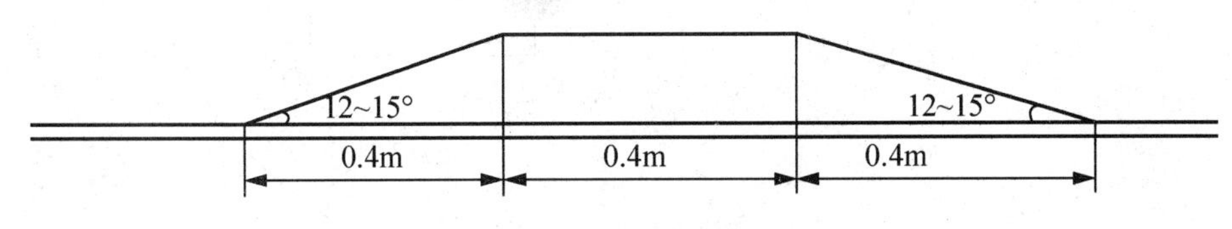

图5.10.3 坡道侧面示意图

5.11 声音方位检测系统

1. 设计目的

(1) 熟悉步进电机的应用。
(2) 学会制作单频率音频信号发生器。
(3) 学习单频率音频信号检测与处理方法。
(4) 掌握声音方位检测系统的总体设计及制作调试技术。

2. 设计内容

设计并制作一个能确定声音方位的检测系统，如图5.11.1所示，在半径为1～3m的圆周上随机放置声源A，声源由1～10kHz单频率音频信号驱动0.5W/8Ω喇叭发声，在圆心处设置一个可旋转的音频检测装置B，要求该检测装置能确定声源A的方位角θ，并能检测声源频率等信息。

3. 设计内容

1) 基本要求
(1) 所有电路要求单电源供电。
(2) 声源制作，要求：输出频率1～10kHz可调，输出幅度可调，输出驱动喇叭0.5W/8Ω。
(2) 声音拾取与放大电路制作，要求：输出增益可调，输出信号峰值大于2V。

(3) 声源频率检测，误差小于 1%。

(4) 制作一个旋转装置，能指向声源，并显示方位角，误差小于 3°，检测时间小于 5min，检测结束能声光指示。

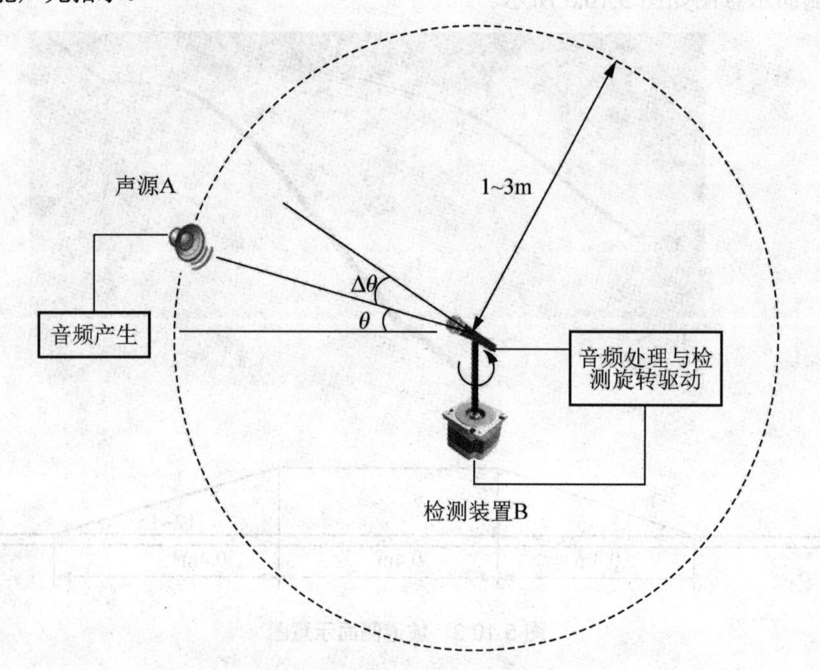

图 5.11.1 声音方位检测系统示意框图

2) 发挥部分

(1) 声源部分：能显示输出频率和幅值。

(2) 音频放大部分：具有自动增益控制功能。

(3) 声源频率检测，误差小于 0.1%。

(4) 声源方位检测精度小于 1°，检测时间小于 30s。

(5) 音频检测部分具有录音和回放功能。

(6) 其他。

4. 设计说明

不得使用现成电路模块。

5.12 载重平台调整系统

1. 设计目的

(1) 掌握倾角测量技术。

(2) 学习通过螺杆机构提高机械控制精度的方法。

(3) 学习机械结构的设计、搭建。

(4) 学习直流电机的 PID 控制。

2. 设计内容

设计并制作一个载重平台调整系统，能使系统在一定条件下平衡稳定。该载重平台由自制的支撑机构支撑，并能承受一定重量的载重。平台为长方形，宽度尺寸不小于 25cm，长宽比例≥1.4。

3. 设计要求

1) 基本要求

(1) 能同时检测平台长边和宽边的倾角，并显示。

(2) 能设置平台沿宽边倾斜，倾斜度≤20°，精度<3°。

(3) 平台沿宽边在 20° 内倾斜时，能在 15s 内调平，调平精度<3°。

(4) 能设置平台沿长边倾斜，倾斜度≤20°，精度<3°。

(5) 平台沿长边在 20° 内倾斜时，能在 15s 内调平，调平精度<3°。

(6) 平台能承载 500g 重的物体，且可在平台上任意放置。

2) 发挥部分

(1) 可设置沿任意方向倾斜，倾斜度≤20°，精度<3°。

(2) 平台沿任意方向在 20° 内倾斜时，能在 15s 内调平，调平精度<3°。

(3) 在上述两项基础上，倾斜度提高到 30°，精度提高到 1°，调整时间缩短至 8s(3 个指标可分别完成)。

(4) 平台能承载 1000g 以上的重物。

(5) 在地面不平(地面倾斜超过 10°)的情况下，完成上述 4 个项目。

(6) 其他。

4. 设计说明

(1) 不得使用成品调整机构和模块。

(2) 可以通过调整支撑腿的伸缩来调整平台的水平和倾斜，也可通过其他方式进行调整。

附录 1

电子设计创新实验实训系统介绍

1. 适用范围

电子设计创新实验实训系统(EDPTS-02)是一款由我校电工电子实验教学中心自主研制的适用于电子信息类专业大学生电子工程综合训练、毕业设计、课程设计、电子设计竞赛集训、职业技能培训的综合实践性教学平台。体现了"全面开放、自主创新、综合实践"的学习理念，有利于创新型应用型人才的培养。

2. 模块介绍

系统由 1 个实验台和 15 个活动模块组成。整套设备美观大方，易于操作，底部有活动轮，移动方便。实验台框架上一次可安装 15 个活动模块，是系统的核心部分；另配用于系统项目仿真调试用的电脑一台等。本系统 15 个活动模块见附表 1-1。

附表 1-1 模块介绍

序号	模块名称	单元电路名称
No.01	总开关	总开关(带指示灯)，电流表和电压表，保险丝
No.02	信号源与滤波器	DDS 信号源(AD9851，含调制)，函数发生器(8038)，程控滤波器和椭圆滤波器
No.03	传感及信号调理模块	光电转换电路、光源调制电路、霍尔开关传感器、恒流补偿温度变送器、双轴倾角传感器、电压比较器和差分电路
No.04	信号放大模块	分立元件、程控、仪表、高频、功率放大器和低功耗放大器
No.05	信号变换模块	V/F 和 F/V 转换电路，V/I 和 I/V 变换电路，有效值转换电路，A/D 和 D/A 转换器，"+，−"变换器
No.06	数控电压电流源	数控电压源和数控电流源
No.07	FPGA 模块	以 FPGA 为核心，采用 Altera 公司的 Cyclone EP1C3T144C6 芯片，内含 2910 个逻辑单元，59904 位 RAM，1 个 PLL 以及 104 个供用户使用的 I/O 引脚。带 JTAG 接口、26×4 个 EP1C3T144C6 芯片 I/O 接口、12 位高速 A/D 电路与模拟信号输入接口、12 位高速 D/A 电路与模拟信号输出接口、8 位 LED 发光二极管、VGA 视频信号输出电路
No.08	单片机系统	以 C8051F020 单片机为核心，内置 A/D，D/A，32KB 存储器，键盘(4×5 键盘及接口 7290)，LCD 显示(320×240)，LED8 位数码管，外部存储器

续表

序号	模块名称	单元电路名称
No.09	直流稳压电源	±15V，1A；±5V，2A；+5V，3A
No.10	LED 点阵	4 字 LED 点阵(8×8 单色，16 块)
No.11	通信模块	无线接收电路，红外接收电路，RS232/RS485/CAN 通信电路
No.12	控制模块	四相步进电机驱动电路(L298)，直流电机驱动电路(PWM H 桥分立元件调速)，继电器驱动电路(8 入 8 出)，光耦隔离电路，可控硅电路
No.13	辅助模块	语音电路，时钟电路，微型打印机，转接口
No.14	面包板	±15V，1A；+5V，3A 电源，2 块 5×15 板
No.15	面包板	±15V，1A；+5V，3A 电源，2 块 5×15 板

3. 单元实验项目

本系统按照其结构配置可开设八大类实验，包含至少 50 个单元实验项目。

(1) 单片机系统类实验：硬件看门狗电路实验、外部中断实验、定时中断实验、脉宽测量实验、占空比测量实验、EEPROM 读写实验等；P1 口输入输出实验、控制 7 段数码管实验、P1 扩展键盘实验、P1 扩展 LCD 实验、P1 扩展键盘实验、LED 点阵显示实验、8 位低速 A/D 实验、8 位低速 D/A 实验、12 位 A/D 实验、10 位 D/A 实验等。

(2) 单片机系统扩展类实验：7279 键盘显示扩展实验、8255 扩展实验、74LS164 扩展实验、8253 扩展实验、LCD 电子简历实验等。

(3) 通信类实验：SP 无线收发实验、红外收发实验、RS232 串行通信实验、RS485 总线实验、CAN 总线实验。

(4) 测控类实验：光电、霍尔、温度、倾角等传感信号检测调理及控制实验、步进电机控制系统、直流电机调速控制、继电器驱动控制、光耦隔离应用、可控硅控制实验等。

(5) 仪器仪表类实验：仪表放大器、程控放大器、功率放大器、分立元件放大器和低功耗放大器；V/F 和 F/V 转换、V/I 和 I/V 变换电路、有效值转换电路、A/D 和 D/A 转换器、“+，−”变换器、8038 信号发生器、DDS 函数信号发生器(AD9851 为核心)实验、程控滤波器、椭圆滤波器等。

(6) FPGA 应用技术类实验：信号发生器、频率计实验等。

(7) 电源类实验：数控电压源、数控电流源实验。

(8) 其他实验：语音电路实验、时钟电路实验、微型打印机实验、LED 点阵显示实验。

4. 综合设计性和研究创新性实验项目

(1) LCD 个人电子简历。

(2) 16×64 LED 点阵显示器。

(3) 程控宽带放大器。

(4) 模拟滤波器。

(5) DDS 函数信号发生器。

(6) 等精度频率计。

(7) 自动控制升降旗系统。

(8) 运水机器人。

(9) 水温控制系统。

(10) 数控电压电流源。

(11) 声音导引系统。

(12) 基于声波的无线定位系统。

(13) 简易数字式 RLC 测量仪。

(14) 测量放大器。

(15) 简易低频数字式相位测量仪。

(16) 便携式小信号频率计。

(17) 简易频谱分析仪。

(18) 数字滤波器。

(19) 数字化语音存储与回放系统。

(20) 无线遥控多路开关。

(21) LED 光源引导小车简谐运动系统。

(22) 智能电动小车。

(23) 声音方位检测系统。

(24) 载重平台调整系统。

5. 单片机系统模块 C8051F020 使用说明

(1) 单片机系统模块所有的 C8051F020 的 P0、P1、P2、P3、P4、P5、P6、P7、AD 输入、DA 输出、比较器、参考电压引脚已引出。底板的 J5、J7、J9 上下已经在内部连接在一起，J1 和 J2 内部连接在一起。

(2) 所有 I/O 口为 3.3V 接口，若所使用的是 5V 系统，请考虑是否与 3.3V 接口相兼容。具体情况视芯片而定，请参照所用芯片的数据手册。有些芯片能兼容 3.3V 接口，但有些芯片不能兼容。若不能兼容，请在好的板上做接上拉电阻，即将端口通过电阻上拉至 5V。

(3) 要使用单片机核心板上的液晶屏时，需要将板上的 J6、J7 的相应插针用短路帽短接，具体为 D0～D7、A8～A12、138A、138B、138C、WR、RD、ALE、LCDRES，将液晶屏数据接口 J2_L 与单片机数据口 P7 相连。

(4) 系统中的外扩 RAM 采用 STC62WV256，并采用总线操作，即通过 74HC138 和 74HC573 进行扩展，扩展时利用高 I/O 端口，即 P4、P6、P7 具体连接参照电路图。将 J6、J7 的相应插针用短路帽短接，具体为 D0～D7、A8～A14、138A、138B、138C、WR、RD、ALE。

(5) 使用键盘显示电路时，需要将 J1_K 短路帽短接，以便接通电源。将 J6 的 SDA，SCL，INT 与单片机的某端口相连，例程连接至 P00、P01、P02。

(6) 使用单片机内部 D/A，A/D 时，若需要使用内部参考电压，将最小系统板上的 J4 的 VREFD 与 VREF 相连，或 VREF0 与 VREF 相连。

其他相关接口请参考原理图。

附录 2

电子设计创新实验实训系统实物图

实训系统实物图如附图 2.1 所示。

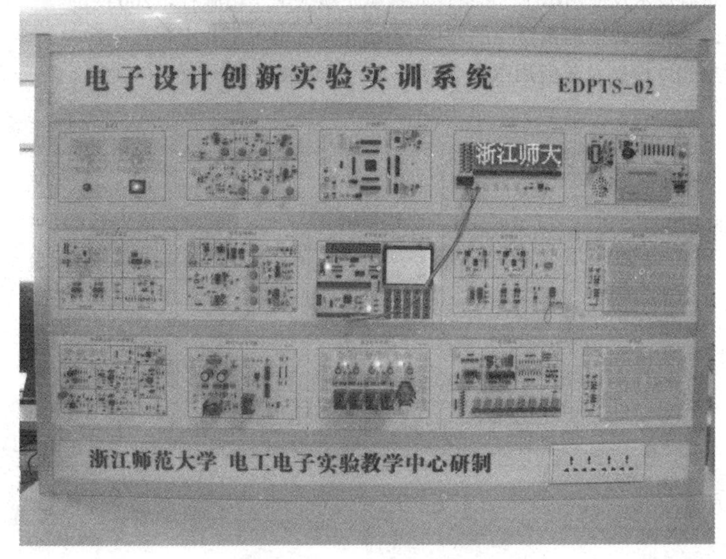

附图 2.1　实训系统实物图

参 考 文 献

[1] 鲍可进．C8051F 单片机原理及应用[M]．北京：中国电力出版社，2006．

[2] 潘琢金，译．C8051F060/1/2/3/4//5//6//7 高速混合信号 ISP FLASH 微控制器 C8051F060/1/2/3/4/5/6/7 混合信号 ISP FLASH 微控制器数据手册 Rev1.2[S].2004:7.

[3] 潘琢金，译．C8051F340/1/2/3/4/5/6/7 全速 USBFLASH 微控制器数据手册 Rev0．5[S]．2006．01．

[4] 潘松，黄继业．EDA 技术实用教程—VHDL 版[M]．4 版．北京：科学出版社，2010．

[5] 赵雅兴．FPGA 原理、设计与应用[M]．天津：天津大学出版社，1999．

[6] 魏广寅．点阵式ＬＥＤ汉字广告屏的设计与制作[D]，贵州大学，2008．

[7] 贾立新，王涌，等．电子系统设计与实践[M]．2 版．北京：清华大学出版社，2011．

[8] 全国大学生电子设计竞赛组委会．全国大学生电子设计竞赛获奖作品汇编(第一届～第五届)[M]．北京：北京理工大学出版社，2004．

[9] 全国大学生电子设计竞赛组委会．全国大学生电子设计竞赛获奖作品选编(2003)[M]．北京：北京理工大学出版社，2005．

[10] 全国大学生电子设计竞赛组委会．全国大学生电子设计竞赛获奖作品选编(2005)[M]．北京：北京理工大学出版社，2007．

[11] 全国大学生电子设计竞赛组委会．全国大学生电子设计竞赛获奖作品选编(2007)[M]．北京：北京理工大学出版社，2008．

[12] 全国大学生电子设计竞赛组委会．第九届全国大学生电子设计竞赛获奖作品选编[M]．北京：北京理工大学出版社，2010．

[13] [美]赛尔吉欧·佛朗哥．基于运算放大器和模拟集成电路的电路设计[M]．刘树棠，等译．西安：西安交通大学出版社，2004．

[14] 何希才．传感器技术及应用[M]．北京：北京航空航天大学出版社，2005．

[15] 余永权，等．单片机在控制系统中的应用[M]．北京：电子工业出版社，2003．

[16] 陶永华．新型 PID 控制及其应用[M]．2 版．北京：机械工业出版社，2002．

北京大学出版社本科电气信息系列实用规划教材

序号	书名	书号	编著者	定价	出版年份	教辅及获奖情况
			物联网工程			
1	物联网概论	7-301-23473-0	王　平	38	2014	电子课件/答案，有“多媒体移动交互式教材”
2	物联网概论	7-301-21439-8	王金甫	42	2012	电子课件/答案
3	现代通信网络	7-301-24557-6	胡珺珺	38	2014	电子课件/答案
4	物联网安全	7-301-24153-0	王金甫	43	2014	电子课件/答案
5	通信网络基础	7-301-23983-4	王昊	32	2014	
6	无线通信原理	7-301-23705-2	许晓丽	42	2014	电子课件/答案
7	家居物联网技术开发与实践	7-301-22385-7	付　蔚	39	2013	电子课件/答案
8	物联网技术案例教程	7-301-22436-6	崔逊学	40	2013	电子课件
9	传感器技术及应用电路项目化教程	7-301-22110-5	钱裕禄	30	2013	电子课件/视频素材，宁波市教学成果奖
10	网络工程与管理	7-301-20763-5	谢　慧	39	2012	电子课件/答案
11	电磁场与电磁波(第2版)	7-301-20508-2	邬春明	32	2012	电子课件/答案
12	现代交换技术(第2版)	7-301-18889-7	姚　军	36	2013	电子课件/习题答案
13	传感器基础(第2版)	7-301-19174-3	赵玉刚	32	2013	
14	物联网基础与应用	7-301-16598-0	李蔚田	44	2012	电子课件
15	通信技术实用教程	7-301-25386-1	谢　慧	35	2015	
			单片机与嵌入式			
1	嵌入式ARM系统原理与实例开发(第2版)	7-301-16870-7	杨宗德	32	2011	电子课件/素材
2	ARM嵌入式系统基础与开发教程	7-301-17318-3	丁文龙　李志军	36	2010	电子课件/习题答案
3	嵌入式系统设计及应用	7-301-19451-5	邢吉生	44	2011	电子课件/实验程序素材
4	嵌入式系统开发基础-----基于八位单片机的C语言程序设计	7-301-17468-5	侯殿有	49	2012	电子课件/答案/素材
5	嵌入式系统基础实践教程	7-301-22447-2	韩　磊	35	2013	电子课件
6	单片机原理与接口技术	7-301-19175-0	李　升	46	2011	电子课件/习题答案
7	单片机系统设计与实例开发(MSP430)	7-301-21672-9	顾　涛	44	2013	电子课件/答案
8	单片机原理与应用技术	7-301-10760-7	魏立峰　王宝兴	25	2009	电子课件
9	单片机原理及应用教程(第2版)	7-301-22437-3	范立南	43	2013	电子课件/习题答案，辽宁“十二五”教材
10	单片机原理与应用及C51程序设计	7-301-13676-8	唐　颖	30	2011	电子课件
11	单片机原理与应用及其实验指导书	7-301-21058-1	邵发森	44	2012	电子课件/答案/素材
12	MCS-51单片机原理及应用	7-301-22882-1	黄翠翠	34	2013	电子课件/程序代码
			物理、能源、微电子			
1	物理光学理论与应用	7-301-16914-8	宋贵才	32	2010	电子课件/习题答案，“十二五”普通高等教育本科国家级规划教材
2	现代光学	7-301-23639-0	宋贵才	36	2014	电子课件/答案
3	平板显示技术基础	7-301-22111-2	王丽娟	52	2013	电子课件/答案
4	集成电路版图设计	7-301-21235-6	陆学斌	32	2012	电子课件/习题答案
5	新能源与分布式发电技术	7-301-17677-1	朱永强	32	2010	电子课件/习题答案，北京市精品教材，北京市“十二五”教材
6	太阳能电池原理与应用	7-301-18672-5	靳瑞敏	25	2011	电子课件

序号	书名	书号	编著者	定价	出版年份	教辅及获奖情况
7	新能源照明技术	7-301-23123-4	李姿景	33	2013	电子课件/答案
			基础课			
1	电工与电子技术(上册) (第2版)	7-301-19183-5	吴舒辞	30	2011	电子课件/习题答案，湖南省“十二五”教材
2	电工与电子技术(下册) (第2版)	7-301-19229-0	徐卓农　李士军	32	2011	电子课件/习题答案，湖南省“十二五”教材
3	电路分析	7-301-12179-5	王艳红　蒋学华	38	2010	电子课件，山东省第二届优秀教材奖
4	模拟电子技术实验教程	7-301-13121-3	谭海曙	24	2010	电子课件
5	运筹学(第2版)	7-301-18860-6	吴亚丽　张俊敏	28	2011	电子课件/习题答案
6	电路与模拟电子技术	7-301-04595-4	张绪光　刘在娥	35	2009	电子课件/习题答案
7	微机原理及接口技术	7-301-16931-5	肖洪兵	32	2010	电子课件/习题答案
8	数字电子技术	7-301-16932-2	刘金华	30	2010	电子课件/习题答案
9	微机原理及接口技术实验指导书	7-301-17614-6	李干林　李　升	22	2010	课件(实验报告)
10	模拟电子技术	7-301-17700-6	张绪光　刘在娥	36	2010	电子课件/习题答案
11	电工技术	7-301-18493-6	张　莉　张绪光	26	2011	电子课件/习题答案，山东省“十二五”教材
12	电路分析基础	7-301-20505-1	吴舒辞	38	2012	电子课件/习题答案
13	模拟电子线路	7-301-20725-3	宋树祥	38	2012	电子课件/习题答案
14	电工学实验教程	7-301-20327-9	王士军	34	2012	
15	数字电子技术	7-301-21304-9	秦长海　张天鹏	49	2013	电子课件/答案，河南省“十二五”教材
16	模拟电子与数字逻辑	7-301-21450-3	邬春明	39	2012	电子课件
17	电路与模拟电子技术实验指导书	7-301-20351-4	唐　颖	26	2012	部分课件
18	电子电路基础实验与课程设计	7-301-22474-8	武　林	36	2013	部分课件
19	电文化——电气信息学科概论	7-301-22484-7	高　心	30	2013	
20	实用数字电子技术	7-301-22598-1	钱裕禄	30	2013	电子课件/答案/其他素材
21	模拟电子技术学习指导及习题精选	7-301-23124-1	姚娅川	30	2013	电子课件
22	电工电子基础实验及综合设计指导	7-301-23221-7	盛桂珍	32	2013	
23	电子技术实验教程	7-301-23736-6	司朝良	33	2014	
24	电工技术	7-301-24181-3	赵莹	46	2014	电子课件/习题答案
25	电子技术实验教程	7-301-24449-4	马秋明	26	2014	
26	微控制器原理及应用	7-301-24812-6	丁筱玲	42	2014	
27	模拟电子技术基础学习指导与习题分析	7-301-25507-0	李大军　唐　颖	32	2015	电子课件/习题答案
28	电工学实验教程（第2版）	7-301-25343-4	王士军　张绪光	27	2015	
			电子、通信			
1	DSP技术及应用	7-301-10759-1	吴冬梅　张玉杰	26	2011	电子课件，中国大学出版社图书奖首届优秀教材奖一等奖
2	电子工艺实习	7-301-10699-0	周春阳	19	2010	电子课件
3	电子工艺学教程	7-301-10744-7	张立毅　王华奎	32	2010	电子课件，中国大学出版社图书奖首届优秀教材奖一等奖
4	信号与系统	7-301-10761-4	华　容　隋晓红	33	2011	电子课件
5	信息与通信工程专业英语(第2版)	7-301-19318-1	韩定定　李明明	32	2012	电子课件/参考译文，中国电子教育学会2012年全国电子信息类优秀教材
6	高频电子线路(第2版)	7-301-16520-1	宋树祥　周冬梅	35	2009	电子课件/习题答案

序号	书名	书号	编著者	定价	出版年份	教辅及获奖情况
7	MATLAB 基础及其应用教程	7-301-11442-1	周开利　邓春晖	24	2011	电子课件
8	计算机网络	7-301-11508-4	郭银景　孙红雨	31	2009	电子课件
9	通信原理	7-301-12178-8	隋晓红　钟晓玲	32	2007	电子课件
10	数字图像处理	7-301-12176-4	曹茂永	23	2007	电子课件，“十二五”普通高等教育本科国家级规划教材
11	移动通信	7-301-11502-2	郭俊强　李　成	22	2010	电子课件
12	生物医学数据分析及其 MATLAB 实现	7-301-14472-5	尚志刚　张建华	25	2009	电子课件/习题答案/素材
13	信号处理 MATLAB 实验教程	7-301-15168-6	李　杰　张　猛	20	2009	实验素材
14	通信网的信令系统	7-301-15786-2	张云麟	24	2009	电子课件
15	数字信号处理	7-301-16076-3	王震宇　张培珍	32	2010	电子课件/答案/素材
16	光纤通信	7-301-12379-9	卢志茂　冯进玫	28	2010	电子课件/习题答案
17	离散信息论基础	7-301-17382-4	范九伦　谢　勰	25	2010	电子课件/习题答案，“十二五”普通高等教育本科国家级规划教材
18	光纤通信	7-301-17683-2	李丽君　徐文云	26	2010	电子课件/习题答案
19	数字信号处理	7-301-17986-4	王玉德	32	2010	电子课件/答案/素材
20	电子线路 CAD	7-301-18285-7	周荣富　曾　技	41	2011	电子课件
21	MATLAB 基础及应用	7-301-16739-7	李国朝	39	2011	电子课件/答案/素材
22	信息论与编码	7-301-18352-6	隋晓红　王艳营	24	2011	电子课件/习题答案
23	现代电子系统设计教程	7-301-18496-7	宋晓梅	36	2011	电子课件/习题答案
24	移动通信	7-301-19320-4	刘维超　时　颖	39	2011	电子课件/习题答案
25	电子信息类专业 MATLAB 实验教程	7-301-19452-2	李明明	42	2011	电子课件/习题答案
26	信号与系统	7-301-20340-8	李云红	29	2012	电子课件
27	数字图像处理	7-301-20339-2	李云红	36	2012	电子课件
28	编码调制技术	7-301-20506-8	黄　平	26	2012	电子课件
29	Mathcad 在信号与系统中的应用	7-301-20918-9	郭仁春	30	2012	
30	MATLAB 基础与应用教程	7-301-21247-9	王月明	32	2013	电子课件/答案
31	电子信息与通信工程专业英语	7-301-21688-0	孙桂芝	36	2012	电子课件
32	微波技术基础及其应用	7-301-21849-5	李泽民	49	2013	电子课件/习题答案/补充材料等
33	图像处理算法及应用	7-301-21607-1	李文书	48	2012	电子课件
34	网络系统分析与设计	7-301-20644-7	严承华	39	2012	电子课件
35	DSP 技术及应用	7-301-22109-9	董　胜	39	2013	电子课件/答案
36	通信原理实验与课程设计	7-301-22528-8	邬春明	34	2015	电子课件
37	信号与系统	7-301-22582-0	许丽佳	38	2013	电子课件/答案
38	信号与线性系统	7-301-22776-3	朱明早	33	2013	电子课件/答案
39	信号分析与处理	7-301-22919-4	李会容	39	2013	电子课件/答案
40	MATLAB 基础及实验教程	7-301-23022-0	杨成慧	36	2013	电子课件/答案
41	DSP 技术与应用基础(第 2 版)	7-301-24777-8	俞一彪	45	2015	
42	EDA 技术及数字系统的应用	7-301-23877-6	包　明	55	2015	
43	算法设计、分析与应用教程	7-301-24352-7	李文书	49	2014	
44	Android 开发工程师案例教程	7-301-24469-2	倪红军	48	2014	
45	ERP 原理及应用	7-301-23735-9	朱宝慧	43	2014	电子课件/答案
46	综合电子系统设计与实践	7-301-25509-4	武　林　陈　希	32	2015	
47	高频电子技术	7-301-25508-7	赵玉刚	29	2015	电子课件
48	信息与通信专业英语	7-301-25506-3	刘小佳	29	2015	电子课件

序号	书名	书号	编著者	定价	出版年份	教辅及获奖情况
			自动化、电气			
1	自动控制原理	7-301-22386-4	佟 威	30	2013	电子课件/答案
2	自动控制原理	7-301-22936-1	邢春芳	39	2013	
3	自动控制原理	7-301-22448-9	谭功全	44	2013	
4	自动控制原理	7-301-22112-9	许丽佳	30	2015	
5	自动控制原理	7-301-16933-9	丁 红 李学军	32	2010	电子课件/答案/素材
6	自动控制原理	7-301-10757-7	袁德成 王玉德	29	2007	电子课件，辽宁省“十二五”教材
7	现代控制理论基础	7-301-10512-2	侯媛彬等	20	2010	电子课件/素材，国家级“十一五”规划教材
8	计算机控制系统(第2版)	7-301-23271-2	徐文尚	48	2013	电子课件/答案
9	电力系统继电保护(第2版)	7-301-21366-7	马永翔	42	2013	电子课件/习题答案
10	电气控制技术(第2版)	7-301-24933-8	韩顺杰 吕树清	28	2014	电子课件
11	自动化专业英语(第2版)	7-301-25091-4	李国厚 王春阳	46	2014	电子课件/参考译文
12	电力电子技术及应用	7-301-13577-8	张润和	38	2008	电子课件
13	高电压技术	7-301-14461-9	马永翔	28	2009	电子课件/习题答案
14	电力系统分析	7-301-14460-2	曹 娜	35	2009	
15	综合布线系统基础教程	7-301-14994-2	吴达金	24	2009	电子课件
16	PLC原理及应用	7-301-17797-6	缪志农 郭新年	26	2010	电子课件
17	集散控制系统	7-301-18131-7	周荣富 陶文英	36	2011	电子课件/习题答案
18	控制电机与特种电机及其控制系统	7-301-18260-4	孙冠群 于少娟	42	2011	电子课件/习题答案
19	电气信息类专业英语	7-301-19447-8	缪志农	40	2011	电子课件/习题答案
20	综合布线系统管理教程	7-301-16598-0	吴达金	39	2012	电子课件
21	供配电技术	7-301-16367-2	王玉华	49	2012	电子课件/习题答案
22	PLC技术与应用(西门子版)	7-301-22529-5	丁金婷	32	2013	电子课件
23	电机、拖动与控制	7-301-22872-2	万芳瑛	34	2013	电子课件/答案
24	电气信息工程专业英语	7-301-22920-0	余兴波	26	2013	电子课件/译文
25	集散控制系统(第2版)	7-301-23081-7	刘翠玲	36	2013	电子课件，2014年中国电子教育学会“全国电子信息类优秀教材”一等奖
26	工控组态软件及应用	7-301-23754-0	何坚强	49	2014	电子课件/答案
27	发电厂变电所电气部分(第2版)	7-301-23674-1	马永翔	48	2014	电子课件/答案
28	自动控制原理实验教程	7-301-25471-4	丁 红 贾玉瑛	29	2015	
29	自动控制原理（第2版）	7-301-25510-0	袁德成	35	2015